"十二五" 职业教育国家规划教材

经全国职业教育教材审定委员会审定·修订版

高等职业教育工学结合系列教材

焊接方法与设备

主 编 宋金虎

参 编 孙丽萍 卢洪德 董 雪 赵立燕

北京理工大学出版社

BEIJING INSTITUTE OF TECHNOLOGY PRESS

内 容 提 要

本书根据教育部最新颁布的《高等职业学校专业教学标准》中对本课程的要求，并参照新颁布的相关国家标准和职业技能等级考核标准编写而成，主要内容包括焊条电弧焊，埋弧焊，二氧化碳气体保护焊，熔化极惰性气体、活性混合气体保护焊，钨极惰性气体保护焊，气焊与气割，电阻焊，等离子弧焊接与切割，其他焊接方法等。

本书在内容上与焊接行业岗位紧密结合、融入国家职业资格标准和职业技能等级考核标准，在形式上"充分体现基于典型工作过程"的职业教育理念。本书注重基本原理、工艺特点介绍，以掌握概念、强化应用为教学重点，侧重应用能力的培养，简化了过多的理论介绍，知识面宽而浅。

本书可作为智能焊接技术专业的核心课程以及装备制造类专业群的基础平台课程教材，也可作为技术工人培训用书、广大自学者的自学用书及工程技术人员的参考书。

图书在版编目（CIP）数据

焊接方法与设备 / 宋金虎主编 . -- 北京：北京理工大学出版社，2021.8（2022.4 重印）
ISBN 978-7-5763-0273-8

Ⅰ.①焊… Ⅱ.①宋… Ⅲ.①焊接工艺－高等职业教育－教材②焊接设备－高等职业教育－教材 Ⅳ.① TG4

中国版本图书馆 CIP 数据核字（2021）第 177600 号

出版发行／北京理工大学出版社有限责任公司

社　　址／北京市海淀区中关村南大街5号

邮　　编／100081

电　　话／（010）68914775（总编室）
　　　　　（010）82562903（教材售后服务热线）
　　　　　（010）68944723（其他图书服务热线）

网　　址／http://www.bitpress.com.cn

经　　销／全国各地新华书店

印　　刷／河北鑫彩博图印刷有限公司

开　　本／787毫米×1092毫米　1/16

印　　张／15.5

字　　数／376千字

版　　次／2021年8月第1版　2022年4月第2次印刷

定　　价／44.00元

责任编辑／赵　岩

文案编辑／赵　岩

责任校对／周瑞红

责任印制／李志强

图书出现印装质量问题，请拨打售后服务热线，本社负责调换

前　言

　　本书是根据教育部最新颁布的《高等职业学校专业教学标准》中对本课程的要求，并参照新颁布的相关国家标准和职业技能等级考核标准编写而成的。

　　焊接方法与设备是高等职业院校智能焊接技术专业的一门核心专业课程。本书在内容上与焊接行业岗位紧密结合、融入国家职业资格标准和职业技能等级考核标准，在形式上充分体现"基于典型工作过程"的职业教育理念。本书注重基本原理、工艺特点介绍，以掌握概念、强化应用为教学重点，侧重应用能力的培养，简化了过多的理论介绍，知识面宽而浅。书中大量实例来自生产实际，及时将产业发展的新技术、新工艺、新规范纳入教材内容，注重内容的实用性与针对性。

　　本书将人文、质量、劳模、劳动、工匠等元素有机融入书中，强化学生职业素养养成；借助信息技术，丰富拓展资源，读者可以扫描书中二维码阅读相应的资源，有助于读者多形式学习。

　　本书主要内容包括焊条电弧焊，埋弧焊，二氧化碳气体保护焊，熔化极惰性气体、活性混合气体保护焊，钨极惰性气体保护焊，气焊与气割，电阻焊，等离子弧焊接与切割，其他焊接方法。讲述工业生产中常用的焊接方法，按照由易到难、由简到繁的原则，根据具体项目来编排不同的知识点。采用项目式教学方式，每个项目按照"项目导入—项目分析（知识目标、能力目标、素质目标）—相关知识—项目实施—知识拓展—项目小结—综合训练"的学习流程进行设计，便于实现一体化教学。

　　本书可作为智能焊接技术专业的核心课程以及装备制造类专业群的基础平台课程教材，也可作为技术工人培训用书、广大自学者的自学用书及工程技术人员的参考书。

　　本书按 90～100 学时进行编写，在实际教学中，教师可适当增减。焊接方法与设备课程的实践性比较强，建议授课教师根据教学内容和特点进行现场教学，教学环境可考虑移到专业实训室、企业生产车间中，尽量采用融"教、学、做"于一体的教学模式。

　　本书由山东交通职业学院宋金虎主编，具体分工如下：绪论及项目一、三、四由宋金虎编写；项目二、八由卢洪德编写；项目五、六由孙丽萍编写；项目七由董雪编写；项目九由赵立燕编写；宋金虎负责全书的统稿、定稿。一汽 - 大众汽车有限公司、潍柴雷沃重工股份有限公司、山东宏天重工股份有限公司等企业对本书的编写提供了技术支持和建设性意见，在此深表感谢！另外，本书编写过程中，参考了许多文献资料，编者谨向这些文献资料的编著者及支持编写工作的单位和个人表示衷心的感谢。

由于编者水平有限，教材中仍可能存在疏漏和不妥之处，恳切希望使用本书的广大读者批评指正，以便修订时完善。

编　者

目 录

绪 论

焊接是指通过加热或加压,或两者并用,并且用或不用填充材料,使部件达到结合的一种方法,是金属加工的主要方法之一,与其他加工方法相比,具有节省金属、减轻结构质量、密封性好、工艺过程简单、产品质量高等优点,同时,焊接过程也易实现机械化和自动化,发展非常迅速,目前在机械制造、石油化工、交通能源、冶金、电子、航空航天等行业中获得了广泛的应用,已成为大型金属结构制造中必不可少的加工手段。

一、焊接的特点及在现代工业中的应用

在现代工业中,金属是不可缺少的重要材料。高速行驶的汽车、火车、载重万吨至几十万吨的轮船、耐蚀耐压的化工设备以至于宇宙飞行器等都离不开金属材料。在这些工业产品的制造过程中,需要把各种各样加工好的部件按设计要求连接起来制成产品,焊接就是将这些部件连接起来的一种高效的加工方法。

1. 焊接的特点

在工业生产中采用的连接方法主要有螺钉连接、铆钉连接和焊接等。前两种都是机械连接,是可拆卸的;而焊接是不可拆卸的连接。与其他连接方法相比,焊接具有下列优点:

(1) 与铆接相比,焊接可以节省金属材料,从而减轻了结构的质量;与粘接相比,焊接具有较高的强度,焊接接头的承载能力可以达到与母材相当的水平。

(2) 焊接工艺过程比较简单,生产率高。焊接既不像铸造那样需要进行制作木型、造砂型、熔炼、浇铸等一系列工序,也不像铆接那样要开孔、制造铆钉、加热等,因而缩短了生产周期。

(3) 焊接质量高。焊接接头不仅强度高,而且其他性能(物理性能、耐热性能、耐蚀性能及密封性)都能够与工件材料相匹配。

(4) 焊接生产的劳动条件比铆接好,劳动强度小,噪声低。

2. 焊接在现代工业中的应用

由于焊接具有连接性能好、省工省料、质量轻、成本低、可简化工艺、焊缝密封性好等优点,因而得到了广泛应用和飞速发展,主要用于金属结构件的制造,如锅炉、船舶、桥梁、建筑、管道、车辆、起重机、海洋结构、冶金设备;生产机器零件(或毛坯),如重型机械和冶金设备中的机架、底座、箱体、轴、齿轮等;对于一些单件生产的特大型零件(或毛坯),可通过焊接以小拼大,简化工艺;修补铸件、锻件的缺陷和局部损坏的零件。

在锅炉压力容器、船体和桥式起重机制造中,焊接已全部取代铆接。在工业发达国家,焊接结构所用钢材占钢材总产量的 50% 以上。特别是焊接技术发展到今天,绝大多数部门(如机械制造、石油化工、交通能源、冶金、电子、航空航天等)都离不开焊接技术。因此可以这样说,焊接技术的发展水平是衡量一个国家科学技术进步程度的重要标志之一,没有现代焊接技术的发展,就不会有现代工业和科学技术的今天。

二、焊接的本质及焊接方法的分类

焊接是一种连接方法,通过焊接可将两个分开的物体(工件)连接而达到永久性的结合。被结合的物体可以是各种同类或不同类的金属、非金属(石墨、陶瓷、塑料等),也可以是一种金属与一种非金属。目前,工业中应用最普遍的还是金属之间的连接,因此,本课程主要讨论的也是金属的焊接方法。

1.焊接的本质

金属等固体之所以能保持固定的形状是因为其内部原子间距(晶格距离)十分小,原子之间形成了牢固的结合力。要把两个分离的金属工件连接在一起,从物理本质上来看就是要使这两个工件连接表面上的原子接近到金属晶格距离(0.3~0.5 nm)。然而,一般情况下,材料表面总是不平整的,即使经过精密磨削加工,其表面平面度仍比晶格距离大得多(约几十微米);另外,金属表面总难免存在着氧化膜和其他污物,阻碍着两分离工件表面原子之间的接近。因此,焊接过程的本质就是通过适当的物理化学过程克服这两个困难,使两个分离工件表面的原子接近到晶格距离而形成结合力。这些物理化学过程,归纳起来不外乎是用各种能量加热和用各种方法加压两类。

2.焊接方法的分类

目前,在工业生产中应用的焊接方法已达百余种。根据焊接过程特点可将焊接方法分为熔焊、压焊和钎焊三大类,每大类又可按不同的方法细分为若干小类,如图0-1所示。

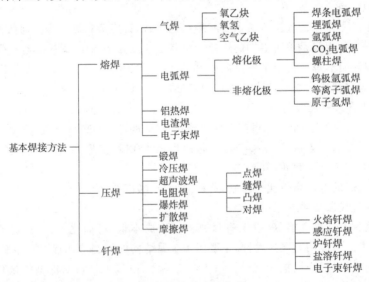

图0-1 焊接方法的分类

(1)熔焊。将待焊处的母材金属熔化以形成焊缝的焊接方法称为熔焊。实现熔焊的关键是要有一个能量集中、温度足够高的局部热源。若温度不够高,则无法使材料熔化;而能量集中程度不够,则会加大热作用区的范围,徒然增加能量损耗。按所使用热源的不同,熔焊可分为以下一些基本方法:电弧焊(以气体导电时产生的电弧热为热源,以电极是否熔化为特征分为熔化极电弧焊和非熔化极电弧焊两大类)、气焊(以乙炔或其他可燃气体在氧中燃烧的火焰为热源)、铝热焊(以铝热剂的放热反应产生的热为热源)、电渣焊(以熔渣导电时产生的电阻热为热源）、电子束焊（以高速运动的电子流撞击工件表面所产生的热为热源）、激光焊（以激光束照射到工件表面而产生的热为热源）等若干种。

在熔焊时，为了避免焊接区的高温金属与空气相互作用而使接头性能恶化，在焊接区要实施保护。保护的方法通常有造渣、通以保护气和抽真空三种。因此，保护形式常常是区分熔焊方法的另一个特征。

（2）压焊。在焊接过程中，必须对待焊金属施加压力（加热或不加热）完成焊接的方法，称为压焊。为了降低加压时材料的变形抗力，增加材料的塑性，压焊时在加压的同时常伴随加热措施。

按所施加焊接能量的不同，压焊的基本方法可分为电阻焊（包括点焊、缝焊、凸焊、对焊）、摩擦焊、超声波焊、扩散焊、冷压焊、爆炸焊和锻焊等。

（3）钎焊。采用比母材熔点低的金属材料做钎料，将焊件和钎料加热到高于钎料熔点低于母材熔点的温度，利用液态钎料润湿母材，填充接头间隙，并与母材互相扩散实现连接焊件的方法，称为钎焊。钎焊时，通常要仔细清除工件表面污物，增加钎料的润湿性，这就需要采用钎剂。

钎焊时也必须加热熔化钎料（但工件不熔化），按热源的不同可分为火焰钎焊、感应钎焊（以高频感应电流流过工件产生的电阻热为热源）、炉钎焊（以电阻炉辐射热为热源）、盐浴钎焊（以高温盐溶液为热源）和电子束钎焊等。也可按钎料的熔点不同分为硬钎焊（熔点450 ℃以上）和软钎焊（熔点450 ℃以下）两类。钎焊时通常要进行保护，如抽真空、通保护气体和使用钎剂等。

3.焊接方法的发展概况

焊接是一种古老的加工方法，早在我国古代就有使用锻焊和钎焊的实例。根据文献记载，春秋战国时期，我们的祖先已经懂得以黄泥做助熔剂，用加热锻打的方法把两块金属连接在一起。到公元7世纪唐代时，已应用锡焊和银焊来焊接了，这比欧洲国家要早10个世纪。然而，目前工业生产中广泛应用的焊接方法是19世纪末和20世纪初现代科学技术发展的产物。

随着冶金学、金属学及电工学的发展，逐步奠定了焊接工艺及设备的理论基础；而冶金工业、电力工业和电子工业的进步，则为焊接技术的长远发展提供了有力的物质和技术条件。1885年，人们发现了气体放电的电弧；1930年发明了涂药焊条电弧焊方法，并在此基础上发明了埋弧焊、钨极氩弧焊、熔化极氩弧焊及 CO_2 气体保护焊等自动或半自动焊接方法。电阻焊则是在1886年发明的，此后逐渐完善为电阻点焊、缝焊和对焊方法，它几乎与电弧焊同时推向工业应用，逐步取代铆接，成为工业中广泛应用的两种主要焊接方法。到目前为止，电子束焊、激光焊等20余种基本方法和成百种派生方法又相继被发明出来，并且仍处于继续发展之中。

三、本课程的内容和学习方法

1.本课程的内容

（1）常用焊接方法的焊接工艺过程、特点及其适用范围。

（2）常用焊接方法的工艺参数的选择、工艺措施的制定。

（3）常用焊接设备的结构、原理及安装、使用与维护方法。

在图 0-1 列出的焊接方法中,目前应用最为广泛的是电弧焊,因此,本课程讲述的焊接方法与设备将以各类电弧焊作为中心内容来讨论;电阻焊是较为重要的焊接方法,本书也安排了一项目进行讨论。钎焊、电渣焊、电子束焊、激光焊、摩擦焊、螺柱焊等方法的原理比较特殊,并都颇有发展前途或在某些工业部门中有一定的应用价值,但其应用面较窄,因而本课程将其合并在一起,专门安排一个项目加以论述。还有一些焊接方法,例如,铝热焊等在某些工业部门中有一定的应用价值,但考虑到这些方法的原理一般都比较简单,只要掌握了上述主要焊接方法后是可以自行理解的,本课程不再详述。

2.本课程的学习要求

(1)掌握各种焊接方法,尤其是常见电弧焊方法的焊接工艺过程、实质、特点和应用范围,熟悉影响焊接质量的因素及质量保证措施。

(2)了解常用典型电弧焊设备的结构组成、性能特点和应用范围,能根据实际工作要求正确选择、安装调试、操作使用和维护保养焊接设备;能熟练掌握常见焊接方法如焊条电弧焊、CO_2 气体保护焊、埋弧焊、气焊等的实际操作方法和操作要点。

(3)能根据实际的生产条件和具体的焊接结构及其技术要求,正确选择焊接方法及其工艺参数、工艺措施。

(4)能分析焊接过程中常见工艺缺陷的产生原因,提出解决问题的方法。

概括地说,就是通过对本课程的学习,掌握主要焊接方法的原理、焊接质量的控制及常用设备的使用维护这三个方面的有关知识与技能,以达到正确应用的目的。

3.对本课程学习方法的建议

焊接方法与设备课程是以电工与电子基础、机械设计基础、金属材料与热处理等课程为基础,以弧焊电源、焊接冶金及金属焊接性等课程为前导的专业课程。因此,在学习课程之前,应先修完上述课程,并进行专业生产性实习,积累必要的基础知识和技能。

焊接方法与设备是高等职业院校智能焊接技术专业的主干专业课,是一门实践性很强的课程,因此,学习本课程时应与其他课程和其他教学环节(如实习、课程设计等)配合,特别注意理论联系生产实际,培养学生分析问题和解决实际问题的能力。不但应该注意学好教材本身所介绍的内容,还要注意掌握分析各种焊接方法的思路,学会分析工艺现象、研究工艺问题、掌握设备的使用维护知识,并且特别重视实训和操作环节,才会有更好的学习效果。

综合训练

一、填空题

1.与铆接相比,焊接可以_____;与粘接相比,焊接具有_____的强度。

2.根据焊接方法的_____可将其分为_____、_____和_____三大类。

二、简答题

1.什么是焊接?实现焊接的适当的物理化学过程指的是什么?

2.焊接与其他连接方法相比其优越性是什么?

3.焊接方法怎样分类?熔焊、压焊、钎焊各有什么特点?

4.熔焊时,为什么要实施保护?常用的保护方法有哪些?

项目一　焊条电弧焊

项目导入

　　球罐为焊接结构,主要由上极板、上温带、赤道带、下温带、下极板及附件等部分组成。由其结构特点决定,球罐目前主要以焊条电弧焊进行焊接为主,如图1-1所示。

图 1-1　球罐

项目分析

　　焊条电弧焊是用手工操纵焊条进行焊接的电弧焊方法,它使用的设备简单,操作方便灵活,适合在各种条件下焊接,特别适合形状复杂结构的焊接,目前是最常用的焊接方法之一。

　　本项目主要学习:

　　焊接电弧;焊丝的熔化与熔滴过渡;母材熔化与焊缝成型;焊条电弧焊的原理及特点;焊条电弧焊设备及工具;焊条电弧焊工艺;焊条电弧焊的基本操作方法。

焊条电弧焊场景

知识目标

　　1.掌握焊条电弧焊的原理及特点,焊缝成型过程,焊缝形状与焊缝质量的关系,焊接工艺参数对焊缝成型的影响,焊缝成型缺陷的产生及防止,焊接工艺参数的选择;

　　2.熟悉焊条电弧焊设备及工具,焊接电弧的物理基础、导电特性及工艺特性,焊丝的加热和熔化特性、熔滴上的作用力、熔滴过渡的主要形式及特点,影响焊条电弧焊焊接工艺参数的因素;

　　3.掌握焊条电弧焊的基本操作要点。

能力目标

　　1.能够正确安装调试、操作使用和维护保养焊条电弧焊设备;

　　2.能够根据实际生产条件和具体的焊接结构及其技术要求,正确选择焊条电弧焊工艺参

数及工艺措施;

3.能够分析焊接过程中常见工艺缺陷的产生原因,提出解决问题的方法;

4.能够进行焊条电弧焊基本操作。

 素质目标

1.利用现代化手段对信息进行学习、收集、整理的能力;

2.良好的表达能力和较强的沟通与团队合作能力;

3.良好的质量意识和劳模、劳动、工匠精神。

焊接重器,大国工匠

 相关知识

一、焊接电弧

电弧能够有效而简便地通过弧焊电源把电能转换成热能和机械能来实现工件的焊接,是所有电弧焊方法的能量载体。

(一)焊接电弧的物理基础

电弧是在一定条件下电荷通过两电极间气体空间的一种导电现象,或者说是一种气体放电现象,如图1-2所示。借助这种气体放电过程,电弧将电能转变为热能、机械能和光能。焊接时,主要利用热能、机械能达到熔化并连接金属的目的。

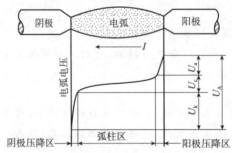

图1-2 电弧及各区域的电场强度分布示意

1.电弧放电的条件

正常状态下的气体是由中性分子或原子组成的,不含带电粒子,所以不导电。两电极之间气体导电必须具备两个条件:一是产生带电粒子;二是两电极之间有电场。电弧放电的特点是电流密度大、阴极压降低、温度高、发光度强等。

2.电弧中带电粒子的产生

电弧中的带电粒子主要由两电极之间的气体电离和阴极发射电子两个物理过程所产生,同时伴随着解离、激励、扩散、复合、负离子的产生等过程。

(二)焊接电弧的导电特性

焊接电弧的导电特性是指参与形成电流的带电粒子在电弧中产生、运动和消失的过程。在焊接电弧的弧柱区、阴极区和阳极区,它们的导电特性是各不相同的。

1.电弧的组成区域及电场强度分布

当两电极之间产生电弧时,在电弧长度方向的电场强度分布是不均匀的,如图1-2所示。

按电场强度的分布特点不同将电弧分为三个区域:靠近阳极附近的区域为阳极区,其电压U_a称为阳极电压降;靠近阴极附近的区域为阴极区,其电压U_k称为阴极电压降;中间部分为弧柱区,其电压U_c称为弧柱电压降。阳极区和阴极区在电弧长度方向的尺寸很小,为$10^{-2}\sim10^{-6}$ cm,故可近似认为弧柱长度即电弧长度。电弧的这种不均匀的电场强度说明电弧各区域的电阻是不相同的。可将电弧看作一个非线性的导体,弧柱的电阻较小,电压降较小;而两个电极区的电阻较大,电压降较大。

电弧作为非线性导体的导电情况完全不同于金属导体,金属导电是内部自由电子的定向运动形成电流,而电弧气氛中的所有带电粒子都参与导电,过程要复杂得多。

2.弧柱区的导电特性

在外加电场作用下,正离子向阴极运动,电子向阳极运动,从而形成电子流和正离子流。由阴极区和阳极区不断产生相应的电子流和正离子流予以接续,保证弧柱区带电粒子的动平衡,弧柱中因扩散和复合而消失的带电粒子由弧柱自身的热电离来补充。通过弧柱的总电流由电子流和正离子流两部分组成(负离子因占的比例很小可忽略)。在同样外加电压作用下,电子和正离子所受的力相同,但由于电子的质量比正离子小得多,所以电子的运动速度将比正离子大得多,因此,弧柱中的总电流主要是由电子流(约占99.9%)构成的,而正离子流占的比例很小。弧柱中正负带电粒子流虽然有很大的差别,但每一瞬间每个单位体积中正、负带电粒子数量是相等的,从而使弧柱区整体上呈中性。

弧柱导电性能的好坏取决于弧柱导电时所需电场强度大小,它与电弧气体介质和电流大小有密切关系。

3.阴极区的导电特性

阴极区的作用是向弧柱区提供所需的电子流;接受由弧柱送来的正离子流,以满足电弧导电需要。由于阴极材料种类、电流大小、气体介质等因素不同,阴极区的导电特性也会不同。

当阴极采用W、C等高熔点材料,且电流较大时,阴极可达到很高温度,弧柱所需要的电子流主要由阴极热发射来供应,称为热发射型。由于阴极通过热发射可提供足够数量的电子,使弧柱区与阴极之间不再存在阴极压降区,阴极表面以外的电弧空间与弧柱的特性完全一样。由弧柱到阴极,电弧直径变化不大,阴极表面导电区域的电流密度也与弧柱区相近。阴极上也不存在阴极斑点。虽然电子发射将从阴极带走热量,使阴极受到冷却,但这些热量可以从两个途径得到补充:正离子流撞击阴极表面,将其动能转换为热能传递给阴极,同时,正离子在阴极表面得到电子而中和,放出电离能,也使阴极加热;电流流过阴极时产生电阻热使阴极加热。因此,阴极始终保持较高的温度以保证持续的热电子发射。具有这种导电特性的阴极称为热阴极。大电流钨极氩弧焊时,这种阴极导电特性占主要地位。

当阴极材料为W、C但电流较小时,或阴极材料采用熔点较低的Al、Cu、Fe时,阴极表面温度受材料沸点的限制不能升得很高,热发射不足以提供弧柱导电所需的电子流。在靠近阴极区,出现电子数不足,正离子堆积相对过剩现象,在阴极前面形成局部较强的正电场,构成了阴极压降区,如图1-3所示。这个较强的正电场可使阴极产生场致发射,向弧柱区提供所需的电子流,称为电场发射型。同时,正电场将阴极发射出来的电子加速,使其动能提高,在阴极区又产生碰撞电离。碰撞电离产生的电子与阴极直接发射的电子合并构成弧柱区所需的电子流;碰撞电离产生的正离子在电场作用下与弧柱区来的正离子一起冲向阴极,将使阴极区保持正离子过剩,呈现出正电性,维持场致发射。另外,由于阴极压降区的存在,正离子被加速,到达阴极时将有更多的动能转换为热能,增强了对阴极的加热作用,使阴极的热发射增大,使得阴极区能够向弧柱提供更多的电子。在小电流钨极氩弧焊和熔化极气体保护焊时,这种电场发射型阴极导电特性起着重要作用。用 Cu、Fe、Al 材料做阴极材料焊接时(这种阴极也称冷阴极),实际是热发射型和电场发射型两种导电特性同时并存,相互补充的。阴极压降区的电压值因具体条件不同而变化,一般在几伏到十几伏之间,这主要取决于电极材料种类、电流大小和气体介质成分。当电极材料的熔点较高或逸出功较小时,热发射的比例增大,阴极压降较低;反之,则电场发射的比例增大,阴极压降也较高。当电流较大时,一般热发射的比例增大,阴极压降将降低。

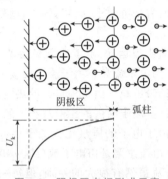

图 1-3　阴极区电场形成示意

4.阳极区的导电特性

阳极区的作用是接受由弧柱来的电子流,同时向弧柱提供所需的正离子流。但阳极不能直接发射正离子,正离子是由阳极区粒子电离来提供的。阳极区提供正离子有阳极区的场致电离和热电离两种形式。

当电弧导电时,由于阳极不发射正离子,弧柱所需的正离子流得不到补充,阳极前面的电子数增加,造成电子的堆积,形成负电场,如图 1-4 所示。阳极与弧柱之间形成一个负电性区,即阳极区。阳极区的电压降称为阳极压降 U_a。只要弧柱的正离子得不到补充,阳极区压降 U_a 就继续增加。随着负电荷的积累,U_a 达到一定程度时,从弧柱得到的电子通过阳极区将被加速,获得足够的动能,与阳极区内中性粒子碰撞产生场致电离,直到这种碰撞电离生成的正离子足以满足弧柱需要时,U_a 不再继续增高而保持稳定。碰撞电离生成的正离子流向弧柱,电子与弧柱得到的电子一起进入阳极,阳极表面的电流完全由电子流组成。这种导电方式,阳极区压降较大。阳极区的长度为 $10^{-2} \sim 10^{-3}$ cm。当电弧电流较小时,阳极区的导电属于这种形式。

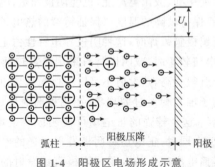

图 1-4　阳极区电场形成示意

当电流密度较大时,阳极的温度很高,阳极金属产生蒸发。聚积在这里的金属蒸气将产生热电离,生成正离子供弧柱需要,生成的电子流向阳极。由于生成正离子不是靠 U_a 增加电子动能以产生碰撞场致电离,所以 U_a 可以较低。随着电流密度的增加,阳极区热量继续增加,当弧柱所需要的正离子流完全由这种阳极区热电离来提供时,则 U_a 可以降到零。大电流钨极氩弧焊及大电流熔化极焊接时,属于这种阳极区导电形式。

5.阴极斑点与阴极破碎作用

当阴极材料熔点、沸点较低且导热性很强时,即使阴极温度达到材料的沸点也不足以通过热发射产生足够数量的电子,阴极将进一步自动缩小其导电面积,电压降增大,直至阴极前面形成正电场并足以产生较强的场致发射,补充热发射的不足,向弧柱提供足够的电子流。此时阴极将形成面积更小、电流密度更大、发光烁亮的斑点来导通电流,这种导电斑点称阴极斑点。用高熔点材料(C、W 等)做阴极时,只有在电流很小、阴极温度很低的情况下,才可能产生这种阴极斑点。当用低熔点材料(Al、Cu、Fe 等)做阴极时,大小电流时均产生阴极斑点。阴极斑点会自动选择有利于电子发射的点,使斑点以很高的速度在阴极表面做不规则运动。由于金属氧化物的逸出功比纯金属低,因而在氧化物处容易发射电子,氧化物发射电子的同时自身被破坏而漏出纯金属表面。而另外有氧化物处就成为集中发射电子的区域,形成新的阴极斑点。发射电子后氧化物又被破坏,如此重复,如果阴极表面有低逸出功的氧化膜存在,阴极斑点有自动寻找并清除氧化膜的倾向。这种现象称为"阴极清理"作用或"阴极破碎"作用。例如,焊接铝、镁及其合金时就是利用这种作用去除氧化膜的。

(三)焊接电弧的工艺特性

电弧焊过程主要利用焊接电弧的热能和机械能。焊接电弧与热能和机械能有关的工艺特性主要包括电弧的热能特性、电弧的力学特性、电弧的稳定性等。

1.电弧的热能特性

(1)电弧热的形成机构。电弧是一个把电能转换成热能的柔性导体,由于电弧三个组成区域的导电特性不同,因而产热特性也不同。

1)弧柱区的产热机构。在弧柱中,带电粒子并不是由阴极直接向阳极运动的,而是在频繁而激烈地碰撞过程中沿电场方向运动的。这种碰撞是无规则的散乱运动,有带电粒子之间的碰撞,也有带电粒子与中性粒子之间的碰撞。在碰撞过程中带电粒子温度升高,把电能转换成热能。弧柱区的导电主要是由电子流来实现的,正离子流在整个电流中占极小的比例,又由于质量差异,电子运动速度比正离子运动速度大得多,因此在弧柱区将电能转变为热能的作用几乎完全由电子流来承担。

单位弧柱长度电能(IE)的大小就代表了弧柱的产热量,它与弧柱的热损失相平衡,维持电弧的稳定。弧柱的热损失有对流、传导和辐射(包括光辐射)等部分。其中弧柱部分的对流损失占 80% 以上,传导和辐射损失为 10% 左右,电弧焊接过程中,弧柱的热量仅有很少一部分通过辐射传给焊条和焊件。

2)阴极区的产热机构。由于阴极区的长度很小(其数量级为 $10^{-5} \sim 10^{-6}$ cm),所以阴极区的产热量直接影响焊丝的熔化或工件的加热。阴极区的带电粒子由电子和正离子组成,这两种带电粒子的不断产生、消失和运动,伴随着能量的转变与传递。由于弧柱中正离子流所占比例很小,它的产热对阴极区产热可忽略不计。因此可认为影响阴极区能量状态的带电粒子全部由电子流产生。

阴极区提供的电子流与总电流(I)相近,这些电子在阴极压降 U_k 的作用下逸出阴极并被加速,获得总能量为 IU_k;电子从阴极表面逸出时,将从阴极表面带走相当于逸出功的能量,对阴极有冷却作用,这部分能量总和为 IU_w;电子流离开阴极区进入弧柱区时,将带走与弧柱温度相应的热能,这部分能量为 IU_T。所以,阴极区总的产热功率 P_k 应为

$$P_k = = IU_k - IU_w - IU_T$$

阴极区的产热量主要用于对阴极的加热和阴极区的散热损失,焊接过程中这部分热量直接用于加热焊丝或工件。

3)阳极区的产热机构。阳极区的电流由正离子流和电子流两部分组成,因正离子流所占比例很小,可忽略不计,只考虑接受电子流的能量转换。电子流到达阳极时将带给阳极三部分能量:一部分是电子经阳极压降区被 U_a 加速而获得的动能 IU_a;一部分为电子发射时从阴极吸收的逸出功,这部分能量为 IU_w;另一部分为从弧柱带来的与弧柱温度相对应的热能 IU_T。因此,阳极区的总产热功率为

$$P_A = I(U_a + U_w + U_T)$$

阳极产生的热量主要用于阳极的加热、焊接过程中这部分热量直接用于加热焊丝或工件。

(2)焊接电弧的热效率及能量密度。焊接电弧热由电能转换而来。因此,电弧热量总功率 P 可用下式表示:

$$P = IU_A$$

式中,U_A 表示电弧电压,$U_A = U_a + U_c + U_k$。

电弧热量并不能全部有效地用于焊接,其中一部分热量通过对流、辐射及传导等损失掉了。把用于加热、熔化填充材料与工件的电弧热功率称为有效热功率,用 P' 表示。则

$$P' = \eta P$$

式中,η 为电弧热效率系数。它与焊接方法、焊接工艺参数、周围条件有关。各种弧焊方法的热效率系数 η 见表1-1。

表1-1　各种弧焊方法的热效率系数

弧焊方法	η
药皮焊条电弧焊	0.65～0.85
埋弧焊	0.80～0.90
CO_2 气体保护焊	0.75～0.90
熔化极氩弧焊	0.70～0.80
钨极氩弧焊	0.65～0.70

由表1-1可见,钨极氩弧焊热效率系数较低,而埋弧焊较高。因为熔化极电弧焊时,无论阴极还是阳极用于熔化能量密度大,可更有效地将热源的有效功率用于熔化金属并减小热影响区,获得窄而深的焊缝。焊条(或焊丝)的热量,都会通过熔滴过渡把加热和熔化焊丝的热量带给熔池,所以热效率高;埋弧焊时电弧埋在焊剂层下燃烧,弧柱热量也用于熔化焊剂,且焊剂形成的保护罩有保温作用,故热量利用充分,热效率可高达90%。而非熔化极电弧焊(如钨极氩弧焊),由于电极不熔化,只有焊件熔化,母材只利用了一部分电弧的热量,电极吸收的热量都将被焊枪或冷却水带走,而不能传递到母材中,所以热效率较低。

在其他条件不变的情况下,各种弧焊方法的热效率系数随电弧电压的升高而降低,因为焊接电弧电压的升高意味着电弧弧柱长度的增加,则弧柱热量的辐射、对流损失增加。采用

某热源来加热工件时,单位有效面积上的热功率称为能量密度,以 W/cm² 来表示。能量密度大时,可更有效地将热源的有效功率用于熔化金属并减小热影响区,获得窄而深的焊缝,同时,也有利于提高焊接生产率。

(3)电弧的温度分布。电弧的温度是电弧能量状态的表现形式,由于电弧三个区域的产热机构不同,因而各部分的温度分布也不同。

在轴向上,弧柱的温度较高,而阴极区和阳极区的温度较低,如图 1-5 所示。

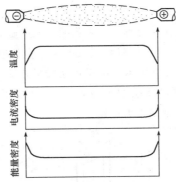

图 1-5 电弧的温度、电流密度和能量密度的轴向分布示意

这是因为电极温度的升高受到电极材料导热性能、熔点和沸点的限制,而弧柱中的气体和金属蒸气不受这一限制。弧柱的温度受电极材料、气体介质、电流大小、弧柱压缩程度等因素的影响。在常压下当电流由 1~1 000 A 变化时,弧柱温度可在 5 000~30 000 K 变化。

在径向上,弧柱的温度分布具有这样的特点,靠近电极直径小的一端,电流和能量密度高,电弧温度也高,无论焊丝(或焊条)接正或接负都具有这个特点。离弧柱轴线越远温度越低,电弧纵断面等温线如图 1-6 所示。

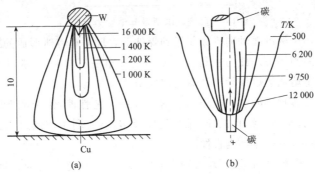

图 1-6 电弧径向温度分布示意
(a)W-Cu 电极之间电弧等温线,电流 200 A,电压 14.2 V;(b)200 A 碳弧等温线

另外,电弧空间的温度,还受气体介质成分、焊接参数及弧柱拘束状态的影响。

2. 电弧的力学特性

在焊接过程中,电弧产生的机械作用力对焊缝的熔深、熔池搅拌、熔滴过渡、焊缝成型等都有直接影响。如果对电弧力控制不当,将会使熔滴不能过渡到熔池而形成飞溅,甚至产生焊瘤、咬肉、烧穿等缺陷。焊接电弧中的作用力统称为电弧力,主要包括电磁力、等离子流力、斑点压力等。

（1）焊接电弧力及其作用。

1）电磁收缩力。在两根相距不远的平行导线中，通过同方向电流时，导线之间产生相互吸引的力；若电流方向相反，则相互之间产生排斥力。这是由于在通电导体周围空间形成磁场，而处于磁场中的通电导体受到力的作用。

当电流在一个导体中流过时，整个电流可看成由许多平行的电流线组成，这些电流线之间将产生相互吸引力，使导体断面有收缩的倾向。如果导体是固态物质不能自由变形，此收缩力不能改变导体外形；如果导体是可以自由变形的液态或气态物质，导体将产生收缩。这种现象叫作电磁收缩效应，而此作用力称为电磁收缩力或电磁力。

焊接电弧是能够通过很大电流的圆锥状柔性导体。电磁收缩效应在电弧中产生收缩力表现为电弧内的径向压力，如图 1-7 所示。由于焊条端的电弧断面直径小，而工件端的电弧断面直径较大，电弧断面直径不同将引起压力差，从而产生了由焊条指向工件的轴向推力（F_1、F_2），而且电流越大，形成的轴向推力也越大。

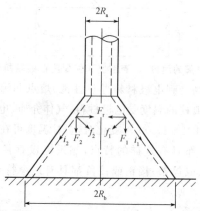

图 1-7　圆锥状电弧及其电磁力示意

由电磁收缩力产生的电弧轴向推力作用到焊件上表现为对熔池形成的压力，这种电弧压力也称为电弧的电磁静压力。此力在熔池横断面上分布是不均匀的，弧柱轴线处最大，向外逐渐减小。它将决定熔池的熔深轮廓和焊缝的成型。

在焊接过程中电弧自身的电磁收缩力具有重要的工艺性能：使熔池下凹增大熔深；对熔池有轻微的搅拌作用，有利于细化晶粒，排除气体及熔渣；有利于熔滴过渡；可束缚弧柱的扩展，使弧柱能量更集中，电弧更具挺直性。

2）等离子流力。焊接电弧呈锥形，沿轴线方向的弧柱截面是变化的，因此，在电弧各处由于电磁收缩力而产生的压力分布也是不均匀的。靠近焊条（丝）处的电磁压力大，靠近工件处的电磁压力小，则沿电弧轴向便形成了电磁压力差，它将使得电弧中的高温等离子体从电磁压力大的 A 区向靠近工件的低压力 B 区流动，并形成了一股等离子流，如图 1-8 所示。同时，又将从上方吸入新的气体介质，被加热电离后继续流向 B 区，这样就构成了连续的等离子流。等离子流具有很高的运动速度，对熔池形成附加的压力，这种力称为等离子流力。等离子流速度最高可达每秒数百米，并且随着电流的增大而增加。当等离子流冲击熔池表面时，会产生很大的动压力，所以，等离子流力又称为电弧的电磁动压力。等离子流产生的动压力的分布是与等离子流的速度分布相对应的，在电弧中心轴线上的动压力最强。熔池轮廓及焊缝形状主要由电弧的电磁静压力决定。

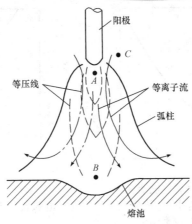

图 1-8　电弧中等离子流形成示意

等离子流力除影响熔池轮廓及焊缝形状外,它还具有促进熔滴过渡、搅拌熔池、增大熔深、增加电弧挺度等作用。等离子流是由于焊条与工件形成锥形电弧而引起的,因此与电流种类和极性无关,且运动方向总是由焊条指向工件。

3)斑点力。当电极上形成斑点时,由于斑点处受到带电粒子的撞击和金属蒸发的反作用力而对斑点产生压力,这种力称为斑点力或斑点压力。

阴极斑点力比阳极斑点力大,原因如下:阳极接受电子的撞击,阴极接受正离子的撞击。由于正离子的质量远远大于电子的质量,同时,一般情况下阴极压降 U_k 大于阳极压降 U_a,故阴极斑点承受的撞击远大于阳极斑点;由于阴极斑点的电流密度比阳极斑点的电流密度高,金属蒸发更强烈,施加给阴极斑点的反作用力也更大。

无论是阴极斑点力还是阳极斑点力,其方向总与熔滴过渡的方向相反,因而总是阻碍熔滴过渡,使飞溅增大,如图 1-9 所示。

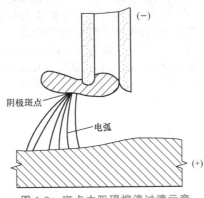

图 1-9　斑点力阻碍熔滴过渡示意

焊接时采用直流反接可以减小飞溅,同时由于正离子撞击焊件上的阴极斑点,还会产生阴极破碎作用。

(2)影响电弧中作用力的因素。

1)电流和电弧电压。电流增大时电磁收缩力和等离子流都增加,故电弧力也增大(图 1-10)。而电弧电压升高也即电弧长度增加时,电弧力降低(图 1-11)。

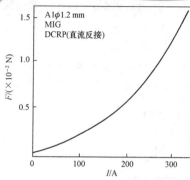

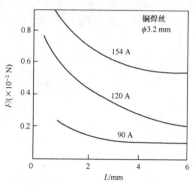

图 1-10　电弧力和焊接电流的关系　　　　图 1-11　电弧力和电弧电压的关系

2）焊丝直径。焊丝直径越小，电流密度越大，造成电弧锥形越明显，则电磁力和等离子流力越大，使电弧力增大，如图 1-12 所示。

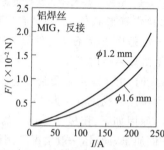

图 1-12　电弧力和焊丝直径的关系

3）气体介质。气体种类不同，其热物理性能不同，从而影响电弧的收缩程度。导热性强的气体、多原子气体或密度较小的气体都使电弧收缩程度大，导致电弧力增加。气体流量或电弧空间气体压力增加，也会引起电弧收缩，并使电弧力增加，同时，也将引起斑点区的收缩，使斑点力进一步增加，阻止熔滴过渡，使熔滴颗粒增大，过渡困难。

①钨极（或焊丝）的极性。焊条（焊丝）的极性对电弧力有很大的影响。钨极氩弧焊正接时，即钨极接负时允许流过的电流大，阴极导电区收缩的程度大，将形成锥度较大锥形电弧，产生的轴向推力较大，电弧压力也大。反之，钨极接正，则形成较小的电弧压力，如图 1-13 所示。对熔化极气体保护焊，直流正接时熔滴上的斑点压力较大，熔滴较大，不能形成很强的电磁力与等离子流力，因此电弧力小。直流反接时熔滴上的斑点压力小，形成细小的熔滴，电磁力与等离子流力都较大，如图 1-14 所示。

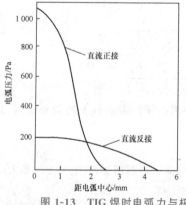

图 1-13　TIG 焊时电弧力与极性的关系（$I=100$ A，钨极 $\phi4.0$ mm）

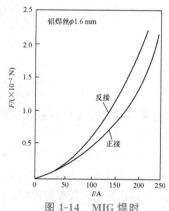

图 1-14　MIG 焊时电弧力与极性的关系

3.电弧的稳定性

焊接电弧的稳定性是指电弧保持稳定燃烧(不断弧、不偏吹、不飘移、不熄弧)的程度。在电弧焊过程中,当焊接电流和电弧电压一定时,电弧长时间稳定燃烧的性能称为电弧的稳定性。电弧的稳定燃烧是保证焊接质量的重要因素,因此,保持电弧的稳定性非常重要。电弧不稳定的原因除与操作人员技术熟练程度有关外,主要与下列因素有关:

(1)焊接电源。焊接电流的种类和极性都会影响电弧的稳定性。使用直流电要比交流电焊接时电弧稳定;对于碱性低氢焊条,直流反接要比正接电弧稳定;空载电压较高的焊接电源,电弧燃烧比较稳定。无论交流还是直流焊接电源,为了电弧稳定燃烧,要求应具有良好的工作特性,主要是电源的外特性应与电弧静特性相匹配,保证电弧稳定燃烧。

(2)焊条药皮。焊条药皮中含有一定量低电离能的物质(如 K、Na、Ca 的氧化物),能增加电弧的稳定性。这类物质称为稳弧剂。酸性焊条药皮中含有云母、长石、水玻璃等低电离能物质,因而电弧稳定。焊条药皮薄厚不均匀、局部脱落或潮湿变质,电弧就很难稳定燃烧,并会导致严重的焊接缺陷。

(3)焊接电流。焊接电流大,电弧燃烧的稳定性就好。随着焊接电流的增大,电弧的引弧电压降低;自然断弧的最大弧长也增大。

(4)焊接电弧的磁偏吹。当电弧周围磁场沿电弧轴线方向均匀对称分布时,在电弧自身磁场作用下电弧具有一定的挺直性,使电弧尽量保持在焊条(丝)的轴线方向上,即使焊条(丝)与焊件有一定倾角,电弧仍将保持指向焊条(丝)的轴线方向。如果某种原因导致磁场分布的均匀性受到破坏,使得电弧四周受力不均匀时,将使电弧偏向一侧。这种由于自身磁场不对称分布而使得电弧偏离电极轴线的现象称为磁偏吹,如图 1-15 所示。

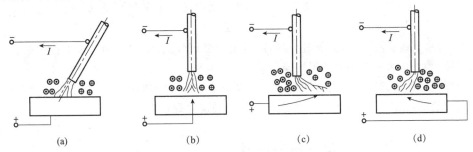

图 1-15 正常电弧与电弧的磁偏吹示意

(a)、(b)正常电弧;(c)、(d)磁偏吹现象

电弧周围空间磁力线密集的地方将对电弧产生推力,将其推向磁力线稀疏的地方。产生电弧磁偏吹的根本原因是电弧周围磁场分布不对称,致使电弧两侧电磁力不对称。焊接时引起磁力线分布不对称的原因如下:

1)导线接线位置。当焊条垂直于工件时,由于电流通路在电弧处互相垂直,则在电弧左侧的空间,为两段导体周围产生的磁力线的叠加,提高了该处磁力线密度,而电弧右侧的空间只有电弧本身产生的磁力线,因此电弧右侧磁力线密度小,如图 1-16 所示。磁力线密度大的地方产生对电弧的推力,并指向磁力线密度小的方向,使电弧偏离焊条轴向,形成电弧的磁偏吹。如果焊条向右倾斜,调整电弧左右两侧空间的大小,则可以减小电弧磁偏吹的程度。电弧长度减小,磁场对电弧的作用力减弱,磁偏吹现象也要减弱。

2)电弧附近的铁磁物质的影响。当电弧的一侧放置一块钢板时,则电弧偏离焊条轴线指

向钢板。因为在电弧一侧放置钢板后,较多的磁力线都集中到钢板中,使电弧空间的磁力线密度显著降低,破坏了磁力线分布的均匀性,电弧偏向有钢板的一侧。电弧一侧放的钢板越大或距离越近,引起磁力线密度分布不对称越加剧,电弧的磁偏吹就越严重。

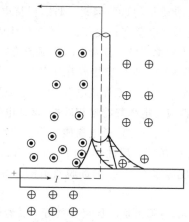

图 1-16　导线接线位置引起的磁偏吹示意

　　生产中经常遇到磁偏吹现象,磁偏吹严重时导致焊接过程不稳定,操作难以控制焊缝成型不良,可用下列方法消除或减少磁偏吹:尽量用交流电源代替直流电源;尽量用短弧进行焊接,电弧越短磁偏吹越小;大工件采用两边连接地线的方法进行焊接;焊前消除工件的剩磁;避免周围铁磁物质的影响。

　　(5)其他因素的影响。

　　1)电弧长度。电弧太长,就会发生剧烈摆动,从而破坏了焊接电弧的稳定性,飞溅也增大。

　　2)强风、气流。在露天、野外进行焊接时,由于强风气流的影响,会造成电弧偏吹而无法进行焊接,为此应采取必要的防风措施。

　　3)焊接处的清洁程度。当有铁锈、油漆、水分及油污等污物存在时,由于吸热分解,减少了电弧的热能,会严重影响电弧的稳定性,所以焊前应将焊接处清理干净。

二、焊丝 (条) 的熔化与熔滴过渡

　　熔化极电弧焊的焊丝 (条) 具有两个作用:一是作为电极与工件之间产生电弧;二是被加热熔化作为填充金属过渡到熔池中。焊丝 (条) 的熔化及熔滴过渡是熔化极电弧焊的重要物理现象,熔滴过渡方式及特点将直接影响焊接质量和生产效率。

(一)焊丝 (条)的加热和熔化特性

1.焊丝 (条)的加热

　　电弧焊时,用于加热和熔化焊丝的热源是电弧热和电阻热。熔化极电弧焊焊条 (丝) 的熔化主要是靠阴极区(正接)或阳极区(反接)所产生的热量和焊丝 (条) 伸出长度产生的电阻热,弧柱区所产生的高温辐射热量对焊条 (丝) 熔化起次要地位;非熔化极电弧焊(钨极氩弧焊或等离子弧焊)的填充焊丝 (条) 主要由弧柱区的热量熔化。

　　由上节论述,阴极区与阳极区的产热情况是不同的,热功率如下:

$$P_k = I(U_k - U_w - U_T)$$
$$P_A = I(U_a + U_w + U_T)$$

在电弧焊情况下,当弧柱温度为 6 000 K 时,U_T 小于 1 V,当电流密度较大时,U_a 近似为零,故上式可简化为

$$P_k = I(U_k - U_w)$$
$$P_A = I U_a$$

即阴极区与阳极区的产热量主要与 U_w 和 U_k 值有关。这样,焊丝接正极时产生的热量主要决定于材料逸出电压 U_w 和电流大小。U_w 是与材料有关的数值,材料一定时,阳极区产热量只与电流大小有关。当焊丝(条)接负极时,其加热熔化情况则与($U_k - U_w$)值有关。实践表明,影响阴极区压降值 U_k 大小的因素较多,它们会影响阴极发射电子,也就必然影响阴极区域的产热及焊丝的加热与熔化情况。熔化极气体保护焊时,焊丝均为冷阴极材料;在使用含有 CaF_2 焊剂的埋弧焊或碱性焊条电弧焊时,在同一材料和同一电流情况下,焊丝(条)为阴极(正接)时的产热量要比为阳极(反接)时多。因为散热条件相同,所以焊丝(条)接负时比焊丝(条)接正时熔化快。

焊丝除受电弧的加热外,在自动焊和半自动焊时,从焊丝与导电嘴的接触点到焊丝端头的一段焊丝(焊丝伸出长度用 L_s 表示)有焊接电流流过,所产生电阻热对焊丝有预热作用,从而影响焊丝的熔化速度,如图 1-17 所示。特别是焊丝比较细和焊丝金属的电阻系数比较大时(如不锈钢),这种影响更为明显。

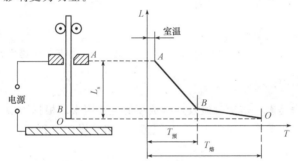

图 1-17 焊丝伸出长度上的温度分布示意

焊丝伸出长度的电阻热功率 P_R 为

$$P_R = I^2 R_s$$
$$R_s = \rho L_s / S$$

式中 R_s——L_s 段电阻值;

ρ——焊丝电阻率;

L_s——焊丝伸出长度;

S——焊丝断面面积。

材料不同,焊丝伸出长度部分产生的电阻热也不同。对于导电良好的铝和铜等金属,P_R 可忽略不计。而对钢和钛等电阻率高的金属,当伸出长度较大时,电阻热 P_R 的影响不能忽视。

2.焊丝的熔化速度、熔化系数及其影响因素

焊丝(条)端部受电弧热熔化并以滴状形式脱离焊丝过渡到熔池,同时,也带走一定的热量。在稳定的焊接过程中,当弧长保持一定时,单位时间内电弧提供给焊丝的热量应该等于脱离焊丝的熔滴金属所带走的热量。焊丝(条)的熔化速度(v_m)是指单位时间内焊丝熔化的

长度(m/h)或熔化的质量(g/h)。熔化系数(α_m)则是指单位时间内通过单位电流时所熔化焊丝金属的质量[g/(A·h)],又称为比熔化速度。

焊丝(条)的熔化速度受很多因素的影响。如焊接电流、电压,电流极性,气体介质,焊丝电阻热、表面状态及熔滴过渡形式等,都会影响焊丝的熔化速度。

焊接电流增大,电弧热与焊丝的电阻热增多,焊丝的熔化速度增快。图 1-18 表示了不锈钢的熔化速度与电流的关系。

弧长较大时,电弧电压的变化对焊丝熔化速度影响不大;但在弧长较短的范围内,电弧电压降低,反而使得焊丝熔化速度增加。

另外,焊丝直径越细,熔化速度与熔化系数都增大,如图 1-19 所示;焊丝伸出长度增加,熔化速度也增加。

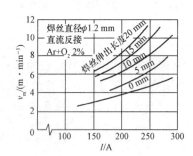

图 1-18　焊接电流和伸出长度
对不锈钢焊丝熔化速度的影响

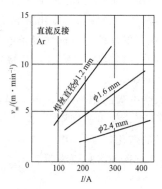

图 1-19　不同直径的铝焊丝
与熔化速度的关系

(二)熔滴上的作用力

熔滴上的作用力是影响熔滴过渡及焊缝成型的主要因素。根据力源不同,作用在焊条端头的金属熔滴上的力主要有表面张力、重力、电弧力、熔滴爆破力和电弧气体吹力等。

1.表面张力

表面张力是在焊条端头上保持熔滴的主要作用力。如图 1-20 所示,若焊丝半径为 R,这时焊丝与熔滴间的表面张力为

$$F_\sigma = 2\pi R \sigma$$

式中,σ 为表面张力系数,其数值与材料成分、温度、气体介质等因素有关。在表 1-2 中列出了一些纯金属的表面张力系数。

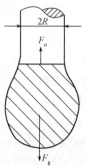

图 1-20　熔滴上的重力和表面张力示意

表 1-2　纯金属的表面张力系数

金属种类	Mg	Zn	Al	Cu	Fe	Ti	Mo	W
$\sigma \times 10^{-3}/(N \cdot m^{-1})$	650	770	900	1 150	1 220	1 510	2 250	2 680

在熔滴上具有少量的表面活化物质时,可以大大地降低表面张力系数。在液体钢中最大的表面活化物质是氧和硫。如纯铁被氧饱和后其表面张力系数降低到 $1\ 030 \times 10^{-3}$ N/m。因此,影响这些杂质含量的各种因素(金属的脱氧程度、渣的成分等)将会影响熔滴过渡的特性;增加熔滴温度,会降低金属的表面张力系数,从而减小熔滴尺寸,有利于形成细颗粒熔滴过渡。

在长弧时,表面张力总是阻碍熔滴从焊丝端部脱离,当短弧时,熔滴与熔池金属短路并形成液体金属过渡,由于熔池界面很大,这时表面张力 F 有助于把液体金属拉进熔池,而促进熔滴过渡。

2. 重力

当焊丝直径较大而焊接电流较小时,在平焊位置的情况下使熔滴脱离焊丝的力主要是重力。当熔滴的重力大于表面张力时熔滴就要脱离焊丝。显然,重力在平焊时是促进熔滴过渡的力,而当立焊和仰焊时,重力则使过渡的金属偏离电极的轴线方向而阻碍熔滴过渡。

3. 电弧力

电弧力包括电磁收缩力、等离子流力、斑点压力等。其形成原理及作用在前面已论述,在这里不再重复。

4. 熔滴爆破力

当熔滴内部含有易挥发金属或由于冶金反应而生成气体时,在电弧高温作用下气体积聚膨胀会造成较大的内压力,从而使熔滴爆破,这种力称为熔滴爆破力。它在促使熔滴过渡的同时也产生飞溅。

5. 电弧的气体吹力

焊条电弧焊时,焊条药皮的熔化滞后于焊芯的熔化,这样在焊条的端头形成套筒,如图 1-21 所示。焊条药皮中造气剂产生的气体和焊芯中碳氧化形成的 CO 气体在高温下急剧膨胀,从套筒中喷出作用于熔滴。无论何种位置的焊接,电弧的气体吹力都有利于熔滴过渡。

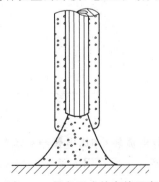

图 1-21　焊条形成的套筒示意

(三)熔滴过渡的主要形式及特点

焊丝(条)端头的金属在电弧热作用下被加热熔化,并在各种力的作用下以滴状形式脱离焊丝(条)过渡到熔池中的现象,称为熔滴过渡。熔滴过渡的特点、规律及其控制,直接影响焊接过程、焊接质量和焊接生产率。

熔滴过渡的形式可分为自由过渡、接触过渡和渣壁过渡三种类型。

1. 自由过渡

自由过渡是指熔滴脱离焊丝端部后,经过电弧空间自由运动一段距离而落入熔池的过渡形式。自由过渡又可分为滴状过渡、喷射过渡和爆炸过渡三种形式。

(1)滴状过渡。过渡的熔滴直径大于焊丝直径时,称为滴状过渡。

滴状过渡时电弧电压较高,根据电流的大小、极性及保护气体种类不同,滴状过渡又可分为粗滴过渡和细滴过渡。

①粗滴过渡时焊接电流较小而电弧电压较高,弧长较长,熔滴逐渐长大,当熔滴重力足以克服其表面张力时,熔滴便脱离焊丝进入熔池。此种过渡熔滴尺寸大、存在时间长、飞溅也较大,电弧稳定性及焊缝成型都较差。当电流较小时,焊条电弧焊及熔化极气体保护焊直流正接时,无论采用 Ar 或 CO_2 气体保护,熔滴都会出现粗滴过渡现象。

②细滴过渡与粗滴过渡相比,电流较大、电磁收缩力增大、表面张力减小,使熔滴细化、存在时间缩短、过渡频率增加,飞溅减少,电弧稳定性及焊缝质量都提高。

(2)喷射过渡。过渡的熔滴直径小于焊丝直径时,称为喷射过渡。

采用氩气或富氩气体保护焊时,熔滴以喷射形式进行过渡。根据不同的工艺条件,喷射过渡又可分为射滴过渡、射流过渡、亚射流过渡等形式。

①射滴过渡。其特点是过渡熔滴直径同焊丝直径相近,并沿焊丝轴线方向过渡,过渡时的加速度大于重力加速度。这时的焊丝端部熔滴大部分或全部被弧根所笼罩。如图 1-22 所示,射滴过渡时的电弧呈钟罩形。由于弧根面积大并包围着熔滴,使得通过熔滴的电流线发散,产生的电磁收缩力对熔滴形成较强的推力。斑点压力 F_b 作用在熔滴的大部分表面上,所以,其综合效用是促使熔滴过渡。只有表面张力 F 阻碍熔滴过渡。铝及其合金熔化极氩弧焊及钢焊丝的脉冲焊常以射滴过渡形式进行。

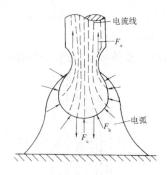

图 1-22 射滴过渡时熔滴上的作用力

②射流过渡。钢焊丝 MIG 焊电流较小时,电弧与熔滴状态如图 1-23(a)所示,电弧呈圆柱状。这时电磁收缩力较小,熔滴在重力作用下呈大滴状过渡。随着电流的增加,电弧阳极斑点笼罩的面积逐渐扩大,可以达到熔滴的根部,如图 1-23(b)所示,这时熔滴与焊丝之间形成缩颈。全部电流在缩颈流过,该处电流密度很高,细颈被过热,其表面将产生大量的金属蒸气,细颈表面具备产生阳极斑点的有利条件。弧根就可以跳到 b 点,阳极斑点在缩颈上部出现,这一现象称为跳弧现象。跳弧之后的熔滴则变为如图 1-23(c)所示的形状。当第一个较

大的熔滴脱落之后,电弧呈图 1-23(d)中所示的圆锥状,这就容易形成较强的等离子流,使焊丝端部的液态金属呈"铅笔尖"状。在各种力的作用下,细小的熔滴从焊丝尖端一个接一个射向熔池,因此,该种形式的过渡称为射流过渡。射流过渡的速度极快,脱离焊丝端部的熔滴加速度可达重力加速度的几十倍。产生跳弧现象的最小电流称为射流过渡的临界电流。

射流过渡时电弧燃烧稳定,对保护气流扰动较小,金属飞溅也小,故容易获得良好的保护效果和焊接质量。另外,射流过渡时的电弧功率大,热量集中,对焊件的熔透能力强,生产率高,多用于平焊位置且厚度大于 3 mm 的构件。

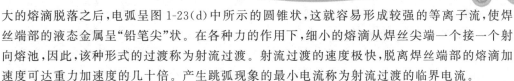

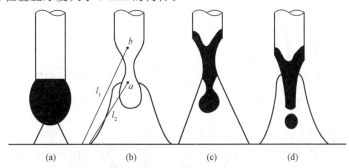

图 1-23 射流过渡形成机理示意

③亚射流过渡。铝合金 MIG 焊时,按其工艺参数的不同,通常可将熔滴过渡分为大滴状过渡、射滴过渡、短路过渡及介于短路与射滴之间的亚射滴过渡等形式,亚射滴过渡习惯上称为亚射流过渡(详见 MIG 焊部分)。

在电弧气氛中,熔滴中产生气体会发生爆炸现象,大部分金属飞溅出去,只有少部分熔滴金属过渡进入熔池,这种形式称为爆炸过渡。由于爆炸过渡同时会产生大量的飞溅,因此应抑制此种过渡形式。

2. 接触过渡

接触过渡是焊丝端部的熔滴通过与熔池表面相接触而过渡到熔池中。在熔化极气体保护焊时,这种接触短路过渡形式也称为短路过渡。TIG 焊时,焊丝作为填充金属,它与工件之间不产生电弧,又称为搭桥过渡,如图 1-24 所示。

图 1-24 搭桥过渡示意

采用较小电流和低电压焊接时,熔滴在未脱离焊丝端头前就与熔池直接接触,电弧瞬时熄灭短路,熔滴在短路电流产生的电磁收缩力及液体金属的表面张力作用下过渡到熔池中。这种熔滴过渡方式称为短路过渡。

(1)短路过渡过程。短路过渡是细焊丝($\phi 0.8 \sim 1.2$ mm)气体保护焊在采用小电流和低电压时常用的一种熔滴过渡形式。其具体过程如图 1-25 所示。图 1-25 中 1 为电弧引燃的瞬间,电弧燃烧产生热量熔化焊丝并在其端头形成熔滴,随着焊丝的熔化和熔滴长大,如图中 3

所示,电弧向未熔化的焊丝传递热量减少,焊丝熔化速度下降。但焊丝仍以一定速度送进,使熔滴接近熔池并直接接触形成短路,如图中 4 所示。这时电弧熄灭,电压急剧下降,短路电流逐渐增大,形成短路金属液柱;如图中 5 所示。短路电流继续增大,金属液柱部分的电磁收缩作用也随之增强,并在焊丝与熔滴之间形成缩颈(称为短路"小桥"),如图中 6 所示。当短路电流增大到一定数值时,"小桥"迅速破断,电弧电压又很快回复到空载电压,电弧重新引燃,如图中 7 所示,然后又开始重复上述过程。

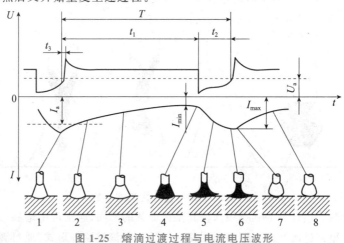

图 1-25　熔滴过渡过程与电流电压波形

(2)短路过渡的工艺特点。短路过渡时,短路频率越高,过渡熔滴越小,焊接过程越稳定,焊缝波纹越细密,焊缝成形越好。因此,短路过渡时合理控制燃弧与熄弧时间、过渡频率,合理选配各工艺参数,可使电弧稳定,飞溅较小,成型良好。短路过渡是目前薄板件和全位置焊接生产中常用的焊接方式。

3.渣壁过渡

渣壁过渡常常出现于埋弧焊和焊条电弧焊,熔滴通过熔渣的空腔壁或沿药皮套筒过渡到熔池中。

采用焊条电弧焊时,通常有渣壁过渡、粗滴过渡、细滴过渡和短路过渡四种过渡形式。过渡形式取决于焊条药皮成分和药皮厚度、焊接工艺参数、电流种类和极性等。

对于碱性焊条,不易产生渣壁过渡,在低电压时弧长较短,呈短路过渡。当弧长增加时,将呈粗滴过渡。使用酸性焊条焊接时为细滴过渡。部分熔化金属沿套筒内壁过渡,部分直接过渡。埋弧焊时,电弧在熔渣形成的空腔(气泡)内燃烧。这时熔滴通过渣壁流入熔池,只有少数熔滴通过气泡内的电弧空间过渡。

三、母材熔化与焊缝成型

(一)焊缝形成过程

在电弧热的作用下母材接缝处金属局部熔化,与熔化的焊丝金属相混合,在焊件上形成一个具有一定形状和尺寸的液态金属,称为熔池。在焊接过程中,随着焊接电弧的向前移动,熔池前部的金属被电弧高温熔化不断进入熔池,熔池后部的液态金属远离熔池温度降低不断被冷却结晶,即形成焊缝,如图 1-26 所示。

熔池的形状和体积直接影响焊缝的形状、焊缝的组织、接头的力学性能及焊接质量。熔池的形状主要取决于电弧对熔池的作用力和熔滴过渡形式(前面已讲述)，接头形式和空间位置不同熔池形状也不同，平焊时熔池处于最稳定的位置，容易得到良好的焊缝成型和焊接质量，因此，在生产中应尽量将焊件调整到平位或船形位置焊接；熔池的体积主要由电弧的热输入决定，焊接工艺方法和焊接参数不同，熔池的体积和长度也不同。

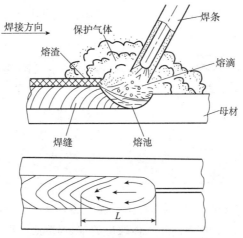

图 1-26　熔池形状与焊缝成型示意

　　焊接热循环的特点决定了熔池的形状特征，具体如下：

　　(1)在电弧前方熔池的温度梯度较大，而在电弧后方熔池的温度梯度较小。

　　(2)在工件表面的等温线(包括熔池形状)近似椭圆形，但熔池头部较宽，而尾部较尖。

　　(3)在垂直焊接方向平面上的等温线(包括熔池)均为半圆形。

　　熔池的形状和体积与焊缝的结晶过程密切相关，因而，对焊缝的组织、性能及质量有重要的影响。焊缝结晶总是从熔池边缘处母材的原始晶粒开始，沿着熔池散热方向的相反方向进行，直至熔池中心与从不同方向结晶而来的晶粒相遇为止。因此，所有的结晶晶粒方向都与熔池壁相垂直，如图 1-27(a)所示。

　　窄而深的熔池，焊缝的晶粒会在焊缝中心相遇，易使低熔点杂质聚集在焊缝中心而产生裂纹、气孔和夹渣等缺陷[图 1-27(b)]；从水平面上看[图 1-27(c)、(d)]，熔池尾部的形状决定了晶粒的交角，焊接速度过快，使熔池尾部细长，两侧晶粒在焊缝中心相交的夹角增大，焊缝中心的杂质偏析严重，使其产生纵向裂纹的倾向增大。当焊速较低时，产生纵向裂纹的倾向减小。

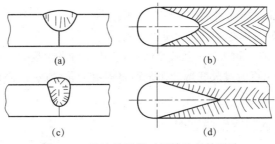

图 1-27　熔池的形状对焊缝结晶的影响

(二)焊缝形状与焊缝质量的关系

1. 焊缝形状尺寸及其影响

焊缝的形状通常是指焊件熔化区横截面的形状,一般以熔深 s、熔宽 c 和余高 h 三个参数来表示,如图 1-28 所示。其中,熔深 s 是对接接头焊缝最重要的尺寸,它直接影响接头的承载能力。熔宽和余高则应与熔深具有恰当的比例,因而,采用焊缝成型系数 $\varphi(\varphi=c/s)$ 和余高系数 $\psi(\psi=c/h)$ 来表征焊缝的成型特征。

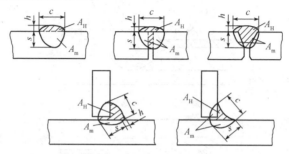

图 1-28 对接和角接接头的焊缝形状及尺寸

焊缝成型系数 φ 的大小影响熔池中气体逸出的难易、熔池的结晶方向、焊缝中心偏析的严重程度等。φ 的大小受到焊接方法及材料对焊缝产生裂纹和气孔的敏感性(熔池合理冶金条件)的制约。一般来说,对于裂纹和气孔敏感的材料,其焊缝的 φ 值应大些。另外,φ 值的大小还受到电弧功率密度的限制。常用电弧焊焊缝的 φ 值一般取 1.3~2。堆焊时为了保证堆焊层材料的成分和高的生产率,要求熔池浅,焊缝宽度大,此时 φ 值可达 10 左右。

焊缝余高可避免熔池金属凝固收缩时形成缺陷,也可增加焊缝截面面积,提高结构承受静载荷能力。但余高太大将引起应力集中,从而降低承受动载荷能力,因此要限制余高的尺寸。通常,对接接头的余高应控制在 3 mm 以下,或者余高系数 ψ 取 4~8。对重要的承受动载荷的结构,焊后应将余高去除。理想的角焊缝表面最好是凹形的,如图 1-28 所示。对于重要结构,可在焊后除去余高,磨成凹形。

2. 焊缝的熔合比

焊缝的熔深、熔宽和余高确定后,基本确定了焊缝横截面的轮廓。焊缝准确的横截面形状及面积可由焊缝断面的粗晶腐蚀确定,从而可确定母材金属在焊缝中所占的比例,即焊缝的熔合比。表示为

$$\gamma=A_m/(A_m+A_H)$$

式中 A_m——母材金属在焊缝横截面中所占面积;

A_H——填充金属在焊缝横截面中所占面积。

由图 1-27 可见,当坡口和熔池形状改变时,熔合比 γ 将发生变化。在焊接各种高强度合金结构钢和有色金属时,可通过改变熔合比来调整焊缝的化学成分,降低裂纹的敏感性和提高焊缝的力学性能。

(三)焊接工艺参数对焊缝成型的影响

电弧焊的焊接工艺参数包括焊接参数、工艺因数和结构因数。将对焊接质量影响较大的焊接工艺参数(焊接电流、电弧电压、焊接速度等)称为焊接参数;将焊条直径电流种类与极性、

电极和焊件倾角、保护气体等工艺参数称为工艺因数;将焊件的坡口形状、间隙、焊件厚度等参数称为结构因数。下面将介绍各种参数对焊缝成型的影响。

1.焊接参数的影响

焊接电流、电弧电压和焊接速度是决定焊缝尺寸的主要工艺参数。焊接参数决定焊接线能量的大小,它对焊缝厚度、焊缝宽度和余高的影响如图 1-29 所示。

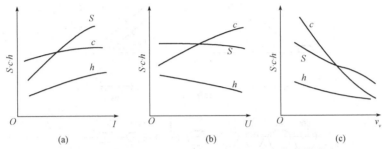

图 1-29　焊接参数对焊缝厚度、焊缝宽度和余高的影响

(a)焊接电流的影响;(b)电弧电压的影响;(c)焊接速度的影响

(1)焊接电流。其他条件不变时,焊接电流增大,焊缝的熔深、熔宽和余高均增大,如图 1-29(a)所示。其中,熔深随电流变化最明显,而熔宽只是略有增大。这是因为:电流增大,工件上的热输入和电弧力均增大,热源位置下移,使熔深增大。熔深与焊接电流近于成正比关系;随电流增大,电弧截面增加,同时电弧潜入工件深度也增加,使电弧斑点移动范围受到限制,因此熔宽几乎保持不变;焊缝成型系数则由于熔深增大而减小;熔化极电弧焊时,随电流增大焊丝熔化量几乎成比例增加,由于熔宽几乎不变,所以余高增大。

(2)电弧电压。其他条件不变时,随着电弧电压的增大,焊缝熔宽显著增加,而熔深和余高略有减小,如图 1-29(b)所示。这是因为弧长增加,工件上电弧热的分布半径增大,因此熔宽增大而熔深略有减小。当焊丝熔化量不变时,由于熔宽增大而使余高减小。

电流是决定熔深的主要因素,而电压是决定熔宽的主要因素。电弧电压又是根据焊接电流确定的,即一定的焊接电流应对应一定范围的弧长,以保证电弧稳定燃烧和焊缝成型良好。

(3)焊接速度。焊接速度提高时,焊接线能量(P/v_m)减小,熔宽和熔深都明显减小,余高也略有减小,如图 1-29(c)所示。提高焊接速度可提高焊接生产率,但提高焊接速度应同时提高焊接电流和电弧电压,才能保证合理的焊缝尺寸,因此,焊速、焊接电流、电弧电压三者是相互联系的。

2.工艺因数的影响

(1)电流种类和极性。熔化极电弧焊时,直流反接时的熔深和熔宽要比直流正接大,交流电弧焊接时介于两者之间,这是由于熔化极电弧阳极(工件)析出的能量较大。直流正接时,焊丝为阴极,焊丝的熔化率较大,使焊缝余高较大,焊缝成型不良,熔化极电弧焊一般采用直流反接。采用脉冲电流焊接时,由于脉冲电流和脉冲电压比平均值高,因而在同样的焊接电流和电弧电压平均值条件下,可以获得更大的焊缝熔深和熔宽。

(2)焊丝直径和伸出长度。随焊丝直径减小,熔深增大,而熔宽减小。也就是说,达到同样的熔深,焊丝直径越细,所需电流越小,而与之相应的电流密度显著提高了。

焊丝伸出长度加大时,焊丝电阻热增加,熔化量增多,使焊缝余高增大。焊丝材质电阻率越高,直径越细,伸出长度越大时,这种影响越明显。因此,为保证得到所需焊缝尺寸,在使用细焊丝,尤其是高电阻率的不锈钢焊丝焊接时,必须限制焊丝伸出长度的允许变化范围。

（3）电极（焊丝）倾角。在焊丝倾斜焊接时有前倾焊和后倾焊两种，如图1-30所示。焊丝倾斜的方向和大小不同，电弧对熔池的力和热的作用就不同，从而对焊缝成型的影响不同。后倾焊时，电弧力后排熔池金属的作用减弱，熔池底部液体金属增厚，熔深减小，而电弧对熔池前方的母材的预热作用加强，故熔宽增大。焊丝倾角越大，这一作用越明显。前倾焊时，情况则相反，如图1-30（c）所示。

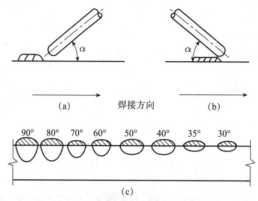

图1-30 电极倾角对焊缝成形的影响

（a）前倾焊；（b）后倾焊；（c）前倾角的影响

（4）工件倾斜。焊件倾斜时，有上坡焊和下坡焊两种情况，如图1-31所示。上坡焊时，液体金属的重力有助于熔池金属排向熔池尾部，因而，熔深、余高增加，而熔宽减小。若倾角$\alpha=6°\sim12°$，则焊缝余高过大，两侧出现咬边，成型明显恶化。下坡焊的情况与上坡焊相反，当倾角$\alpha=6°\sim8°$时，焊缝的熔深和余高均减小，而熔宽略有增加，焊缝成型得到改善。继续增大α角，将会产生未焊透、焊瘤等缺陷。

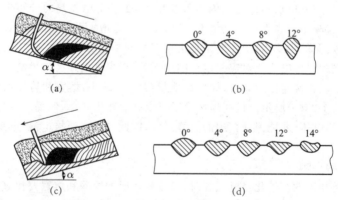

图1-31 焊件倾斜对焊缝成型的影响

（a）上坡焊；（b）上坡焊焊缝成型；（c）下坡焊；（d）下坡焊焊缝成型

3.结构因数的影响

焊件坡口尺寸、间隙大小、工件厚度等都对焊缝成型都有影响。

（1）坡口和间隙。其他条件不变时，坡口或间隙的尺寸增大，焊缝熔深略有增加，而余高和熔合比显著减小。通常用开坡口的方法控制焊缝的余高和调整熔合比。

（2）工件厚度和工件散热条件。导热性好的材料熔化单位体积金属所需热量多，在热输入量一定时，熔深和熔宽就小。在其他条件相同时，焊件越厚，散热越多，熔深和熔宽就越小。

总之,影响焊缝成型的因素很多,要获得良好的焊缝成型,就要根据工件材质和厚度、接头形式、焊缝空间位置和工作条件等,合理选择工艺参数。

(四)焊缝成型缺陷的产生及防止

　　金属熔化焊焊缝缺陷可分为裂纹、空穴、固体夹杂、未熔合和未焊透、形状缺陷、其他缺陷6类,每一类中又包含若干小类。其中,气孔、夹渣、裂纹等缺陷主要受冶金因素的影响。这里主要讲述因焊接工艺参数选择不当造成的焊缝成型缺陷。

　　1.焊缝外形尺寸不符合要求

　　焊缝外形尺寸不符合要求主要有焊缝波纹粗劣、焊缝宽窄不均匀、余高过高或过低等,如图1-32所示。

　　(1)危害:焊缝成形不美观;余高过高易在焊缝与母材连接处形成应力集中;余高过低则焊缝承载面积减小,使结合强度降低。

　　(2)产生原因:焊缝坡口角度不当;装配间隙不均匀;焊接参数选择不合适;操作人员技术不熟练等。

　　(3)防止措施:正确选择坡口角度、装配间隙及焊接参数,熟练掌握操作技术,严格按设计要求施焊。

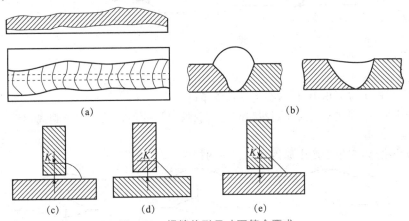

图1-32　焊缝外形尺寸不符合要求

(a)焊缝高低不平、宽窄不匀、波纹粗劣;(b)余高过高或过低;(c)余高凸起;(d)过渡不圆滑;(e)合适

　　2.咬边

　　由于焊接参数选择不当或操作方法不正确,沿焊趾的母材部位产生的沟槽或凹陷称为咬边(或称为咬肉)。咬边是电弧将焊缝边缘熔化后没有得到填充金属的补充而留下的缺口,如图1-33所示。咬边可能是连续的,也可能是断续的。

　　(1)危害:使接头承载面积减小,强度降低;造成咬边处应力集中,接头承载后易引起裂纹。

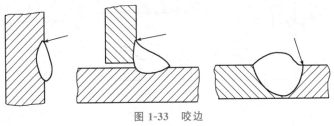

图1-33　咬边

（2）产生原因：焊接电流过大；焊接速度太快；电弧电压过高；焊条角度不当；焊接角焊缝时一次焊接的焊角尺寸过大。

（3）防止措施：正确选择焊接工艺参数，熟练焊接操作技术。

3. 未熔合

焊缝金属与母材之间或焊道金属与焊道金属之间未完全熔化结合的部分称为未熔合。未熔合可分为侧壁未熔合、层间未熔合及根部未熔合等，如图 1-34 所示。

（1）危害：产生应力集中，使接头力学性能下降。

（2）产生原因：焊接电流过小；焊接速度过高；坡口尺寸不合适及焊丝偏离焊缝中心线；磁偏吹的影响，焊件及层间清理不良，杂质阻碍母材边缘与根部之间及焊道之间的熔合。

（3）防止措施：应根据产生原因采取相应措施。

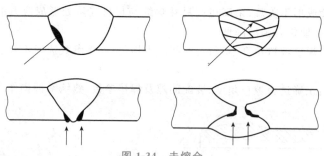

图 1-34　未熔合

4. 未焊透

未焊透是指接头根部未完全熔透的现象，如图 1-35 所示。

（1）危害：产生应力集中，使接头力学性能下降。

（2）产生原因：焊接电流过小；焊接速度过高；坡口尺寸不合适及焊丝偏离焊缝中心线；磁偏吹的影响。

（3）防止措施：应根据产生原因采取相应的措施。

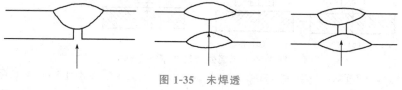

图 1-35　未焊透

5. 焊瘤

在焊接过程中，熔化的金属流淌到焊缝之外未熔化的母材上所形成的金属瘤称为焊瘤，也称为满溢，如图 1-36 所示。

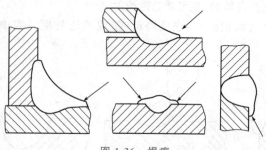

图 1-36　焊瘤

(1)危害:焊瘤会影响焊缝的外观成形,造成焊接材料的浪费,焊瘤部位往往伴随着夹渣和未焊透。

(2)产生原因:主要是填充金属过多引起的。坡口尺寸过小、焊接速度过慢、电弧电压过低、焊丝偏离焊缝中心线及焊丝伸出长度过长都会产生焊瘤。平焊时产生焊瘤的可能性最小,而立焊、横焊、仰焊都易产生焊瘤。

(3)防止措施:尽量使焊缝处于水平位置,并正确选择焊接工艺参数。

6.烧穿及塌陷

焊缝上形成穿孔的现象称为烧穿(或焊穿);熔化的金属从焊缝背面漏出,使焊缝正面下凹、背面凸起的现象称为塌陷,如图 1-37 所示。

(1)产生原因:焊接电流过大、焊速过低、坡口间隙过大;气体保护焊时,气体流量过大。

(2)防止措施:应根据产生原因采取相应的措施。

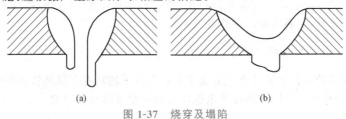

图 1-37 烧穿及塌陷
(a)烧穿;(b)塌陷

四、焊条电弧焊的原理及特点

(一)焊条电弧焊的基本原理

焊条电弧焊过程

焊条电弧焊是用手工操纵焊条进行焊接的电弧焊方法。它利用焊条与工件之间燃烧的电弧热熔化焊条端部和工件的局部形成熔池,熔化的焊条金属不断地过渡到熔池中与之混合,随着电弧向前移动,熔池尾部的液态金属逐步冷却结晶而形成焊缝,如图 1-26 所示。在焊接过程中,焊芯是焊接电弧的一个电极,并作为填充金属熔化后成为焊缝的组成部分;焊条药皮经电弧高温分解和熔化而生成气体与熔渣,对焊条端部、金属熔滴、熔池及其附近区域金属起保护作用,并发生冶金反应。某些药皮通过加入金属粉末为焊缝提供附加的填充金属。

(二)焊条电弧焊的特点

焊条电弧焊与其他熔焊方法相比具有以下特点:

(1)设备简单,操作灵活方便,适应性强,可达性好,不受场地和焊接位置的限制。在焊条能达到的地方一般都能施焊,这些都是其被广泛应用的重要原因。

(2)可焊金属材料广。除难熔或极易氧化的金属外,几乎能焊所有的金属。

(3)对接头装配要求较低。在焊接过程中,电弧由焊工手工控制,可通过及时调整电弧位置和运条速度等,修正焊接工艺参数,降低了焊接头装配质量的要求。

(4)生产率低,劳动条件差。与其他弧焊方法相比,焊接电流小,且每焊接完成一根焊条必须更换焊条,焊后还需清渣,故熔敷速度慢,生产率低,劳动强度大。且弧光强,烟尘大,所以劳动条件差。

(5)焊缝质量对人的依赖性强。由于是用手工操纵焊条进行焊接,因此焊缝质量与焊工操作技能、工作态度及现场发挥等都有关,在很大程度上取决于焊工的操作水平。

(三)焊条电弧焊的适用范围

(1)可焊工件厚度范围。焊条电弧焊不宜焊接 1 mm 以下的薄板;开坡口多层焊时,厚度虽不受限制,但效率低,填充金属量大,其经济性下降,因此常用于焊接 3~40 mm 厚的工件。

(2)可焊金属范围。最适合焊的金属有碳钢、低合金钢、不锈钢、耐热钢、铜、铝及其合金等。

(3)最合适的产品结构和生产性质。结构复杂、形状不规则、具有各种空间位置的焊缝,最适合用焊条电弧焊;单件或小批量的焊件及安装或维修工作宜采用焊条电弧焊。

五、焊条电弧焊设备及工具

焊条电弧焊的焊接设备主要有弧焊电源、焊钳和焊接电缆。另外,还有面罩、敲渣锤、钢丝刷和焊条保温筒等,后者统称辅助设备或工具。

(一)对焊条电弧焊设备的要求

焊条电弧焊用的弧焊电源是额定电流在 500 A 以下的具有下降外特性的弧焊电源,可以是交流,也可以是直流。具体选用焊条电弧焊电源时须考虑如下因素。

1. 具有适当的空载电压

在电弧焊电源接通电网而焊接回路为开路时,弧焊电源输出端的电压称为空载电压。焊条电弧焊电源空载电压的确定应遵循以下原则:

(1)保证引弧容易及电弧燃烧稳定。电源空载电压越高,引弧越容易,电弧稳定性也越好。

(2)要有良好的经济性。空载电压越高,所需铁、铜材料越多,焊机的体积和质量越大,造价增加,同时,也会增加能量耗损,降低弧焊电源的效率。

(3)保证人身安全。为保证焊工安全,对空载电压必须加以限制。

因此,在保证引弧容易及电弧燃烧稳定的前提下,为了经济性和安全性,应尽量采用较低的空载电压。施工中对空载电压做了如下规定:

交流弧焊电源:$U_0 = 55 \sim 70$ V;直流弧焊电源:$U_0 = 45 \sim 85$ V。

2. 具有陡降的外特性

在稳定的工作状态下,弧焊电源输出电压和输出电流之间的关系称为弧焊电源的外特性。在焊条电弧焊时,电弧工作在电弧静特性曲线的水平段,要使电源外特性曲线与电弧静特性曲线相交,要求焊接电源具有下降外特性。焊条电弧焊时,焊工很难保持弧长恒定,弧长的变化是经常发生的。对于相同的弧长变化,为保证焊接电流变化最小,保持焊缝成型均匀一致,要求弧焊电源应具有陡降的外特性,如图 1-38 所示。

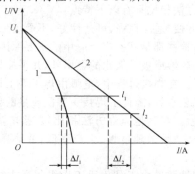

图 1-38 外特性形状对电流稳定性的影响

1-陡降外特性;2-缓降外特性

陡降外特性虽然克服了弧长波动引起的焊接电流的变化,但其短路电流过小,不利于引弧。为了提高引弧性能和电弧熔透能力,最理想的电源外特性是恒流带外拖的,如图1-39所示。当电弧电压低于拐点电压值时,外特性曲线向外倾斜,焊接电流变大,短路电流也相应增大,有利于引燃电弧。

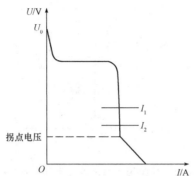

图1-39　焊条电弧焊电源理想的外特性

3.具有良好的调节特性

在焊接过程中,为适应不同结构、材质、焊件厚度、焊接位置和焊条直径的需要,弧焊电源必须能按要求提供适当的焊接工艺参数,主要是焊接电流要能在一定范围内均匀、连续、方便地进行调节。

4.具有良好的动特性

弧焊电源的动特性是指电弧负载状态发生瞬态变化时,弧焊电源输出电压和输出电流与时间的关系。它反映了弧焊电源对电弧负载瞬态变化的快速反应能力。焊条电弧焊时弧长频繁的变化,因此,要求弧焊电源具有良好的动特性,来适应焊接电流和电弧电压的瞬态变化。

(二)常用焊条电弧焊设备及工具

1.焊条电弧焊电源

(1)弧焊变压器。弧焊变压器是一种特殊的降压变压器。为保证电弧引燃并稳定燃烧,常用的弧焊变压器必须具有较大的漏感,而普通变压器的漏感很小。根据增大漏感的方式和结构特点,弧焊变压器有动铁芯式(BX1-315)、动绕组式(BX3-500)和抽头式(BX6-120)等类型。

(2)直流弧焊发电机。直流弧焊发电机是由一台电动机和一台弧焊发电机构成的机组。由于其噪声大、耗能多,除特殊工作环境外,目前很少应用,几乎被淘汰。

(3)硅弧焊整流器。硅弧焊整流器由三相变压器和硅整流器系统组成,并通过电抗器调节焊接电流,获得陡降外特性,如图1-40所示。

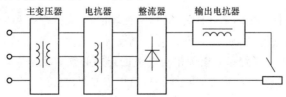

图1-40　硅弧焊整流器的组成

(4)晶闸管式弧焊整流器。晶闸管式弧焊整流器用晶闸管作为整流元件,其组成系统框图如图1-41所示。电源的外特性、焊接参数的调节,可以通过改变晶闸管的导通角来实现。其性能优于硅弧焊整流器,是目前最常用的直流弧焊电源,主要型号有ZX5系列和ZDK-500型。

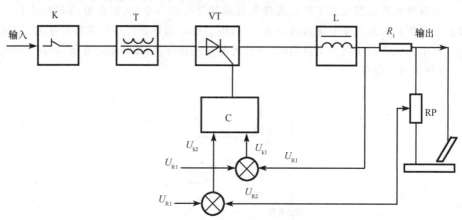

图 1-41　晶闸管式弧焊整流器系统组成框图

（5）弧焊逆变器。弧焊逆变器是一种新型的有发展前景的直流弧焊电源。其系统原理框图如图 1-42 所示。

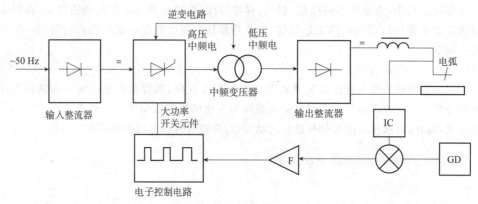

图 1-42　弧焊逆变器系统原理框图

我国生产的弧焊逆变器主要是 ZX7 系列产品。

综上所述，弧焊变压器的优点：结构简单、实用可靠、维修容易、成本低、效率高；缺点：电弧稳定性差，功率因数低。弧焊整流器的优点是制造方便，价格低、空载损耗小、噪声低、调节方便，可实现远距离控制，能自动补偿电网波动对焊接电流和电弧电压的影响；弧焊逆变器具有高效节能、体积小、功率因数高、焊接性能好等优点。

2. 焊钳

用以夹持焊条进行焊接的工具称为焊钳，又称焊把，起夹持焊条和传导焊接电流的作用。焊钳有 300 A、500 A 两种规格，应按照焊接电流及焊条直径大小正确选用焊钳。焊钳在水平、45°、90°等方向都能夹紧焊条。电焊钳与电缆的连接必须紧密牢固，保证导电良好。对焊钳的要求：导电性能好、外壳应绝缘、质量轻、装换焊条方便、夹持牢固和安全耐用等。

3. 电缆

焊接电缆要有良好的导电性，柔软易弯曲，绝缘性能好，耐磨损。专用焊接电缆用多股紫铜细丝制成导线，外包橡胶绝缘。电缆导电截面分几个等级。焊接电缆的截面大小及长度的选择应根据承载的焊接电流来确定。

4.面罩与护目镜

面罩是防止焊接飞溅、弧光及其他辐射对焊工面部与颈部损伤的一种遮蔽工具。其有手持式和头盔式两种,对面罩的要求是质轻、坚韧、绝缘性和耐热性好。

面罩正面安装有护目滤光片,即护目镜,起减弱弧光强度,过滤红外线和紫外线以保护焊工眼睛的作用。护目镜按亮度深浅分为 6 个型号(7～12 号)。号数越大,颜色越深。应根据焊接方法、焊接电流大小及焊工的年龄与视力情况选用。

护目滤光片的质量要符合标准《职业眼面部防护 焊接防护 第 1 部分:焊接防护具》(GB/T 3609.1—2008)的规定。

5.焊条保温筒

焊条保温筒是装载已烘干的焊条,且能保持一定温度以防止焊条受潮的一种筒形容器。其有立式和卧式两种,内装焊条 2.5～5 kg,焊工可随身携带到现场,随用随取。

6.焊缝检测器

焊缝检测器用以测量坡口角度、间隙、错边、余高、焊缝宽度、角焊缝厚度及焊角高度等尺寸。

7.敲渣锤及钢丝刷

敲渣锤是用来清除焊渣的一种尖锤;钢丝刷是用来清除焊件表面的铁锈、油污及飞溅的金属丝刷子。

 项目实施

一、准备工作

准备工作包括劳动保护、设备的检查、工件的准备及焊条的烘干等。

(一)劳动保护

(1)穿戴好工作服、焊接防护手套、焊接防护鞋。

(2)正确选择好焊接防护面罩及护目镜片。

(3)检查焊接场地周围是否存在易造成火灾、爆炸、触电等事故的安全隐患。

(二)设备的检查

(1)检查焊机的绕组绝缘与接地情况是否安全可靠,电网电压与焊机铭牌是否相符。

(2)检查焊机噪声及振动是否出现异常;检查焊接电缆与焊机、焊接电缆与焊钳接头连接是否牢固;检查焊钳夹持焊条是否牢固;检查焊接电缆是否破损。

(3)检查焊接电流调节系统是否灵活。

(三)工件的准备

1.焊接接头的基本形式

焊条电弧焊的焊接接头有对接、搭接、T 形接和角接等几种基本形式,如图 1-43 所示。

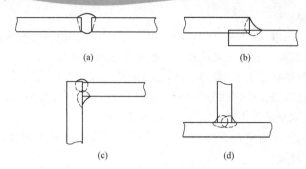

图 1-43　焊接接头的基本形式
(a)对接；(b)搭接；(c)T 形接；(d)角接

设计或选用接头形式，主要是根据产品结构特点和焊接工艺要求，并综合考虑承载条件、焊接可达性、焊接应力与变形及经济成本等因素。

2.坡口的基本形式

坡口是根据设计或工艺需要，在焊件的待焊部位加工成一定几何形状并经装配后构成的沟槽。开坡口的目的是保证电弧能深入焊缝根部使其焊透，便于清渣并获得良好的焊缝成形；开坡口还能起到调节熔合比的作用。坡口形式取决于接头形式、焊件厚度及对接头质量的要求。国家标准《气焊、焊条电弧焊、气体保护焊和高能束焊的推荐坡口》(GB/T 985.1—2008)对焊条电弧焊常用几种接头的坡口形式做了详细规定。

根据板厚不同，对接接头坡口形式有 I 形、Y 形、X 形、带钝边 U 形等，如图 1-44 所示。

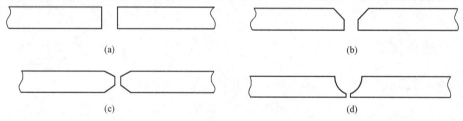

图 1-44　对接接头坡口的基本形式
(a)I 形；(b)Y 形；(c)X 形；(d)带钝边 U 形

根据焊件厚度、结构形式及承载情况不同，角接接头和 T 形接头的坡口形式可分为 I 形、带钝边的单边 V 形、K 形坡口等，如图 1-45 所示。

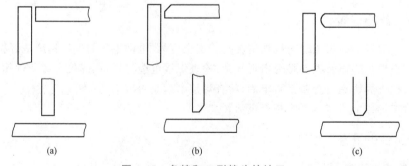

图 1-45　角接和 T 形接头的坡口
(a)I 形；(b)带钝边的单边 V 形；(c)K 形

坡口制备包括坡口的加工和坡口两侧的清理工作，根据焊件结构形式、板厚和材料的不同，坡口制备的方法也不同。坡口加工方法有剪切、刨削、车削、热切割、碳弧气刨等。

3.焊缝

熔焊时,焊缝所处的空间位置称为焊接位置。按焊接位置焊缝可分为平焊缝、立焊缝、横焊缝、仰焊缝四种;按接头结合方式可分为对接焊缝、角焊缝及塞焊缝三种;按焊缝断续情况可分为连续焊缝和断续焊缝两种。

为了在焊接结构设计图纸中标注出焊缝形式、焊缝和坡口的尺寸及其他焊接要求,《焊缝符号表示法》(GB/T 324-2008)规定了焊缝符号表示法。

4.工件组对和定位焊

在正式施焊前将焊件按照图样所规定的形状、尺寸装配在一起的工序,称为工件组对。在工件组对前,应按要求对坡口及其两侧一定范围内的母材进行清理。组对时应尽量减少错边,保证装配间隙符合工艺要求,必要时可使用适当的焊接夹具。

定位焊是在焊前为了固定焊件的相对位置而进行的焊接操作,定位焊形成的短小而断续的焊缝称为定位焊缝。通常,定位焊缝在焊接过程中不去除,而成为正式焊缝的一部分保留在焊缝中,其质量好坏将直接影响正式焊缝的质量。

在焊接定位焊缝时,必须注意以下几点:

(1)所用的焊条及对焊工的要求,应与焊正式焊缝完全一样;

(2)定位焊缝易产生未焊透缺陷,故焊接电流应比正式焊接时大10%～15%;

(3)当发现定位焊缝有缺陷时,应将其除掉并重新焊接;

(4)若工艺规定焊前需预热、焊后需缓冷,则焊定位焊缝前也要预热,焊后也要缓冷;

(5)定位焊缝必须熔合良好,焊道不能太高,起头和收尾处应圆滑过渡,不能太陡,并防止定位焊缝两端焊不透的现象;

(6)不能在焊缝交叉处和方向急剧变化处定位焊,应离开上述位置50 mm左右焊接;

(7)为防止开裂,应尽量避免强行组装后进行定位焊。

(四)焊条的准备

应根据产品设计和焊接工艺要求,选用适当牌号和规格的焊条。焊条偏心度不能超标、焊芯不要锈蚀,药皮不应有裂纹及脱落现象。

在焊接重要结构时,焊条一定要烘干。焊前对焊条烘干的目的是去除受潮焊条中的水分,减少熔池和焊缝中的氢,以防止产生气孔和冷裂纹。不同药皮类型的焊条,其烘干工艺不同。酸性焊条在75 ℃～150 ℃烘干,保温1～2小时;碱性焊条一般在350 ℃～400 ℃烘干,保温2小时。烘干焊条应使用专用远红外焊条烘干箱,烘干时,禁止将焊条直接放进高温炉,或从高温炉内突然取出冷却,以防止骤冷骤热而使药皮脱落。应缓慢加热、保温、缓慢冷却。经烘干的碱性焊条最好放在温度控制为80 ℃～100 ℃的保温箱或保温桶中存放,随用随取。

二、焊接工艺参数及选择

焊条电弧焊的焊接工艺参数包括焊条直径、焊接电流、电弧电压、焊接速度、电源种类和极性、焊接层数、热输入等。

(一)电源种类和极性

焊条电弧焊既可使用交流电源也可使用直流电源,用直流电焊接的最大特点是电弧稳定、柔顺、飞溅少,容易获得优质焊缝。因此,使用低氢钠型焊条、薄板焊接、立焊、仰焊及全位置焊接时宜采用直流弧焊电源;在薄板焊接和使用碱性焊条时,要求用直流反接。但直流电弧有极性要求和磁偏吹现象。交流弧焊电源电弧稳定性差,在小电流焊接时对焊工操作技术要求高,其优点:电源成本低;电弧磁偏吹不明显。

(二)焊条直径

焊条直径是指焊芯直径。焊条直径大小对焊接质量和生产率影响很大,在保证焊接质量前提下,尽可能选用大直径焊条。一般是根据焊件厚度、接头形式、焊接位置、焊道层次和允许的线能量等因素选择焊条直径。最主要是根据焊件厚度选择。

一般情况下,焊条直径与焊件厚度的关系见表1-3。

表1-3 焊条直径与焊件厚度的关系

焊件厚度/mm	≤4	4～12	＞12
焊条直径/mm	2.0～3.2	3.2～4	≥4

对开坡口多层焊的接头,第一层应选用小直径焊条,以后各层可用大直径焊条以加大熔深和提高熔敷率。平焊时选用较大直径焊条,在横焊、立焊和仰焊等位置焊接时,由于重力作用,熔池易流淌,应选用小直径焊条,因为小熔池,便于控制。T形接头、搭接接头可选用较大直径焊条,但焊条直径不应大于角焊缝的尺寸。某些金属材料要求严格控制焊接线能量时,只能选用小直径的焊条。

(三)焊接电流

焊接电流是焊条电弧焊的主要工艺参数,它直接影响焊接质量和生产率。在保证焊接质量的前提下,尽量用较大的焊接电流以提高焊接生产率。但焊接电流过大,会使焊条后部发红,药皮失效或崩落,保护效果变差,造成气孔和飞溅,出现焊缝咬边、烧穿等缺陷,还使接头热影响区晶粒粗大,接头的韧性下降;焊接电流过小,则电弧不稳,易造成未焊透、未熔合、气孔和夹渣等缺陷。

焊接电流大小应根据焊条类型、焊条直径、焊件厚度、接头形式、焊接位置、焊接层数、母材性质和施焊环境等因素正确选择。其中最主要的是焊条直径和焊接位置。一定直径的焊条都对应一个合适的焊接电流范围,见表1-4。

表1-4 焊接电流和焊条直径的关系

焊条直径/mm	1.6	2	2.5	3.2	4	5	6
焊接电流/A	25～40	40～65	50～80	100～130	160～210	200～270	260～300

在相同焊条直径条件下,平焊时焊接电流可大些,立焊、横焊和仰焊时,焊接电流应小些;T形接头和搭接接头或施焊环境温度低时,因散热快,焊接电流必须大些;使用碱性焊条比使用酸性焊条焊接电流应小 10% 左右;使用不锈钢焊条时,焊接电流应比碳钢焊条小 20% 左右。打底层焊道电流应小一些,填充及盖面层焊接电流可大一些。

(四)电弧长度(电弧电压)

在焊条电弧焊中,电弧电压不是焊接工艺的重要参数,一般不需确定。但是电弧电压是由电弧长度来决定的,电弧长则电弧电压高;反之则低。

在焊接过程中,电弧长短直接影响焊缝的质量和成型。如果电弧太长,电弧飘摆,燃烧不稳定、飞溅增加、熔深减少、熔宽加大,熔敷速度下降,而且外部空气易侵入,易造成气孔和焊缝金属被氧化或氮污染,焊缝质量下降。正常的弧长应小于或等于焊条直径,即所谓短弧焊。超过焊条直径的弧长为长弧焊,在使用酸性焊条时,为了预热待焊部位、降低熔池的温度或加大熔宽,将采用长弧焊。碱性低氢型焊条,应用短弧焊以减少气孔等缺陷。

(五)焊接层数

厚板焊接常采用多层焊或多层多道焊。层数增多对提高焊缝的塑性和韧性有利,因为后焊道对前焊道有回火作用,使热影响区显微组织变细,尤其对易淬火钢效果明显。但随着层数增多,效率下降。层数过少,每层焊缝厚度过大,接头易过热引起晶粒粗化。一般每层厚度应不大于 5 mm。

焊接层数主要根据焊件厚度、焊条直径、坡口形式和装配间隙等来确定。可用下式估算:

$$n = \delta / d$$

式中　n——焊接层数;

　　　δ——焊件厚度;

　　　d——焊条直径。

(六)焊接速度

焊接速度是焊条沿焊接方向移动的速度。速度过小,热影响区变宽,晶粒变粗,变形增大,板薄时,甚至会烧穿;速度过快,易造成未焊透、未熔合、焊缝成型不良等缺陷。因此,焊接速度的选择应适当,既要保证焊透又要不烧穿。为提高焊接生产率,在保证质量的前提下,应尽量选择大的焊接速度。

三、焊条电弧焊的基本操作技术

(一)引弧

电弧焊引燃焊接电弧的过程叫作引弧。焊条电弧焊常用划擦法或直击法两种方式引弧。

(1)划擦法引弧类似划火柴的动作,是将焊条一端在焊件表面划擦,电弧引燃后立即提起使弧长保持 2～4 mm 并移动至焊缝的起点,再沿焊接方向进行正常焊接。引弧点应选择在离焊缝起点前 10 mm 左右的待焊部位上。

划擦法引弧比较容易掌握,使用碱性焊条焊接时,为防止引弧处出现气孔,宜用划擦法引弧。在狭小工作面上或焊件表面不允许有划痕时,应采用直击法引弧。

(2)直击法是使焊条垂直于焊件上的起弧点,端部与起弧点轻轻碰击并立即提起而引燃电弧的方法。碰击力不宜过猛,否则造成药皮成块脱落,导致电弧不稳,影响焊接质量。

(二)运条

焊接时,焊条相对焊缝所做的各种运动的总称叫作运条。通过正确运条可以控制焊接熔池的形状和尺寸,从而获得良好的熔合和焊缝成型。运条包括沿焊缝轴线方向的前进动作、横向摆动动作和焊条的向下送进动作三个基本动作,如图 1-46 所示。

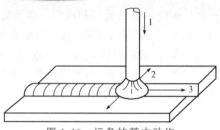

图 1-46 运条的基本动作
1—沿焊条轴线方向向下送进；
2—垂直于前进方向的横向舞动；
3—沿焊缝轴线方向的运动

(1)前进动作。前进动作是使焊条端沿焊缝轴线方向向前移动的动作。它的快慢代表着焊接速度，能影响焊接热输入和焊缝金属的横截面面积。

(2)横摆动作。横摆动作是使焊条端在垂直前进方向上做横向摆动，摆动的方式、幅度和快慢直接影响焊缝的宽度和熔深，以及坡口两侧的熔合情况。

(3)向下送进动作。向下送进动作是使焊条沿自身轴线向熔池不断送进而保持电弧长度的动作。因此，焊条送进速度应等于焊芯的熔化速度，弧长才稳定。

熟练焊工应根据焊接接头形式，焊缝位置、焊件厚度、焊条直径和焊接电流等情况，以及在焊接过程中根据熔池形状和大小的变化，不断变更和协调这三个动作，把熔池控制在所需的形状和尺寸范围之内。运条方法很多，见表 1-5。

表 1-5 常用的运条方式及其适用范围

运条方法		运条示意图	适用范围
直线形运条法			1.3～5 mm 厚度，I 形坡口对接平焊； 2.多层焊的第一层焊道； 3.多层多道焊
直线往返形运条法			1.薄板焊； 2.对接平焊(间隙较大)
锯齿形运条法			1.对接接头(平焊、立焊、仰焊)； 2.角接接头(立焊)
月牙形运条法			同锯齿形运条法
三角形运条法	斜三角形		1.角接接头(仰焊)； 2.对接接头(开 V 形坡口横焊)
	正三角形		1.角接接头(立焊)； 2.对接接头
圆圈形运条法	斜圆圈形		1.角接接头(平焊、仰焊)； 2.对接接头(横焊)
	正圆圈形		对接接头(厚焊件平焊)
八字形运条法			对接接头(厚焊件平焊)

(三)焊缝的连接

由于受焊条长度的限制，焊缝出现连接接头是不可避免的，但接头部位应力求均匀一致，防止产生过高、脱节、宽窄不均等缺陷。焊缝接头的连接有以下四种情况，如图 1-47 所示。

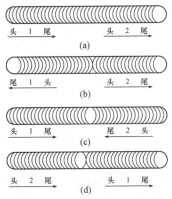

图 1-47　焊缝连接的四种情况

(a)中间接头；(b)相背接头；(c)相向接头；(d)分段退焊接头

(1)中间接头。中间接头的后焊的焊缝从先焊的焊缝尾部开始焊接，如图 1-47(a)所示。要求在弧坑前约 10 mm 处引弧，电弧长度比正常焊接时略长些，然后回移到弧坑，压低电弧，稍做摆动，填满弧坑，再向前正常焊接。这是最常用的接头方法。

(2)相背接头。相背接头是在两焊缝起头处相连接，如图 1-47(b)所示。要求先焊的焊缝起头处略低些，后焊焊缝必须在先焊焊缝起始端稍前处引弧，然后稍拉长电弧将电弧移到先焊焊缝的始端，待焊平后，再向前正常焊接。

(3)相向接头。相向接头是两条焊缝的收尾相连，如图 1-47(c)所示。当后焊的焊缝焊到先焊的焊缝收尾处时，焊接速度应稍慢些填满先焊焊缝的弧坑后再熄弧。

(4)分段退焊接头。分段退焊接头是后焊焊缝的收尾与先焊焊缝的起头相连接，如图 1-47(d)所示。要求后焊的焊缝焊至靠近先焊焊缝始端时，改变焊条角度，使焊条指向先焊焊缝的始端，并拉长电弧，待形成熔池后，再压低电弧，往回移动，最后返回原来熔池处收弧。

接头连接的平整与否，与焊工操作技术有关，同时与接头处温度高低有关。温度越高，接头接得越平整。因此，中间接头要求电弧中断时间要短，换焊条动作要快。在多层焊时，层间接头要错开，以提高焊缝的致密性。除中间焊缝接头焊接时可不清理焊渣外，其余接头连接处必须先将焊渣打掉，必要时还可将接头处先打磨成斜面后再接头。

(四)收弧

焊接结束时，若立即断弧则在焊缝终端形成弧坑，使该处焊缝工作截面减小，从而降低接头强度、导致产生弧坑裂纹，还引起应力集中。同时，过快拉断电弧，使液体金属中的气体来不及逸出，还容易产生气孔。因此，必须填满弧坑后收弧。常用的收弧方法如下：

(1)划圈收弧法。当电弧移至焊缝终端时，焊条端部做圆圈运动，直至填满弧坑后再拉断电弧，此法适用厚板焊接。

(2)回焊收弧法。当电弧移至焊缝终端处稍停，再改变焊条角度回焊一小段，然后拉断电弧。此法适用碱性焊条焊接。

(3)反复熄弧再引弧法。电弧在焊缝终端做多次熄弧和再引弧，直至弧坑填满为止，适用大电流或薄板焊接的场合，不适用碱性焊条。

(4)转移收尾法。焊缝移到焊缝终点时，在弧坑处稍做停留，将电弧慢慢拉长，引到焊缝边缘的母材坡口内，这时熔池会逐渐缩小，凝固后一般不会出现缺陷。此法适用换焊条或临时停弧时的收尾。

 知识拓展

一、单面焊双面成型操作技术

无法进行双面施焊而又要求焊透的接头焊接,须采用单面焊双面成型的操作技术。此种技术只适用具有单面 V 形或 U 形坡口多层焊的焊件上,要求焊后正反面均具有良好的内在和外观质量。它是焊条电弧焊中难度较大的一种操作技术,为保证焊透,焊接过程中在打底焊道熔池前沿必须形成一个略大于接头根部间隙的孔洞,即熔孔。要控制熔孔大小必须严格控制根部间隙、焊接电流、焊条角度、运条的方法与焊接速度。单面焊双面成型按打底焊时的操作手法不同,可分为连弧焊和断弧焊两种。

二、薄板对接焊操作技术

厚度≤2 mm 的钢板焊条电弧焊属薄板焊接,其最大困难是易烧穿、焊缝成型不良和变形难以控制。用与定位焊一样的小直径焊条施焊,若条件允许,最好在立焊位置做立向下焊。使用立向下焊的专用焊条,这样熔深浅,焊速高,操作简便,不易烧穿。

单面焊双面成形操作技术和薄板对接焊操作技术

 项目小结

焊条电弧焊设备简单,操作灵活,适合各种位置及各种结构焊件的焊接,尤其适合结构复杂的焊缝结构的焊接,广泛应用于低碳钢、低合金结构纲的焊接。也可用于不锈钢、耐热钢、低温钢等合金结构钢的焊接,还可用于铸铁、铜合金、镍合金等材料的焊接,以及耐磨损、耐腐蚀等特殊使用要求工件的表面层堆焊。

 综合训练

一、填空题

1.按电场强度分布特点可将电弧分为 _____ 、_____ 和 _____ 三个区域。

2.电弧产生和维持不可缺少的两个必要条件是 _____ 和 _____ 。

3.电弧力主要包括 _____ 、_____ 和 _____ 。

4.焊缝的形状是指焊件熔化区横截面的形状,它可以用 _____ 、_____ 和 _____ 三个参数来描述。

5.焊条电弧焊引燃电弧的方法有 _____ 引弧法和 _____ 引弧法两种。

6.焊条电弧焊常用的基本接头形式有 _____ 、_____ 、_____ 和 _____ 四种。

7.焊条电弧焊焊接完成后收弧的方法有 _____ 、_____ 和 _____ 三种。

8.焊条电弧焊的工艺参数主要包括 _____ 、_____ 、_____ 、_____ 、_____ 等。

二、选择题

1.焊接电弧按电场强度分布特点分为阴极区、阳极区和弧柱区,其中( )温度最高。

    A.阴极区   B.阳极区   C.弧柱区   D.一样高

2.焊条电弧焊时不属于产生咬边的原因是(　　)。

    A.电流过大   B.焊条角度不当 C.焊速过低   D.电弧电压过高

3.焊钳的钳口材料要求有较高的导电性和一定的力学性能,因此用(　　)制造。

    A.铝合金   B.青铜   C.黄铜   D.紫铜

4.焊条电弧焊克服电弧磁偏吹的方法不包括(　　)。

    A.改变地线位置 B.压低电弧   C.改变焊条角度 D.增加焊接电流

5.焊接接头根部未完全熔透的现象称为(　　)。

    A.未熔合   B.未焊透   C.咬边   D.塌陷

6.受力状况好,应力集中较小的接头是(　　)。

    A.对接接头   B.角接接头   C.搭接接头   D.T形接头

7.焊接接头根部预留间隙的目的是(　　)。

    A.防止烧穿   B.保证焊透   C.减少应力   D.提高效率

8.在坡口中留钝边的目的是(　　)。

    A.防止烧穿   B.保证焊透   C.减少应力   D.提高效率

9.在焊缝基本符号的左侧标注(　　)。

    A.焊脚尺寸 K B.焊缝长度 L C.对接间隙   D.坡口角度

10.焊缝的形状系数是指焊缝(　　)。

    A.余高与熔宽之比   B.熔宽与熔深之比

    C.余高与熔深之比   D.熔深与熔宽之比

三、判断题(正确的画"√",错误的画"×")

1.电弧中的斑点力总是有利于熔滴过渡的。   (　　)

2.焊缝的余高越高,焊缝的强度也越高。   (　　)

3.板材由平焊改为立焊时,如焊接电流不变,焊接速度应适当减慢。   (　　)

4.在满足引弧容易和电弧稳定的前提下,应尽可能采用较低的空载电压。 (　　)

5.焊条电弧焊直流反接时,焊件接正极焊钳接负极。   (　　)

6.熔合比是指单道焊时,在焊缝横截面上母材熔化部分所占的面积与焊缝全部面积之比。

                                                           (　　)

四、简答题

1.什么是阴极破碎现象?

2.影响焊接电弧稳定性的因素有哪些?

3.简述熔滴过渡的主要形式及特点。

4.在电弧中有哪几种主要作用力?说明各种力对熔池及熔滴过渡的影响。

5.什么是焊缝成形系数和余高系数?它们对焊缝质量有何影响?

6.试说出常见焊缝成形缺陷的产生原因及防止措施。

7.焊条电弧焊有哪些特点?

8.如何正确选择焊条电弧焊的工艺参数?

五、操作实训

1.熟悉焊条电弧焊设备的结构,掌握焊条电弧焊工艺参数的调节方法。

2.掌握焊条电弧焊的基本操作技能。

项目二　埋弧焊

 项目导入

　　焊接 H 型钢是由 3 块一定规格尺寸的钢板组焊而成的,两块翼板和腹板通过两个 T 形接头结合成一个整体,焊接方法以埋弧焊为主,如图 2-1 所示。

图 2-1　焊接 H 型钢

 项目分析

　　埋弧焊是电弧在焊剂层下燃烧进行焊接的方法,焊接质量稳定、焊接生产率高、无弧光及烟尘很少等优点,使其成为压力容器、管段制造、箱形梁柱等重要钢结构制作中的主要焊接方法。

　　本项目主要学习:

　　埋弧焊的原理及特点;埋弧焊的自动调节原理;埋弧焊设备;埋弧焊的焊接材料及冶金过程;埋弧焊工艺;埋弧焊的其他方法;埋弧焊的基本操作方法。

埋弧焊场景

 知识目标

　　1.掌握埋弧焊的原理及特点,埋弧焊的焊接材料及冶金过程,焊接材料的选用,焊接工艺参数的选择;

　　2.熟悉埋弧焊设备的组成、操作使用和维护保养;

　　3.了解埋弧焊的自动调节原理和埋弧焊的其他方法;

　　4.掌握埋弧焊的基本操作要点。

 能力目标

　　1.能够根据埋弧焊的使用要求,合理选择埋弧焊设备;

　　2.能够正确安装调试、操作使用和维护保养埋弧焊设备;

3. 能够根据实际生产条件和具体的焊接结构及其技术要求,正确选择埋弧焊工艺参数及工艺措施;

4. 能够分析焊接过程中常见工艺缺陷的产生原因,提出解决问题的方法;

5. 能够进行埋弧焊基本操作。

素质目标

1. 利用现代化手段对信息进行学习、收集、整理的能力;

2. 良好的表达能力和较强的沟通与团队合作能力;

3. 良好的质量意识和劳模精神、劳动精神、工匠精神。

王海东—从普通电焊工到技能大师

相关知识

一、埋弧焊的原理及特点

(一)埋弧焊的焊接过程及原理

埋弧焊是电弧在焊剂层下燃烧进行焊接的方法,这种方法是利用焊丝和焊件之间燃烧的电弧产生热量,使焊丝、焊件和焊剂熔化而形成焊缝的。由于焊接时电弧被埋在焊剂层下燃烧,电弧光不外露,因此被称为埋弧焊。

埋弧焊接装置及焊接过程如图 2-2 所示。焊剂 1 由焊剂漏斗 4 经软管 3 流出,均匀地撒在焊接区前方焊件 2 表面上;焊丝 5 经送丝机构 6 由电动机带动压轮,通过导电嘴 7 不断地送向焊接区;接通焊接电源 8,则电流经导电嘴、焊丝与焊件构成焊接回路。按下控制盘上的启动按钮,焊接电弧引燃。焊剂漏斗、送丝机构、导电嘴等通常安装在一个焊接小车上,焊丝向下送进速度和机头行走速度及焊接工艺参数等也都通过控制盘进行自动控制与调节。

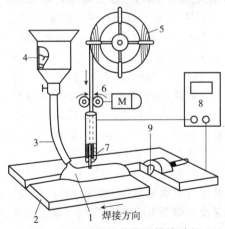

焊接方向

图 2-2 埋弧焊接装置及焊接过程

1—焊剂;2—焊件;3—软管;4—焊剂漏斗
5—焊丝;6—送丝机构;7—导电嘴;8—焊接电源;9—焊缝

埋弧焊的基本原理及焊缝形成过程如图 2-3 所示。焊接电弧是在焊剂层下的焊丝与焊件之间产生,电弧热使焊件与焊丝熔化形成熔池,使焊剂局部熔化以致部分蒸发,熔化的焊剂形成熔渣,金属和焊剂蒸发、分解出的气体排开熔渣形成一个气泡空腔,电弧就在这个气泡内燃烧。气泡、熔渣及覆盖在熔渣上面的未熔化焊剂共同对焊接区起隔离空气、绝热和屏蔽光辐射的作用。随着电弧向前移动,熔池前部的金属不断被熔化形成新的熔池,而电弧力将熔池中熔化金属推向熔池后方,使其远离电弧中心,温度降低而冷却凝固形成焊缝。由于熔渣密度小而总是浮在熔池表面,熔渣凝固成渣壳,覆盖在焊缝金属表面上。在焊接过程中,熔渣除对熔池和焊缝金属起机械保护作用外,还与熔化金属发生冶金反应(如脱氧、去杂质、渗合金等),从而影响焊缝金属的化学成分。

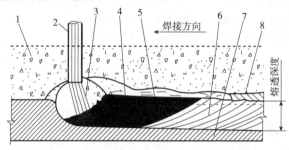

埋弧焊过程

图 2-3　埋弧焊的基本原理及焊缝形成过程

1—焊剂;2—焊丝;3—电弧;4—熔池;5—熔渣;6—焊缝;7—工件;8—焊渣

由于熔渣的凝固温度低于液态金属的结晶温度,熔渣总是后凝固,这就使混入熔池中的熔渣、溶解在液态金属中的气体和冶金反应产生的气体能够不断地逸出,使焊缝不易产生夹渣和气孔等缺陷。

(二)埋弧焊的特点

1.埋弧焊的优点

与焊条电弧焊或其他焊接方法比较,埋弧焊有如下优点:

(1)焊接生产率高。埋弧焊时,焊丝从导电嘴伸出长度短,又不受药皮受热分解脱落的限制,可使用较大的焊接电流,使电弧功率、熔透能力和焊丝熔化速度大大提高。一般不开坡口单面焊,一次熔深可达 20 mm。另外,由于焊剂和熔渣的隔热作用,电弧热散失少、飞溅少,故电弧热效率高,使焊接速度大大提高。厚度为 8~10 mm 的钢板对接,单丝埋弧焊速度可达 30~50 m/h,最高可达 150 m/h,而焊条电弧焊不超过 8 m/h。

(2)焊缝质量高。埋弧焊时,焊剂和熔渣能有效地防止空气侵入熔池,保护效果好,可使焊缝金属的含氮量、含氧量大大降低;由于焊剂和熔渣的存在降低熔池金属的冷却速度,使冶金反应充分,减少了焊缝中产生气孔、夹渣、裂纹等缺陷的可能性,从而可以提高接头的力学性能;焊接工艺参数可以通过自动调节保持稳定,所以,焊缝表面光洁平直,焊缝金属的化学成分和力学性能均匀而稳定;对焊工技术水平要求不高。

(3)焊接成本低。由于焊接电流较大,较厚的焊件不开坡口也能熔透,从而焊缝所需填充金属量显著减少,也节省了开坡口和填充坡口所需的费用与时间,熔渣的保护作用避免了金属元素的烧损和飞溅损失,又没有焊条头的损耗,节约了填充金属。另外,由于埋弧焊电弧热量集中、热效率高,故能节省能源消耗。

(4)劳动条件好。由于焊接过程的机械化和自动化,焊工劳动强度大大降低;没有弧光对焊工的有害作用,焊接时放出的烟尘和有害气体少,改善了焊工的劳动条件。

2.埋弧焊的缺点

(1)难以在空间位置施焊。埋弧焊是靠颗粒状焊剂堆积覆盖而形成对焊接区的保护,主要适用平焊或倾斜角度不大的位置焊接。其他位置埋弧焊因装置较复杂应用较少。

(2)不适用焊接薄板和短焊缝。埋弧焊适应性和灵活性较差,焊短焊缝效率较低;由于电流较小时(100 A以下)焊接电弧不稳定,所以不适用厚度小于1 mm以下薄板的焊接。

(3)对焊件装配质量要求高。由于电弧在焊剂层下燃烧,操作人员不能直接观察电弧与接缝的相对位置,焊接时易焊偏而影响焊接质量;焊接过程自动化程度较高,对装配间隙大小、焊件平整度、错边量要求都较严格。

(4)焊接辅助装置较多。如焊剂的输送和回收装置,焊接衬垫、引弧板和引出板,焊丝的去污锈和缠绕装置等。焊接时,还需与焊接工配合使用才能进行。

(三)埋弧焊的分类及应用范围

1.分类

(1)埋弧焊按焊丝的数目分有单丝埋弧焊和多丝埋弧焊。前者在生产中应用最普遍;后者则采用双丝、三丝和更多焊丝。其目的是提高生产率和改善焊缝成型。一般是每一根焊丝由一个电源来供电。有些是沿同一焊道多根焊丝以纵向前后排列,一次完成一条焊缝。有些是横向平行排列,同时一次完成多条焊缝的焊接,如电站锅炉生产中的水冷壁(膜式壁)焊缝的焊接。

(2)埋弧焊按送丝方式分有等速送丝埋弧焊和变速送丝埋弧焊两大类。前者焊丝送进速度恒定,适用细焊丝、高电流密度焊接的场合,它要求配备缓降的、平的或稍微上升的外特性的弧焊电源;后者焊丝送进速度随弧压变化而变化,适用粗焊丝低电流密度焊接,它要求配备具有陡降的或恒流外特性的弧焊电源。

(3)埋弧焊按电极形状分有丝极埋弧焊和带极埋弧焊。后者作为电极的填充材料为卷状的金属带,它主要用于耐磨、耐蚀合金表面堆焊。

2.应用范围

(1)适合埋弧焊的材料范围。随着焊接技术的发展,适合用埋弧焊焊接的材料已从碳素结构钢发展到低合金结构钢、不锈钢、耐热钢及某些有色金属(如镍、铜及合金)。埋弧焊还可在金属基体表面堆焊耐磨或耐腐蚀的合金层。铸铁因不能承受高的热应力,不能用埋弧焊焊接;铝、镁及其合金因还没有适合的焊剂,目前还不能用埋弧焊焊接;铅、锌等低熔点金属材料不能用埋弧焊焊接。

(2)适合的焊缝类型和厚度范围。平位或倾斜角度不大的焊件,无论是对接、角接或搭接接头,都可以用埋弧焊焊接。

埋弧焊适合焊接的厚度范围非常大,除5 mm以下的焊件由于易烧穿而不使用埋弧焊外,其他厚度的焊件都适合用埋弧焊焊接。目前,埋弧焊焊接的最大厚度已达到670 mm。

(3)应用行业领域。埋弧焊在造船、锅炉及压力容器、原子能设备、石油化工设备及贮罐、桥梁、起重机械、管道、冶金机械、海洋工程等金属结构的制造中,都得到了广泛的应用。

二、埋弧焊的自动调节原理

(一)埋弧焊的自动调节

1.必要性

埋弧焊时要求焊机能自动地按预先选定的焊接工艺参数,如焊接电流、电弧电压、焊接速度等进行焊接,并在整个焊接过程中保持参数稳定,从而获得稳定可靠的焊缝质量。但焊接过程中受某些外界因素干扰,使焊接工艺参数偏离预定值是不可避免的。外界干扰主要来自弧长波动和网压波动两个方面。弧长波动是由于焊件不平整、装配不良或遇到定位焊点及送丝速度不均匀等原因引起的,它将使电弧静特性发生移动,从而影响焊接工艺参数,如图 2-4 所示。网压波动是由焊机供电网路中负载突变引起的,如附近其他电焊机等大容量用电设备突然启动或停止造成的网压突变等,它将使焊接电源的外特性发生变化。网压波动与焊接工艺参数波动的关系如图 2-5 所示。

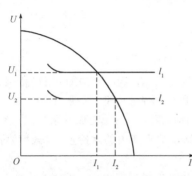

图 2-4　弧长波动与焊接参数的关系

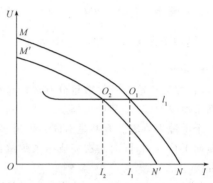

图 2-5　网压波动与焊接参数的关系

当埋弧焊过程受到上述干扰时,操作者往往来不及或不可能采取调整措施。因此,埋弧焊机必须具有自动调节的能力,以消除或减弱外界干扰的影响,保证焊接质量的稳定。

2. 埋弧焊自动调节的目标和方法

在上述干扰因素中,电弧长度发生变化对焊接电流和电弧电压稳定性的影响最为严重。故埋弧焊焊接过程的自动调节以消除电弧长度变化的干扰作为自动调节的主要目标。在焊条电弧焊时,焊工通过用眼睛观测电弧,不断调整焊条的送进量,以保持理想的电弧长度和熔池状态,这就是一种人工调节作用,如图 2-6 所示。它是依靠焊工的肉眼和其他感觉器官对电弧和熔池的观察、大脑的分析比较,来判断弧长和熔池状况是否合适,然后指挥手臂调整运条动作,完成焊接操作的。自动送进焊丝和移动电弧的埋弧焊也必须要有相应的自动调节系统。否则,遇到外界干扰时就不能保证电弧过程的稳定性。

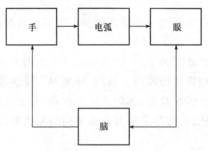

图 2-6　焊条电弧焊人工调节系统

在埋弧焊时,电弧长度是由焊丝的送进速度和焊丝的熔化速度共同决定的。如果焊丝的送进速度等于熔化速度,电弧长度就保持不变,否则,电弧长度就要发生变化。如焊丝的送进速度大于熔化速度,电弧逐渐缩短,直至焊丝插入熔池而熄弧;而送进速度小于熔化速度时,电弧逐渐拉长,直至熄弧。当外界干扰使电弧长度发生变化时,可通过两种方法使电弧自动恢复到原来的长度:一种是改变焊丝熔化速度的方法,称为电弧自身调节系统;另一种是改变焊丝送进速度的方法,称为电弧电压反馈自动调节系统。

埋弧焊机的送丝方式的不同决定了实现自动调节的原理不同:等速送丝式埋弧焊机采用电弧自身调节系统;变速送丝式埋弧焊机采用电弧电压反馈自动调节系统。

(二)熔化极电弧的自身调节系统

熔化极电弧的自身调节系统在焊接时,焊丝以预定的速度等速送进。它的调节作用是利用焊丝的熔化速度与焊接电流和电弧电压之间的固有关系这一规律而自动进行的。图 2-7 所示是这种调节系统的静特性曲线(图中 v_{f1}、v_{f2}、v_{f3} 为三种送丝速度,对应的静特性曲线为 c_1、c_2、c_3)。它实际上就是焊接过程中电弧的稳定工作曲线,或称为等熔化速度曲线。电弧在这一曲线上任何一点工作时,焊丝熔化速度是不变的,并恒等于焊丝的送进速度,焊接过程稳定进行。电弧在此曲线以外的点上工作时,焊丝的熔化速度与送进速度不等。在曲线右边的点,电弧电流大于维持稳定燃烧的电流,因此,焊丝的熔化速度大于焊丝送进速度;若电弧在曲线左边的点工作,情况相反,焊接过程都不稳定。

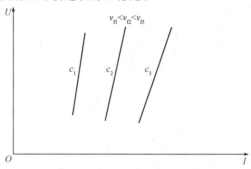

图 2-7　电弧自身调节系统的静特性曲线

下面分别讨论弧长波动和网路电压波动两种情况下,电弧自身调节系统的工作情况。

1. 弧长波动

这种系统使电弧完全恢复至波动前的长度,使焊接参数稳定的调节过程如图 2-8 所示。在弧长变化之前,电弧稳定工作点为 o_0 点。o_0 点是电弧静特性曲线 l_0、电源外特性曲线 MN 和电弧自身调节系统静特性曲线三者的交点。电弧在该点工作时焊丝的熔化速度等于送进速度,焊接过程稳定。

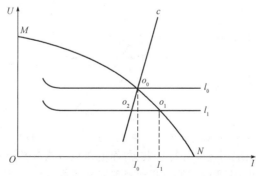

图 2-8　弧长波动时电弧自身调节系统的调节作用

如果外界干扰使弧长缩短,电弧静特性曲线变为 l_1,并与电源外特性曲线交于 o_1 点,电弧暂时移至此点工作。此时 o_1 点不在 c 曲线上而在其右侧,其电流 I_1 大于维持稳定燃烧所需要的电流 I_0,因而,焊丝的熔化速度大于焊丝的送进速度,这将使弧长逐渐增加,直到恢复至 l_0。弧长拉长时的调节过程与此类似,最后都将使电弧工作点回到 o_0 点。焊接过程重新恢复稳定。可见,这种系统的调节作用是基于等速送丝时弧长变化导致焊接电流变化,进而导致焊丝熔化速度变化使弧长得以恢复的,是熔化极等速送丝电弧系统所固有的调节作用,故称为电弧自身调节作用。它适用等速送丝式埋弧焊机。

2. 网路电压波动

网路电压波动将使焊接电源的外特性曲线发生移动,从而对电弧自身调节系统造成影响,如图 2-9 所示。当焊丝送进速度一定时,电弧自身调节系统静特性曲线 c、电弧静特性曲线 l_1 与电源外特性曲线 MN 交于 o_1 点,此点为电弧稳定工作点。如果网路电压降低,将使焊接电源的外特性曲线由 MN 变到 $M'N'$,电弧工作点移至 o_2 点。显然,o_2 点的焊接参数满足焊丝熔化速度等于送丝速度的稳定条件,因而也是稳定工作点。此时电弧长度缩短,电弧静特性曲线变为 l_2。这种情况下,除非网路电压恢复至原先的值,否则,电弧将在 o_2 点稳定工作,而不能恢复到 o_1 点。因此,电弧自身调节系统的调节能力不能消除网路电压波动对焊接参数的影响。其后果是产生未焊透或烧穿现象。

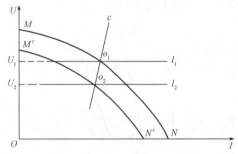

图 2-9　网路电压波动时对电弧自身调节系统的影响

采用电弧自身调节系统的埋弧焊机宜配用缓降或平外特性的焊接电源。一方面是因为缓降或平外特性的电源在弧长发生波动时引起的焊接电流变化大,导致焊丝熔化速度变化快,因而,可提高电弧自身调节系统的调节速度;另一方面是缓降或平外特性电源在电网电压波动时,引起的弧长变化小,所以可减小网路电压波动对焊接参数(特别是对电弧电压)的影响,如图 2-10 所示。另外,焊丝直径越细或电流密度越大,电弧自身调节作用就越灵敏。

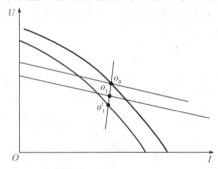

图 2-10　电源外特性对网路电压波动时焊接参数的影响

等速送丝埋弧焊一般配用缓降外特性电源,而电弧自身调节系统静特性又是一条接近平行于垂直轴的直线。因此,主要通过调节送丝速度来调节焊接电流,随着送丝速度加大,焊接电流随之增加,而电弧电压有所下降;电弧电压的调节主要通过调节电源外特性来实现,外特性上移则电弧电压增加而焊接电流略有增加,如图 2-11 所示。影线区域为电流和电压的调节范围。通过改变送丝速度,从 $v_{fmin} \sim v_{fmax}$,即调整了焊接电流 $I_{amin} \sim I_{amax}$;通过改变电源外特性 $U_{0min} \sim U_{0max}$ 即调整 $U_{amin} \sim U_{0max}$。

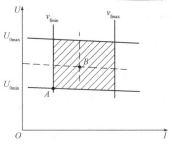

图 2-11　电弧自身调节系统电流和电压的调节方法

(三)电弧电压反馈自动调节系统

电弧电压反馈自动调节系统是利用电弧电压反馈来控制送丝速度的。当外界因素使弧长变化时,通过强迫改变送丝速度来恢复弧长,也称为均匀调节系统。图 2-12 所示为这种调节系统的静特性曲线。与电弧自身调节系统一样,电弧电压反馈调节系统静特性曲线上的每一点都是稳定工作点,即电弧在曲线上任一点对应的焊接参数燃烧时,焊丝的熔化速度都等于焊丝的送进速度,焊接过程稳定进行,当电弧在 A 线下方燃烧时,焊丝的熔化速度大于其送丝速度;在 A 线上方燃烧时,焊丝的熔化速度小于其送进速度。曲线与纵坐标的截距取决于给定电压值 U_g。在焊接过程中,系统不断地检测电弧电压,并与给定电压进行比较。当电弧电压高于维持静特性曲线所需值而使电弧工作点位于曲线上方时,系统便会按比例加大送丝速度;反之,系统便会自动减慢送丝速度。只有当电弧电压与给定电压使电弧工作点位于静特性曲线之上时,电弧电压反馈调节系统才不起作用,此时焊接电弧处于稳定工作状态。

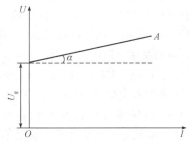

图 2-12　电弧电压反馈自动调节系统静特性曲线

下面分别讨论当发生弧长波动和网路电压波动两种干扰时电弧电压反馈调节系统的工作情况。

1. 弧长波动

这种系统在弧长波动时的调节过程如图 2-13 所示。图中 o_0 点是弧长波动前的稳定工作点,它由电弧静特性曲线 l_0、电源外特性曲线 MN 和电弧电压反馈调节系统静特性曲线 A 三条曲线的交点决定。电弧在 o_0 点工作时,焊丝的熔化速度等于其送丝速度,焊接过程稳定。当外界干扰使弧长突然变短,则电弧静特性降至 l_1,电弧电压也由 U_0 降到 U_1,电弧的工作点由原来的 o_0 变到了 o_1。此时由于电弧电压突然下降,o_1 在电弧电压反馈调节系统静特性曲线 A 的下方,将使送丝速度减慢,电弧逐渐变长,使弧长恢复到原值,从而实现了电弧电压的自动调节。在弧长变短的过程中,电弧静特性曲线还与电源外特性曲线相交于 o_1 点,即此时焊接电流有所增大,将使焊丝熔化速度加快,也就是说电弧的自身调节也对弧长的恢复起了辅助作用,从而加快了调节过程。可见,这种系统的调节作用是在弧长变化后主要通过电弧电压的变化而改变焊丝的送丝速度,从而使弧长得以恢复的,因而应用于变速送丝式埋弧焊机。

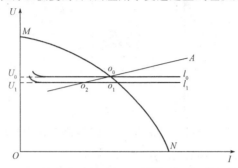

图 2-13　弧长波动时电弧电压反馈调节系统的调节过程

这种调节系统需要利用电弧电压反馈调节器进行调节。目前,埋弧焊机常用的电弧电压反馈调节器主要有以下两种:

(1)发电机－电动机电弧电压反馈自动调节器。这种调节器的调节系统电路原理如图 2-14 所示。供给送丝电动机 M 转子电压的发电机 G 有两个他励励磁线圈 L_1 和 L_2。L_1 由电位器 R_P 上取得一个给定控制电压 U_g,产生磁通 Φ_1;L_2 电弧电压的反馈信号提供励磁电压 U_a,产生磁通 Φ_2。Φ_1 与 Φ_2 方向相反。当 Φ_1 单独作用时,发电机输出的电动势使电动机 M 向退丝方向转动;当 Φ_2 单独作用时,发电机输出的电动势使电动机 M 向送丝方向转动。Φ_1 与 Φ_2 合成磁通的方向和大小将决定发电机 G 输出电动势的方向和大小,并随之决定电动机的转向与转速,即决定焊丝的送丝方向和速度。正常焊接时,电弧电压稳定,且 $\Phi_1 < \Phi_2$,电动机将以一个稳定的转速来送进焊丝。当弧长发生变化而改变了电弧电压时,L_2 的励磁电压(反馈电弧电压)发生变化,使发电机 G 输出电动势变化,导致电动机 M 的转速变化,因而改变了送丝速度,也就调节了弧长,使电弧电压恢复到稳定值,完成调节过程。送丝速度 v_f 与反馈电弧电压 U_a、给定电压 U_g 之间的关系可用下式表示:

$$v_f = K(U_a - U_g)$$

式中,K 为电弧电压反馈自动调节器的放大倍数($cm \cdot s^{-1} \cdot V^{-1}$),表示当电弧电压改变 1 V 时 v_f 的改变量。K 的大小除取决于调节器的机电结构参数外,还取决于电弧电压反馈量的大小。图 2-14 中电阻 R 和其并联的开关 SA,就是为改变 K 值以满足不同直径焊丝的需要而设的。

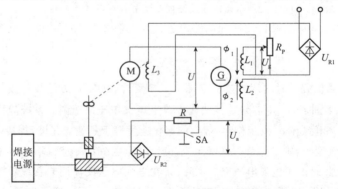

图 2-14　发电机－电动机电弧电压反馈自动调节器电路原理

这种调节系统的最大优点是可以利用同一电路实现电动机 M 的无触点正反转控制,因而可实现理想的反抽引弧控制。这种结构的电弧电压反馈自动调节器,仍是目前变速送丝式埋弧焊机的主要应用形式。

（2）晶闸管电弧电压反馈自动调节器。这种调节器的调节系统电路原理如图 2-15 所示。电动机 M 由硅整流电源 U_{R1} 供电，利用晶闸管 VH 控制 M 的电枢电压，只要在晶闸管触发电路中加入电弧电压反馈信号就可实现电弧电压反馈自动调节。电弧电压反馈控制信号 U_a 从电位器 R_{P3} 中取出，与从电位器 R_{P1} 中取出的给定控制信号 U_g 反极性串联后加在由 VT_1、VT_2、VU 等组成的单结晶体管触发电路上，再由脉冲变压器 TI 输出与电源电压有一定相位关系的触发脉冲信号，触发串联在电动机 M 电枢回路中的晶闸管 VH，即可使电动机 M 得电送丝。当弧长变化引起 U_g 改变时，VH 的触发脉冲相位发生变化，使电动机 M 的送丝速度改变而实现弧长的自动调节。由于电动机 M 的电枢电压和转速与 $U_a - U_g$ 成正比，则同样有

$$v_f = K(U_a - U_g)$$

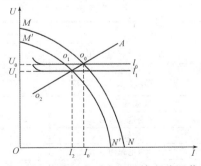

图 2-15　晶闸管电弧电压反馈自动调节器电路原理

这种调节系统的缺点是电动机正反转需要通过另外的继电器触点进行控制，因而，对回抽引弧的可靠性及使用寿命有一定的影响，但其结构简单，使用轻便，制造成本较低，可望得到改进后进一步扩大应用。

2. 网路电压波动

网路电压波动后焊接电源外特性也随之产生相应的变化。图 2-16 所示为网路电压降低时电弧电压反馈调节系统的工作情况。随着网路电压下降，焊接电源外特性曲线从 MN 变为 $M'N'$。在网路电压变化的瞬间，弧长尚未变动，仍为 l_0，但电源的外特性曲线变为 $M'N'$ 后，电弧工作点随之移到 o_1 点，由于 o_1 点在 A 曲线的上方，因而它不是稳定工作点，即电弧在 o_1 点处工作时焊丝的送进速度大于其熔化速度，因而电弧工作点沿曲线 $M'N'$ 移动，最终到达与 A 曲线的交点 o_2，o_2 点也是三条曲线的交点，为新的稳定工作点。此点处与 o_0 点相比较，除电弧电压相应降低外，焊接电流有较大波动，除非网路电压恢复为原来的值，否则这种调节系统不能使电弧恢复到原来的稳定状态（o_0 点）。其后果是产生未焊透或烧穿现象。

图 2-16　网路电压波动时电弧电压反馈自动调节系统的影响

51

电弧电压反馈自动调节系统在网压波动时,引起焊接电流波动的大小与电源外特性曲线形状有关。若为陡降外特性曲线时,则电流波动小;反之,缓降外特性曲线时,电流波动大,如图 2-17 所示。为了防止焊接电流波动过大,采用这种调节系统的埋弧焊机,宜配用具有陡降(恒流)外特性的弧焊电源。同时,为了易于引弧和电弧燃烧稳定,电源应有较高的空载电压。

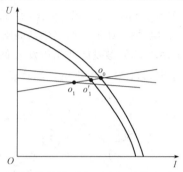

图 2-17　网路电压波动时电源外特性对电弧电压反馈自动调节系统焊接参数的影响

上已述及,变速送丝式埋弧焊通常采用陡降外特性的弧焊电源,电弧电压自动调节静特性是一条接近水平的直线。因此,焊接电流的调节是通过调节弧焊电源外特性来实现的,而电弧电压是通过调节给定电压 U_g 来实现的,如图 2-18 所示。影线区域即工艺参数调节范围。

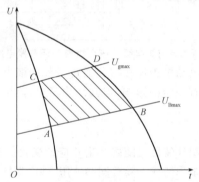

图 2-18　电弧电压反馈自动调节系统电流、电压调节方法

(四)两种调节系统的比较

熔化极电弧的自身调节系统和电弧电压反馈自动调节系统的特点比较见表 2-1。由表中可以看出,这两种调节系统对焊接设备的要求、焊接参数的调节方法适用场合是不相同的,选用时应予以注意。

表 2-1　两种调节系统的特点比较

比较内容	调节方法	
	电弧自身调节作用	电弧电压反馈自动调节作用
控制电路及机构	简单	复杂
采用的送丝方式	等速送丝	变速送丝
采用的电源外特性	平特性或缓降特性	陡降或垂降特性
焊接电流调节方法	改变送丝速度	改变电流外特性
控制弧长恒定的效果	好	好
网路电压波动的影响	产生静态电弧电压误差	产生静态焊接电流误差
适用的焊丝直径/mm	0.8～3.0	3.0～6.0

三、埋弧焊设备

(一)埋弧焊机的功能和分类

1.埋弧焊机的主要功能

一般电弧焊机的焊接过程包括启动引弧、焊接和熄弧停弧三个阶段。焊条电弧焊时,这几个阶段都是由焊工手工完成的;而埋弧焊时,就要将这三个阶段由机械来自动完成。为此,埋弧焊机应具有的主要功能如下:

(1)建立焊接电弧,并向电弧供给电能。

(2)连续地送进焊丝,并自动保持确定的弧长和焊接工艺参数不变,使电弧稳定燃烧。

(3)使电弧沿接缝移动,并保持确定的行走速度,并在电弧前方不断地向焊接区铺撒焊剂。

(4)控制焊机的引弧、焊接和熄弧停机的操作过程。

2.埋弧焊机的分类

常用的埋弧焊机有等速送丝式和变速送丝式两种类型。按照不同的工作需要,埋弧焊机可做成不同的形式。常见的有焊车式、悬挂式、车床式、门架式和悬臂式等,如图 2-19 所示。

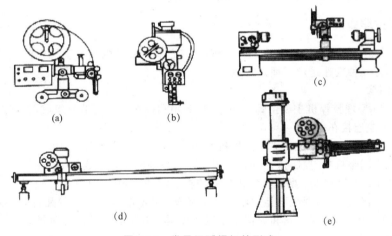

图 2-19 常见埋弧焊机的形式

(a)焊车式;(b)悬挂式;(c)车床式;(d)门架式;(e)悬臂式

(二)埋弧焊机的结构特点

埋弧焊机主要由送丝机构、行走机构、焊接电源和控制系统等部分组成。

1.送丝机构

送丝机构包括送丝电动机及传动系统、送丝滚轮和矫直滚轮等。它应能可靠地送进焊丝并具有较宽的调速范围,以保证电弧稳定。

2.行走机构

焊车行走机构包括行走电动机及传动系统、行走轮及离合器等。行走轮一般采用橡胶绝缘轮,以免焊接电流经车轮而短路。离合器合上时由电动机拖动,脱离时焊车可用手推动。

3. 焊接电源

埋弧焊机可配用交流或直流弧焊电源。采用直流电源焊接，能更好地控制焊道形状、熔深和焊接速度，也更容易引燃电弧。通常，直流电源适用于电流小、快速引弧、短焊缝、高速焊接，以及所采用焊剂的稳弧性较差和对焊接参数稳定性有较高要求的场合。采用直流电源时，不同的极性将产生不同的工艺效果。正接时焊丝的熔敷效率高；反接时焊缝熔深大。采用交流电源时，焊丝熔敷效率及焊缝熔深介于直流正接与反接之间，而且电弧的磁偏吹小。因而，交流电源多用于大电流埋弧焊和采用直流时磁偏吹严重的场合。

埋弧焊电源的额定电流为 500～2 000 A（一般为 1 000 A），负载持续率为 100%。常用的交流电源为同体式弧焊变压器；直流电源为硅弧焊整流器、晶闸管弧焊整流器。对于使用细焊丝的小电流埋弧焊，可选用焊条电弧焊电源代替（也可多台并联使用），但所用的焊接电流上限不应超过按 100% 负载持续率折算的数值。

4. 控制系统

常用的埋弧焊机系统包括送丝拖动控制、行走拖动控制、引弧和熄弧的自动控制等。大型专用焊机还包括横臂升降、收缩、立柱旋转、焊剂回收等控制系统。一般埋弧焊机常用一个控制箱来安装主要控制电器元件，但也有一部分元件安装在焊接小车的控制盒和电源箱内。在采用晶闸管等电子控制电路的新型埋弧焊机中已不单设置控制箱，控制系统的电器元件安装在焊接小车上的控制盒和电源箱内。

除上述主要组成部分外，埋弧焊机还有导电嘴、送丝滚轮、焊丝盘、焊剂漏斗及焊剂回收器、电缆滑动支撑架、导向滚轮等易损件和辅助装置。

（三）典型埋弧焊机

目前国内最常用的埋弧焊机是 MZ－1000 型，它采用发电机－电动机反馈调节器组成自动调节系统，是一种变速送丝式埋弧焊机。

1. 焊机结构

MZ－1000 型埋弧焊机主要由焊接小车、控制箱和焊接电源三部分组成，相互之间由焊接电缆和控制电缆连接在一起。

（1）焊接小车。MZ－1000 型埋弧焊机配用的焊接小车是 MZT－1000 型，由送丝机构、行走小车、机头调整机构、控制盒、导电嘴、焊丝盘和焊剂漏斗等组成。

（2）控制箱。MZ－1000 型埋弧焊机配用的控制箱是 MZP－1000 型。控制箱内装有电动机－发电机组、接触器、中间继电器、变压器、整流器、镇定电阻和开关等元件，用以和焊接小车上的控制元件配合，实现送丝和焊接小车拖动控制及电弧电压反馈自动调节。

（3）焊接电源。MZ－1000 型埋弧焊机可配用交流电源或直流电源。配用交流电源时，一般用 BX2－1000 型同体式弧焊变压器；配用直流电源时，可配 ZX5－1000 型或 ZXG－1000 型弧焊整流器。

2. 电路原理

MZ－1000 型埋弧焊机配用 BX2－1000 型交流焊接电源的电路原理，如图 2-20 所示。它可分为焊接电源控制电路、送丝拖动电路和焊接小车拖动电路三部分。

（1）焊接电源控制电路。此电路包括焊接主电路和焊接电流调节电路两部分。其原理如图 2-20 的上部和中部所示。

BX2－1000 型交流弧焊变压器属同体式结构，具有陡降的外特性。其输出的空载电压有 69 V 和 78 V 两挡。可根据网路电压实际情况和焊接工艺参数的要求，通过换接抽头来选用。BX2－1000 型的电流调节是利用交流电动机 M_5 减速后带动电抗器 L 的活动铁芯移动实现的。继电器 KA_1 和 KA_2 控制 M_5 的正反转，使焊接电流增大或减小。

（2）送丝拖动电路。这部分电路位于图 2-20 所示的中部，其主要部分是由发电机 G_1 和电动机 M_1 组成的电弧电压反馈自动调节器。该电路原理已在前面做过讨论，此处不再描述。

调节 R_{P2}，便可改变 L_1 的励磁电压，以达到调节电弧电压的目的。当增加 L_1 的励磁电压时，电弧电压增大；反之减小。为扩大电弧电压的调节范围，在 L_2 的励磁电压回路中接入一个电阻 R_1，开关 SA_4 与它并联。SA_4 闭合，R_1 被短接，L_2 的励磁电压增大，焊丝送进速度加快，电弧长度缩短，电弧电压降低，适用于细焊丝焊接；SA_4 断开，R_1 窜入回路，L_2 的励磁电压降低，焊丝送进速度减慢，电弧电压升高，适用粗焊丝焊接。

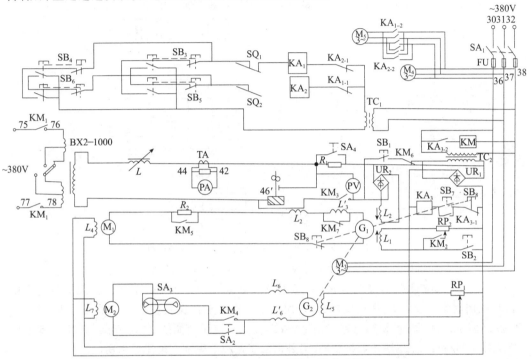

图 2-20　MZ－1000 型埋弧焊机的电路原理

（3）焊接小车拖动电路。这部分电路处于图 2-20 所示的下部。焊接小车由 $G_2 - M_2$ 组成的发电机－电动机系统拖动。调节 R_{P1} 使 L_5 的励磁电压增大时，G_2 输出的电压使 M_2 转速提高，焊接小车的行走速度加快；反之减慢。

焊接小车行走的方向是由换向开关 SA_3 控制的。当 SA_3 旋转到不同位置时，可以改变 M_2 与 G_2 电枢连接的极性，即改变 M_2 的转向，从而使焊接小车前进或后退。SA_2 为焊接小车的空载行走开关，用于在空载调整时使焊接小车移动，焊接时应把 SA_2 断开。

在 MZ-1000 型埋弧焊机电路原理图中，除以上三部分电路外，还有交流接触器 KM、中间继电器 KA_3、焊机启动按钮 SB_7 和停止按钮 SB_8、电流表 PA、电压表 PV 等元件与仪表，用以调整焊机和监测、控制焊接流程。

3. 焊机操作程序

闭合控制电路开关 SA_1，接通三相控制电源。风扇电动机 M_4 运转，冷却焊接电源；三相异步电动机 M_3 启动，拖动 G_1 和 G_2 电枢旋转，控制变压器 TC_1 和 TC_2 获得输入电压，整流桥 U_{R1} 有直流输出。通过调节 R_{P1} 来调节焊接速度；通过调节 R_{P2} 来调节电弧电压；按下按钮 SB_3（SB_4）或 SB_5（SB_6）来调节焊接电流。将焊接小车置于预定位置，通过按钮 SB_1 和 SB_2 调整焊丝位置，使焊丝末端与焊件表面轻轻接触。闭合焊接小车离合器，换向开关 SA_3 拨到"焊接"方向。开关 SA_2 拨到"焊接"位置，开关 SA_4 拨到需要的位置。开启焊剂漏斗阀门使焊剂堆敷在预焊位置，准备工作即告完成。

焊接时按下启动按钮 SB₇，接通中间继电器 KA₃、接触器 KM，使焊接电源通电而引燃电弧。与此同时，焊车也开始沿轨道移动，焊接过程便正常进行。停止焊接时，先打开离合器使小车停止，接着按下双程按钮 SB₈ 的第一程，送丝电动机 M₁ 的转子供电回路首先被切断，而电弧还在燃烧并逐渐拉长，使弧坑逐渐填满。电弧自然熄灭后，再按下 SB₈ 的第二程（按到底），这时 KA₃ 回路才被切断，KM 断电，切断焊接电源，各继电器和接触器的触点恢复至原始状态，焊接过程终止。待焊接过程全部完成后，应随手关闭焊剂漏斗的阀门，制止焊剂继续外流。

MZ－1000 型埋弧焊机启动和停止的动作程序方框图如图 2-21 所示。

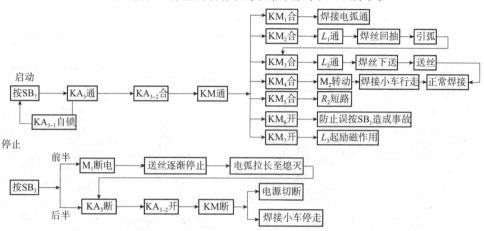

图 2-21　MZ－1000 型埋弧焊机的动作程序方框图

4. MZ－1－1000 型埋弧焊机介绍

MZ－1－1000 型埋弧焊机是 MZ－1000 的改进型，它是一种晶闸管整流变速送丝式埋弧焊机，配用直流焊接电源，焊接式机头，采用晶闸管电弧电压反馈自动调节系统使弧长稳定，图 2-22 所示是该焊机的控制电路工作框图，焊机的电气原理如图 2-23 所示。焊机的基本控制方式与 MZ－1000 型埋弧焊机相同，另外增加了刮擦起弧和定电压熄弧功能。

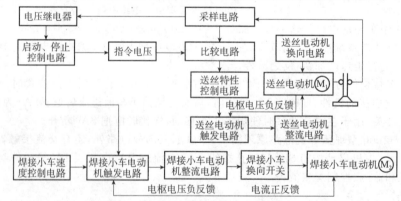

图 2-22　MZ－1－1000 型埋弧焊机的控制电路工作框图

刮擦起弧是指在焊丝不接触焊件情况下起弧，此时按下启动按钮时，焊丝慢速给送直至刮擦焊件引起短路，然后电路执行反抽与下送焊丝起弧。定电压熄弧是在熄弧时，按下停止按钮使焊丝停止输送，电弧的继续燃烧会使电弧电压升高，到一合适数值后由电路中的电压继电器动作切断电源，实现熄弧。由于增加了刮擦起弧与定电压熄弧功能，焊机的操作更方便，加上直流电弧稳定性好，故该焊机较受欢迎。

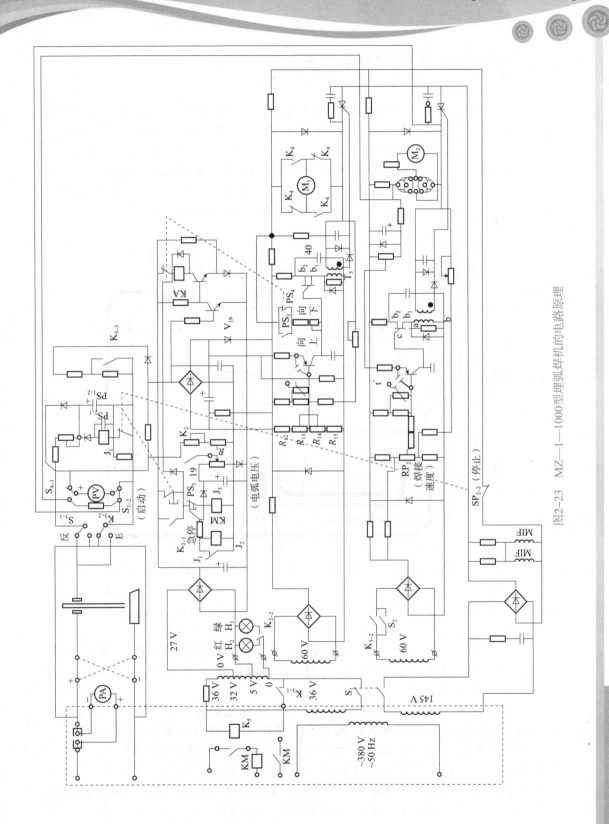

图2-23 MZ—1—1000型埋弧焊机的电路原理

(四)埋弧焊机的使用维护及常见故障的排除

1.埋弧焊机的安装与调试

(1)安装埋弧焊机时,要仔细研读使用说明书,严格按照说明书中的要求进行安装接线。图 2-24 所示为 MZ—1000 型埋弧焊机使用交流电源时的外部接线图。要注意外接电网电压应与设备要求的电压一致。外接电缆要有足够的容量和良好的绝缘。连接部分的螺母要拧紧,尤其是地线连接的可靠性很重要,否则可能危及人身安全。通电前,应认真检查接线的正确性;通电后,应仔细检查设备的运行情况,如有无发热、有无声音异常等,并应注意运动部件的转向和测量仪表指示的方向是否正确无误等。若发现异常,应立即停机处理。

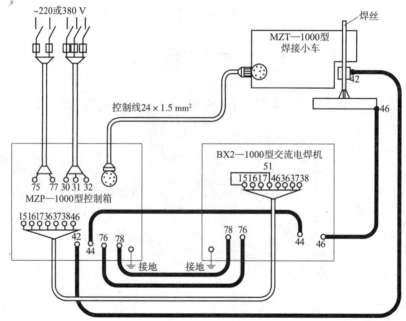

图 2-24　用交流电源时 MZ—1000 型埋弧焊机的外部接线图

电焊机制造厂生产的 MZ—1000 型埋弧焊机,一般是按交流电源接线出厂供货的,若要改用直流电源,需对焊机略加改装。需要改动的主要有三处:一是直流电源的一级(应注意使用的极性)连接交流接触器的主触点;若触点面积不够,可用两个触点并联使用;二是将互感器改为分流器;三是将交流电流表和电压表改为直流电流表和电压表。

(2)调试。调试应在确保安装接线准确无误后才能进行。埋弧焊机的调试主要是对新设备安装后的各种性能指标的调整测试,包括对电源、控制系统、小车三大组成部分的性能、参数的测试和焊接试验。

(3)电源性能参数的测试。焊机按使用说明书组装后,接通电源、调节电源输出电压和电流,观察变化是否均匀,调节范围与技术参数比较是否一致,以便了解设备的情况。

(4)控制系统的调试。测试送丝速度,即比较测试数值与技术参数的一致性,与工艺要求是否符合;测试引弧操作是否有效、可靠;测试小车行走速度、调整范围和调节的均匀性;电源的调节特性试验,可设置人为障碍,改变焊接条件(弧长变化),观察焊机的自身调节特性或电弧电压反馈自动调节特性;检查各控制按钮动作是否灵活有效。

(5)小车性能的检测。小车的行走是否平稳、均匀,可在运行中观察测试;检查机头各个方向的运动是否与技术参数一致,能否符合使用要求;观察驱动电动机和减速系统运行状态,有无异常声音和现象;焊丝的送进、校直、夹持导电等部件的功能测试,可根据焊丝送出的状态进行判断;在运行中观察焊剂的铺撒和回收情况。

(6)试焊。按设定的参数进行试焊,检查焊缝表面成型和焊缝质量。

以上各项如与技术参数不一致,或发生故障,且无法排除,应立即与厂家联系。

2.使用与维护

为保证焊接过程顺利进行,提高生产效率和焊接质量,延长焊机寿命,应正确使用焊机并对焊机进行经常性的保养维护,使其处于良好的工作状态。

只有熟悉焊机的结构、工作原理和使用方法,才能正确使用和及时排除各种故障,有效地发挥设备的正常功能。在使用过程中应对设备经常进行清理,严防异物落入电源或焊接小车的运动部件内,并应及时检查连接件是否因运动时的振动而松动。运动部件响声异常、电路引线不正常发热往往就是由于连接件松动而引起的。若设备在露天工作,还要特别注意因下雨受潮而破坏焊机的绝缘结构等问题。但是任何设备工作一段时间后,发生某些故障总是难免的,因此,对焊接设备必须进行经常性的检查和维护。

3.故障的诊断及排出

MZ-1000型埋弧焊机常见故障及处理方法见表2-2。

表2-2　MZ-1000型埋弧焊机常见故障及处理方法

故障	产生原因	处理方法
接通转换开关,电动机不转动	1.转换开关损坏; 2.熔断器烧断; 3.电源未接通	1.修复或更换; 2.换新; 3.接通电源
按下调整焊丝上下位置的按钮,焊丝不动作或动作不对	1.变压器有故障; 2.整流器损坏; 3.按钮开关接触不良; 4.感应电动机转动方向不对; 5.发电机或电动机电刷接触不良	1.检查并修复; 2.修复或调换; 3.检查并修复; 4.改换输入三相线接线; 5.检查并修复
按下启动按钮,线路工作正常,但不引弧	1.焊接电源未接通; 2.电源接触器接触不良; 3.焊丝与焊件接触不良	1.接通焊接电源; 2.检查并修复; 3.清理焊件及焊丝末端凝固物
线路工作正常,但焊丝输送不均匀,电弧不稳定	1.焊接参数不正确; 2.压紧滚轮压得不紧; 3.焊丝输送滚轮磨损过大; 4.导电嘴与焊丝接触不良; 5.焊丝未清理; 6.焊丝盘内焊丝太乱; 7.网路电源波动太大; 8.焊丝输送机构有故障	1.调整焊接参数; 2.调整压紧滚轮压力; 3.换新; 4.清理导电嘴或换新; 5.清理焊丝; 6.重盘焊丝; 7.检查原因并改进; 8.检查并修复
焊接过程中焊剂停止输送或输送不均匀	1.焊剂漏斗开关处被结块的焊剂堵塞; 2.导电嘴未置于焊剂漏斗中间	1.清理焊剂漏斗; 2.检查并调整
电源接通,按下启动按钮,熔断器熔断	1.控制线路短路; 2.变压器一次线圈短路	1.修复; 2.修复

四、埋弧焊的焊接材料与冶金过程

(一)埋弧焊的焊接材料及选用

埋弧焊所用的焊接材料包括焊剂和焊丝两大类。焊接不同材质的焊件所使用的焊剂、焊丝及其匹配方式不同。

1. 焊剂

(1)焊剂的作用及要求。焊剂的作用与焊条药皮相似,主要有以下三大作用:

①保护作用。在埋弧焊过程中,电弧热使部分焊剂熔化产生熔渣和大量气体,有效地隔绝空气,保护焊丝末端、熔滴、熔池和及高温区金属,防止焊缝金属氧化、氮化及合金元素的烧损和蒸发,并使电弧焊接过程稳定。

②冶金作用。焊剂还可起脱氧和渗合金的作用,与焊丝恰当配合使焊缝金属获得所需要的化学成分和力学性能。

③改善焊接工艺性能。在埋弧焊过程中,焊剂使电弧能稳定地连续燃烧,获得成型美观的焊缝。

为保证埋弧自动焊焊缝质量,对焊剂的基本要求如下:具有良好的稳弧性,保证电弧的稳定燃烧;硫、磷含量要低,对锈、油及其他杂质的敏感性要小,防止焊缝中产生裂纹和气孔等缺陷;焊剂还要有合适的熔点,熔渣要有适当的黏度,且具有良好的脱渣性,以保障焊缝成型良好;焊剂在焊接过程中析出的有害气体应尽可能少;具有恰当粒度和足够的颗粒结合强度,吸潮性要小,以利于焊剂重复使用。

(2)焊剂的分类及牌号。焊剂按制造方法可分为熔炼焊剂和烧结焊剂两大类。

①熔炼焊剂是将按配比混合的原材料经火焰或电弧加热熔炼后,经过水冷粒化、烘干、筛选而制成的。熔炼焊剂的优点是成分均匀、颗粒强度高、吸水性小、易储存;缺点是焊剂中无法加入脱氧剂和铁合金,因为熔炼过程烧损非常严重。

②烧结焊剂又称非熔炼焊剂,其制作过程为配料干混、加水玻璃湿混、过筛、成型,经 400 ℃以下低温烧结或 400 ℃～1 000 ℃高温烧结。低温烧结焊剂也称粘结焊剂。由于未经熔化,烧结焊剂中可以加入足量铁合金来改善焊缝组织和性能,脱渣性能较好,但有易吸潮等缺点。

2. 焊丝

(1)埋弧焊焊丝的作用。一是作为填充金属,成为焊缝金属的组成部分;二是作为电弧的电极参与导电,产生电弧;三是向焊缝过渡合金元素,参与冶金反应,使焊缝金属获得所需要的化学成分和力学性能。

(2)埋弧焊焊丝的分类。根据焊丝的成分和用途可分为钢焊丝(包括碳素结构钢焊丝和合金结构钢焊丝)和不锈钢焊丝两大类。其钢种、牌号及成分见国家标准《熔化焊用钢丝》(GB/T 14957—1994)和《焊接用不锈钢盘条》(GB/T 4241—2017)。随着埋弧焊所焊金属种类的增多,焊丝的品种也在增加,如高合金钢焊丝、各种有色金属焊丝和堆焊用的特殊合金焊丝等。

(3)埋弧焊焊丝的选用。在用埋弧焊焊接碳素结构钢和某些低合金结构钢选用焊丝时,最主要是考虑焊丝中锰和硅的含量。应考虑焊丝向熔敷金属中过渡的锰和硅对熔敷金属力学性能的影响。常选用的焊丝牌号有 H08、H08A、H08Mn、H08MnA、H10Mn2A、H15Mn 等。焊丝中 W(C)不超过 0.12%,否则会降低焊缝的塑性和韧性,并增加焊缝金属产生热裂纹的倾向。焊接合金钢及不锈钢等合金含量较高的材料时,应选用与母材成分相同或相近的焊丝,或性能上可满足材料要求的焊丝。

为适应焊接不同厚度材料的要求,同一牌号焊丝可加工成不同直径,埋弧焊常用焊丝直径为 1.6～6 mm。

(4)埋弧焊焊丝的保管。不同牌号焊丝应注意分类保管,防止混用、错用。使用前注意清除铁锈及油污。焊丝一般成卷供应,使用时要盘卷到焊丝盘上,在盘卷和清理过程中,要防止焊丝产生局部小弯曲或在焊丝盘中相互套叠。否则,会影响焊接时正常送进焊丝,破坏焊接过程的稳定,严重时会使焊接过程中断。有些焊丝表面镀有一薄层铜,可防止焊丝生锈并使导电良好,存放时应尽量保持铜镀层完好。

3.焊丝和焊剂的选配

为获得高质量埋弧焊接头,又尽可能降低成本,正确选配焊丝和焊剂是十分重要的。

低碳钢和强度等级较低的合金钢埋弧焊时,焊丝和焊剂的选配原则通常以满足力学性能要求为主,焊缝与母材等强度,同时要满足其他力学性能指标。可选用高锰高硅型焊剂,配用 H08MnA 焊丝,或选用低锰、无锰型焊剂,配用 H08MnA、H10Mn2 焊丝,也可选用硅锰型烧结焊剂,配用 H08A 焊丝。

低合金高强度钢埋弧焊选配焊丝与焊剂时,除满足等强度要求外,还要特别注意焊缝的塑性和韧性。可选用中锰中硅或低锰中硅型焊剂,配用适当强度的低合金高强度钢焊丝。也可选用硅锰型烧结焊剂,配用 H08A 焊丝。

耐热钢、低温钢、耐蚀钢埋弧焊时,选配焊丝与焊剂首先应保证焊缝具有与母材相同或相近的耐热、低温、耐蚀性能。应选用无锰或低锰、中硅或低硅型熔炼焊剂,或者选用高碱度烧结焊剂配用相近钢种的合金钢焊丝。

铁素体、奥氏体等高合金钢埋弧焊时,选配焊丝与焊剂首先要保证焊缝与母材有相近的化学成分,同时满足力学性能和抗裂性能等方面的要求。一般选用高强度烧结焊剂或无锰中硅中氟、无锰低硅高氟焊剂,配用适当的焊丝。有些焊剂特别适用于环缝、高速焊、堆焊等特殊场合。用埋弧焊焊不同钢种时,焊丝与焊剂的配合见表 2-3。

表 2-3　埋弧焊焊不同钢种时焊丝与焊剂选配推荐表

钢种	焊丝牌号	焊剂牌号
Q235A、B、C、D 级	H08A 、H08MnA	HJ431
15g、20g、25g、20g	H08MnA、H10Mn2	HJ431、HJ330
Q295(09Mn2、09MnV、09MnNb)	H08A 、H08MnA	HJ431
Q345(16Mn、14MnNb)	H08MnA、H10Mn2、H08MnSi 厚板深坡口 H10Mn2	HJ431 HJ350
Q390(15MnV) Q390(15MnTi、16MnNb)	H08MnA、H10Mn2、H08MnSi 厚板深坡口 H08MnMoA	HJ431 HJ350、HJ250
Q420(15MnVN) Q420(14MnVTiRE)	H08MnMoA H08MnVTiA	HJ431 HJ350
Q420(15MnVN) 14MnMoNi	H08Mn2MoA H08Mn2MoVA	HJ250 HJ350
30CrMnSiA	H20CrMoA H18CrMoA	HJ431 HJ260

续表

钢种	焊丝牌号	焊剂牌号
30CrMnSiNi2A	H18CrMoA	HJ260
35 CrMoA	H20CrMoA	HJ260
12CrMo	H12CrMo	HJ260、HJ250
15CrMo	H15CrMo	
12Cr2Mo1	H08CrMoA	
0Cr18Ni9Ti	H0Cr21Ni10	HJ151N6
1Cr18Ni9Ti	H0Cr20Ni10Ti	HJ151、SJ608
00Cr18Ni10N	H0Cr20Ni10Ti	HJ260
00Cr17Ni13 Mo2N	H00Cr19Ni12 Mo3	HJ260
00Cr17Ni14 Mo2		HJ151、SJ608
0Cr18Ni12 Mo3Ti	H0Cr20Ni14 Mo3	HJ260 HJ151、SJ601
0Cr13	H0Cr14	HJ260
1Cr13		
2Cr13	H1Cr13	HJ260

(二)埋弧焊的冶金过程

1.埋弧焊冶金过程的一般特点

埋弧焊冶金过程是指液态金属、液态熔渣和电弧气氛之间的相互作用。其主要包括氧化、还原反应,脱硫、脱磷反应及去除气体等过程。此过程具有以下特点:

(1)空气不易侵入电弧区。埋弧焊靠电弧热作用熔化焊剂形成的熔渣气体空腔来保护电弧及熔池区,防止空气的侵入,因此保护效果极好,与焊条电弧焊相比,焊缝中含氮量极低。因此,埋弧焊焊缝金属具有较高的塑性和韧性。

(2)冶金反应充分。焊接电流和熔池尺寸较大,且焊接熔池和焊缝金属被较厚的熔渣层覆盖,使熔池金属凝固速度减慢,熔池金属处于液态的时间比焊条电弧焊高几倍,液态金属与熔渣之间相互作用即冶金反应充分,气孔、夹渣容易析出。

(3)焊缝金属的合金成分易于控制。埋弧焊可以通过焊剂或焊丝对焊缝金属进行渗合金,也可以通过冶金反应使硅、锰向焊缝金属过渡,使得焊缝金属的合金成分易于控制。

(4)焊缝金属纯度较高且化学成分稳定均匀。高温熔渣具有较强的脱硫、脱磷作用和去除气体的作用,所以,焊缝金属的硫、磷、氢、氧含量都较低,提高了焊缝金属的纯度;焊接参数比手弧焊稳定,单位时间内所熔化金属与焊剂之比也较为稳定,因而焊缝金属的化学成分相对比较稳定均匀。

2.低碳钢埋弧焊的主要冶金反应

埋弧焊的熔渣除对电弧和熔池有机械隔离保护作用外,还产生冶金反应,主要是置换反应,形成锰、硅还原渗入熔池,碳被烧损,以及 S、P、H_2 等有害杂质向熔池的过渡。

(1)锰、硅的还原反应。锰、硅是低碳钢埋弧焊时焊缝金属中最主要的合金成分。提高锰含量有助于降低热裂倾向和改善焊缝金属的力学性能;硅能镇静熔池,提高焊缝的致密度。

高锰高硅"HJ430""HJ431"与 H08、H08A，或 H08Mn、H08MnA 焊丝配用焊接低碳钢时，MnO－SiO$_2$ 型渣系的熔渣与熔融液态金属将产生下列还原反应：

$$2〔Fe〕+(SiO_2)=2(FeO)+〔Si〕$$

$$〔Fe〕+(MnO)=(FeO)+〔Mn〕$$

式中，〔　〕表示在液态金属中含量，(　)表示在熔渣中的含量。其结果将造成 Si、Mn 向熔池中过渡。在焊丝端部熔滴、过渡的熔滴及熔池液态金属三个区域温度最高，上式反应总是向右进行的，使 Si、Mn 向液态金属渗入过渡，弧柱区过渡最多，焊丝端为次，再次为熔池前部。而在熔池后部，以上反应向左进行，使一部分 Mn、Si 重返熔渣，但因温度低，反应速率减慢，最终焊缝金属 Mn、Si 质量分数都增加了。

高锰高硅低氟焊剂焊接低碳钢时，通常过渡量 $\Delta_{Si}=0.1\%\sim0.3\%$，$\Delta_{Mn}=0.1\%\sim0.4\%$。

(2)碳的烧损。碳只能从焊丝及母材中进入焊接熔池，熔炼焊剂是不含碳成分的。

在焊丝熔滴过渡过程及在熔池内，都会发生碳的氧化烧损：

$$C+O=CO$$

提高液态金属中的含硅量能抑制碳的烧损，采用含硅或含硅、锰量都较高的焊剂可减少碳的烧损。

焊丝中含碳量增加，则碳的烧损量会增大。碳的氧化烧损将给熔池带来搅动，使熔池中的气体容易析出。氧化生成 CO 也是一种气孔生成因素，但埋弧焊缝出现的气孔主要是氢造成的，所以，适当提高焊丝中含碳量对降低氢气孔是有利的。碳的含量对金属力学性能影响很大，所以，烧损后必须补充其他强化焊缝金属的元素，因此要求焊缝中 Si、Mn 含量要高些。

(3)脱氢反应。为了防止埋弧焊缝中出现氢气孔，首先要杜绝氢的来源，所以，焊丝和焊缝坡口的除锈、油及其他污染物是不可忽视的重要途径，并按要求烘干焊剂；其次是通过适当冶金反应使氢结合成不溶于熔池的化合物 HF，为此在焊剂中加入 CaF$_2$。电弧高温下氢与氧也可生成 OH$^-$，它不溶于熔池，有利于消除氢气孔。

(4)硫、磷的限制。为防止从熔渣向液态金属过渡 S、P，并引起焊缝热裂或冷脆，焊剂中的 S、P 含量均应限制在 0.10% 以下。

 项目实施

一、准备工作

(一)劳动保护

与焊条电弧焊基本一样，只是不需要面罩和护目镜。

(二)设备的检查与调试

焊前应检查设备连接的动力线、焊接电缆接头是否松动，接地线是否连接妥当；检查焊接小车、焊接操作架、滚轮架等运行是否正常；检查各种开关、按钮是否正常；检查各个仪表指示是否正常，并根据焊接工艺预调好焊接参数；最重要的是检查送丝机构是否正常，检查导电嘴的磨损情况，是否能可靠夹持焊丝使导电正常保持焊接参数平稳。一切检查无误后，再按焊机的操作顺序进行焊接操作。

(三)焊接材料的准备

严格清理焊丝表面的油、锈、水,以免造成焊接气孔。检查焊丝盘中的焊丝是否有序盘绕,数量能否够用焊接一道完整焊缝,若不能应及时更换。

焊剂在运输及储存过程中容易吸潮,在使用前必须按规定烘干。熔炼焊剂要求在 200 ℃～250 ℃烘干并保温 1～2 小时;烧结焊剂要求在 300 ℃～400 ℃烘干并保温 2 小时。烘干后应立即使用,回收利用的焊剂应过筛清除焊渣及杂质后才能重新使用。

(四)焊件的准备

1.焊接接头设计与坡口加工

(1)焊接接头设计。埋弧焊接头应根据结构特点(主要是焊件厚度)、材质特点和埋弧焊工艺特点综合进行设计。每一种接头的焊缝坡口的基本形式和尺寸现已标准化,不同厚度的焊接接头坡口形式应按标准《埋弧焊的推荐坡口》(GB/T 985.2－2008)进行选用。

若结构只能做单面焊,则开 V 形或 U 形坡口;若可做两面施焊,可开双 V(或 X)形或双 U 形坡口。在同样厚度下 V 形坡口较 U 形坡口消耗较多的填充金属,板越厚,消耗越多。但 U 形坡口加工费较高。一般情况下,板厚为 12～30 mm 时,开单 V 形坡口;板厚为 30 mm～50 mm 时,可开双面 V 形(X 形)坡口;板厚为 20 mm～50 mm 时,可开 U 形坡口;板厚为 50 mm 以上时,可开双面 U 形坡口。

(2)坡口加工。坡口的加工可以用机械方法和热切割方法进行。机械加工的坡口,加工后坡口处要去油污,热切割后要去熔渣。埋弧焊的坡口要求加工精度较高。

2.焊前和层间的清理

在焊接前须将坡口和焊接部位表面的锈蚀、油污、氧化皮、水分及其他对焊接有害物质清除干净,方法可以是手工清除,如用钢丝刷、风动或电动的手提砂轮或钢丝轮等;也可用机械清除,如喷砂(丸)等,或用气体火焰烘烤法。在焊接下一焊道之前,必须将前一焊道的熔渣、表面缺陷、弧坑及焊接残余物,用刷、磨、挫、凿等方法去除掉。

3.组装和定位焊

(1)接头组装。接头组装是指组合件或分组件的装配,它直接影响焊缝质量、强度和变形。当厚板埋弧焊时需严格控制组装质量,接头必须均匀地对准,并具有均匀的根部间隙,应严格控制错边和间隙的偏差。当出现局部间隙过大时,可用性能相近的焊条电弧焊修补。不允许随便塞进金属垫片或焊条头等。为防止开裂,应尽量避免强行组装后进行定位焊。

(2)定位焊。定位焊是为装配和固定焊件接头的位置而进行的焊接。通常由焊条电弧焊来完成,使用与母材性能相接近而抗裂抗气孔性能好的焊条。焊缝的位置一般在第一道埋弧焊焊缝的背面,板厚小于 25 mm 的定位焊缝长为 50～70 mm,间距为 300～500 mm;板厚大于 25 mm,其焊缝长为 70～100 mm,间距为 200～300 mm。施焊时注意防止钢板变形,高强度钢、低温钢易产生焊缝裂纹,焊前要预热。所有定位焊焊后需清渣,有缺陷的定位焊缝在埋弧焊前必须除掉,还必须保证埋弧焊也能将定位焊缝完全熔化。

4.引弧板与引出板

为了在焊接接头始端和末端获得正常尺寸的焊缝截面,在直缝始、末端焊前装配一块金属板,开始焊接用的板称为引弧板,结束焊接用的板称为引出板,如果焊件带有焊接试板,应将其与工件装配在一起施焊,焊接完成后再把它们割掉,如图 2-25 所示。

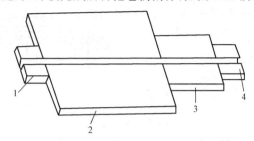

图 2-25 焊接试板、引弧板、引出板在焊件上的安装位置

1—引弧板;2—工件;3—焊接试件;4—引出板

通常始焊和终焊处最易产生焊接缺陷,如焊瘤、弧坑等,使用引弧板和引出板就是把焊缝两端向外延长,避免这些缺陷落在接头的始末端,从而保证了整条焊缝质量稳定均匀。

引弧板和引出板宜用与母材同质材料,以免影响焊缝化学成分,其坡口形状和尺寸也应与母材相同。引弧板和引出板尺寸的确定,是在长度方面要足以保证工件的焊缝金属在接头的两端有合适的形状,宽度方向足以支托所需的焊剂。

5. 焊接衬垫与打底焊道

(1)焊接衬垫。为了防止烧穿、保证接头根部焊透和焊缝背面成型,沿接头背面预置的一种衬托装置称为焊接衬垫。按使用时间分,埋弧焊接用的衬垫有可拆的和永久的。前者属临时性衬垫,焊后须拆除掉;后者与接头焊成一体,焊后不拆除。

1)永久衬垫。永久衬垫是用与母材相同的材料制成的板条或钢带,简称垫板。在装配间隙过大时,如安装现场,最后合拢的焊缝其间隙不易控制情况下,可采用这种衬垫。目的是防止烧穿,同时也便于装配;在单面焊时,焊后无法从背面拆除衬垫的情况下也可采用。垫板的厚度视母板厚度而定,一般为 3～10 mm,其宽度为 20～50 mm。为了固定垫板,须采用短的断续定位焊;垫板与母材板边须紧贴,否则根部易产生夹渣。不等厚板对接时可用锁边坡口,如图 2-26 所示。其作用与垫板相同。

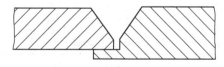

图 2-26 锁边坡口

永久衬垫成为接头的组成部分,使接头应力分布复杂化,主要在根部存在应力集中。垫板与母材之间存在缝隙,易积垢纳污引起腐蚀,重要的结构一般不用。

2)可拆衬垫。根据用途和焊接工艺而采用各种形式的可拆衬垫,平板对接时应用最多的是焊剂垫和焊剂—铜垫,其次是移动式水冷铜衬垫和热固化焊剂垫。

①焊剂垫。双面埋弧焊焊接正面第一道焊缝时,在其背面常使用焊剂垫以防止烧穿和泄漏。图 2-27 所示是其中两种结构形式,适用于批量较大,厚度在 14 mm 以上的钢板对接。单件小批生产时,可使用较为简易的临时性工艺垫,如图 2-28 所示。进行反面焊时须把临时工艺垫去掉。

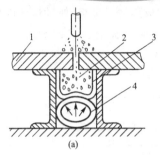
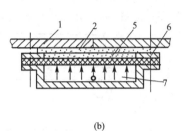

图 2-27 焊剂垫结构

1—工件；2—焊剂；3—帆布；4—充气软管；5—橡胶膜；6—压板；7—气室

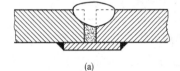
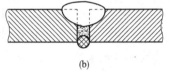
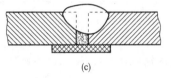

(a)　　　　　　　　　(b)　　　　　　　　　(c)

图 2-28 临时性工艺垫结构

(a)薄钢带垫；(b)石棉绳垫；(c)石棉板垫

单面焊用的焊剂垫必须既要防止焊接时烧穿，还要保证背面焊道强制成型。这就要求焊剂垫上托力适当且沿焊缝分布均匀。

②焊剂—铜垫。焊剂—铜垫是单面焊背面成型埋弧焊工艺常使用的衬垫之一，是在铜垫表面上撒上一层 3～8 mm 焊剂的装置，如图 2-29 所示。铜垫应带沟槽，其形状和尺寸见表 2-4。沟槽起强制焊缝背面成型作用，而焊剂起保护铜垫作用，其颗粒宜细些，牌号可与焊正式焊缝用的相同。这种装置对焊剂上托力均匀与否要求不高。

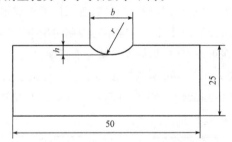

图 2-29 铜衬垫的截面形状

表 2-4 铜衬垫的截面尺寸　　　　　　　　　　　　　　　　　　mm

焊件厚度	槽宽	槽深	槽曲率半径
4～6	10	2.5	7.0
6～8	12	3.0	7.5
8～10	14	3.5	9.5
12～14	18	4.0	12

③水冷铜垫。铜热导率较高，直接用作衬垫有利于防止焊缝金属与衬垫熔合。铜衬垫应具有较大的体积，以散失较多热量防止熔敷第一焊道时发生熔化。在批量生产中应做成能通冷却水的铜衬垫，以排除在连续焊接时积累的热量。铜衬垫上可以开成型槽以控制焊缝背面的形状和余高。无论有无水冷却，焊接时均不许电弧接触铜衬垫。长焊缝焊接可以做成移动

式的水冷铜垫,如图 2-30 所示。它是一短的水冷铜滑块,其长度以焊接熔池底部能凝固不焊漏为宜,把它安装在焊件接缝的背面,位于电弧下方,靠焊接小车上的拉紧弹簧,通过焊件的装配间隙(一般 3~6 mm)将其强制紧贴在焊缝背面。随同电弧一起移动,强制焊缝背面成型。这种装置适用于焊接 6~20 mm 板厚的平对接接头。其优点是一次焊成双面成型,使生产效率提高;缺点是铜衬垫磨损较大,填充金属消耗多。

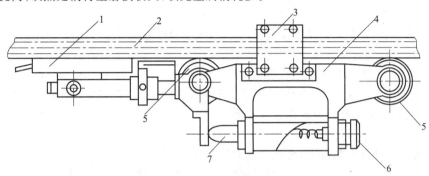

图 2-30　移动式水冷铜垫

1—铜滑块;2—工件;3—拉片;4—拉紧滚轮架;5—滚轮;6—夹紧调节装置;7—顶杆

④热固化焊剂衬垫。热固化焊剂衬垫实际上就是在一般焊剂中加入一定比例的热固化物质做成具有一定刚性但可挠曲的板条,适用具有曲面的板对接焊,使用时把它紧贴在接缝的底面,焊接时一般不熔化,故对熔池起着承托作用并帮助焊缝成型。图 2-31(a)所示是这种衬垫的构造,每一条衬垫长度约为 600 mm;图 2-31(b)所示是衬垫的承托装配示意,靠磁铁夹具进行固定。

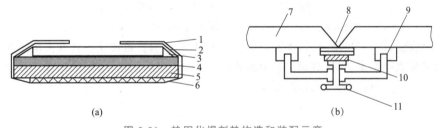

(a)　　　　　　　　　　　　(b)

图 2-31　热固化焊剂垫构造和装配示意

(a)构造;(b)装配示意

1—双面粘贴带;2—热收缩薄膜;3—玻璃纤维布;4—热固化焊剂;5—石棉布

6—弹性垫;7—焊件;8—焊剂垫;9—磁铁;10—托板;11—调节螺钉

(2)打底焊道。焊接有坡口的对接接头时,在接头根部焊接的第一条焊道,称为打底焊道。使用打底焊道的主要目的是保证埋弧焊能焊透而又不至于烧穿。其作用与焊接衬垫基本相同。通常是在难以接近、接头熔透或装配不良、焊件翻转困难而又不便使用其他衬垫方法时使用。焊接方法可以是焊条电弧焊、等离子弧焊或 TIG 焊等。使用的焊条或填充焊丝必须使其焊缝金属具有相似埋弧焊焊缝金属的化学成分和性能。焊完打底焊道之后,须打磨或刨削接头根部,以保证在无缺陷的清洁金属上熔敷第一道正面埋弧焊缝。

如果打底焊道的质量符合要求,则可保留作为整个接头的一部分。焊接质量要求高时,应将打底焊道除掉,然后焊上永久性的埋弧焊缝。

二、焊接工艺参数的选择

影响焊缝形状及尺寸的工艺参数包括焊接参数、工艺因素和结构因素三个方面。

(一)焊接参数

埋弧焊的焊接参数主要是焊接电流、电弧电压和焊接速度等。

1.焊接电流

焊接电流对焊缝形状及尺寸的影响如图 1-29 所示。熔深 H 几乎与焊接电流成正比,其余条件相同时,减小焊丝直径,可使熔深增加而缝宽减小。为了获得合理的焊缝成型,通常在提高焊接电流的同时,相应地提高电弧电压。

2.电弧电压

在其他条件不变的情况下,电弧电压对焊缝形状及尺寸的影响如图 1-29 所示。电弧电压与电弧长度有正比关系。在埋弧焊接过程中,为了电弧燃烧稳定总要求保持一定的电弧长度,若弧长比稳定的弧长偏短,意味着电弧电压相对于焊接电流偏低,这时焊缝变窄而余高增加;若弧长过大,即电弧电压偏高这时电弧出现不稳定,缝宽变大,余高变小,甚至出现咬边。在实际生产中,焊接电流增加时,电弧电压也相应增加,或熔深增加的同时,熔宽也相应增加。

3.焊接速度

在其他条件不变的情况下,焊接速度对焊缝形状及尺寸的影响如图 1-29 所示。提高焊接速度则单位长度焊缝上输入热量减小,加入的填充金属量也减少,于是熔深减小、余高降低和焊道变窄。过快的焊接速度减弱了填充金属与母材之间的熔合并加剧咬边、电弧偏吹、气孔和焊道形状不规则的倾向。较慢的焊速使气体有足够时间从正在凝固的熔化金属中逸出,从而减少气孔倾向。但过低的焊速又会形成凹形焊道,引起焊道波纹粗糙和夹渣。在实际生产中,为了提高生产率,在提高焊接速度的同时必须加大电弧的功率(同时加大焊接电流和电弧电压),才能保证稳定的熔深和熔宽。

(二)工艺因素

工艺因素主要是指焊丝倾角、焊件斜度和焊剂层的宽度与厚度等。

1.焊丝倾角

通常认为焊丝垂直水平面的焊接为正常状态,若焊丝在前进方向上偏离垂线,如产生前倾或后倾,其焊缝形状是不同的,后倾焊熔深减小,熔宽增加,余高减少,前倾恰相反。

2.焊件斜度

焊件斜度是指焊件倾斜后使焊缝轴线不处在水平线上,出现了俗称的上坡焊或下坡焊。上坡焊随着斜角 β 增加重力引起熔池向后流动,母材的边缘熔化并流向中间,熔深和熔宽减小,余高加大。当倾斜度 $\beta>6°\sim12°$ 时,余高过大,两侧出现咬边,成型明显恶化。应避免上坡焊,或限制倾角小于 $6°$。下坡焊效果与上坡焊相反,若 β 过大,焊缝中间表面下凹,熔深减小,熔宽加大,就会出现未焊透、未熔合和焊瘤等缺陷。在焊接圆筒状工件的内、外环径时,一般都采用下坡焊,以减少烧穿的可能性,并改善焊缝成型。厚 $1\sim3$ mm 薄板高速焊接,$\beta=15°\sim18°$,下坡焊效果好。随着板厚增加,下坡焊斜角相应减小,以加大熔深。侧面倾斜也对焊缝形状造成影响,一般侧向焊件斜度应限制在 $3°$ 内。

3.焊剂层厚度

当正常焊接条件下,被熔化焊剂的质量约与被熔化的焊丝的质量相等。焊剂层太薄时,则电弧露出,保护不良,焊缝熔深浅,易生气孔和裂纹等缺陷。过厚则熔深大于正常值,且出现峰形焊道。在同样条件下用烧结焊剂焊的熔深浅,熔宽大,其熔深仅为熔炼焊剂的70%～90%。

4.焊剂粗细

焊剂粒度增大时,熔深和余高略减,而熔宽略增,即焊缝成型系数 φ 和余高系数增大,而熔合比 γ 稍减。

5.焊丝直径

在其他工艺参数不变的情况下,减小焊丝直径,意味着焊接电流密度增加、电弧变窄,因而焊缝熔深增加,宽深比减小。

6.极性

直流正极性(焊件接正极)焊缝的熔深和熔宽比直流反接的小,而交流电介于两者之间。

综合上述,各焊接工艺参数对焊缝形状的影响见表2-5。

表2-5　埋弧焊焊接工艺参数对焊缝成型的影响

焊缝特征	下列各项值增大时焊缝特征的变化										
	焊接电流 ≤1 500 A	焊丝直径	电弧电压/V		焊接速度/(m·h⁻¹)		焊丝后倾角度	焊件倾斜角度		间隙和坡口	焊剂粒度
			22～34	35～60	10～40	40～100		下坡焊	上坡焊		
熔深 S	剧增	减	稍增	稍减	稍增	减	剧减	减	稍增	几乎不变	稍减
熔宽 c	稍增	增	增	剧增(正接例外)	减		增	增	稍减	几乎不变	稍增
余高 h	剧增	减	减	稍增	减	减	增	减	稍减		
焊缝成型系数 φ	剧减	增		剧增(正接例外)	减	稍减	剧减	增	减	几乎不变	增
余高系数 ψ	剧减	增	增	剧增(正接例外)	减		剧增	增	减	增	增
母材熔合比 γ	剧增	减	稍增	几乎不变	剧增	增	减	减	稍增	减	稍减

(三)结构因素

结构因素主要是指接头形式、坡口形状、装配间隙和工件厚度等对焊缝形状与尺寸的影响。

增大坡口深度或宽度,或增大装配间隙时,相当于焊缝位置下沉,其熔深略增,熔宽略减,余高和熔合比则明显减小。因此,可以通过改变坡口的形状、尺寸和装配间隙来调整焊缝金属成分和控制余高。

工件厚度 t 和散热条件对焊缝形状也有影响,当熔深 $H \leqslant 0.8t$ 时,板厚与工件散热条件对熔深影响很小,但散热条件对熔宽及余高有明显影响。用同样的工艺参数在冷态厚板上施焊时,所得的焊缝比在中等厚度板上施焊时的熔宽较小而余高较大。当熔深接近板厚时,底部散热条件及板厚的变化对熔深的影响变得明显,焊缝根部出现热饱和现象而使熔深增大。

三、埋弧焊技术

熔深大是自动埋弧焊接的基本特点,若不开坡口不留间隙对接单面焊,一次能熔透14 mm以下的焊件;若留5~6 mm间隙就可熔透20 mm以下的焊件。因此,可按焊件厚度和对焊透的要求决定是采用单面焊还是双面焊,是开坡口焊还是不开坡口焊。

1.对接焊缝单面焊(工艺)

当焊件翻转有困难或背面不可而无法进行施焊的情况下须做单面焊。无须焊透的焊接工艺最为简单,可通过调节焊接工艺参数、坡口形状与尺寸及装配间隙大小来控制所需的熔深,是否使用焊接衬垫则由装配间隙大小来决定。要求焊透的单面焊必须使用焊接衬垫,使用焊接衬垫的方式与方法前面已讲述。应根据焊件的重要性和背面可达程度而选用。表2-6、表2-7给出了常用工艺方法的焊接工艺参数(供参考)。

表2-6 焊剂垫上单面焊双面成形的埋弧焊工艺参数

钢板厚度/mm	装配间隙/mm	焊丝直径/mm	焊接电流/A	电弧电压/V	焊接速度/(m·h⁻¹)	焊剂垫压力/MPa
2	0~1.0	1.6	120	24~28	43.5	0.08
3	0~1.5	2	275~300	28~30	44	0.08
		3	400~425	25~28	70	
4	0~1.5	2	375~400	28~30	40	0.10~0.15
		4	525~550	28~30	50	
5	0~2.5	2	425~450	32~34	35	0.10~0.15
		4	575~625	28~30	46	
6	0~3.0	2	475	32~34	30	0.10~0.15
		4	600~650	28~32	40.5	
7	0~3.0	4	650~700	30~34	37	0.10~0.15
8	0~3.5	4	725~775	30~36	34	0.10~0.15

表2-7 焊剂—铜垫单面焊双面成形的埋弧焊工艺参数

钢板厚度/mm	装配间隙/mm	焊丝直径/mm	焊接电流/A	电弧电压/V	焊接速度/(m·h⁻¹)
3	2	3	380~420	27~29	47
4	2~3	4	450~500	29~31	40.5
5	2~3	4	520~560	31~33	37.5
6	3	4	550~600	33~35	37.5
7	3	4	640~680	35~37	34.5
8	3~4	4	680~720	35~37	32
9	3~4	4	720~780	36~38	27.5
10	4	4	780~820	38~40	27.5
12	4	4	850~900	39~41	23
14	5	4	880~920	39~41	21.5

2.对接焊缝双面焊

工件厚度超过 12 mm 的对接接头,通常采用双面埋弧焊,不开坡口可焊到厚为 20 mm 左右,若预留间隙,厚度可达 50 mm。埋弧焊焊接第一面时,为防止焊缝烧穿或流溢,应采取一定措施,根据所用的措施不同可分为悬空焊、在焊剂垫上焊和临时工艺垫焊等方法。

(1)悬空焊。一般不留间隙或间隙不大于 1 mm。第一面焊接时焊接参数不能太大,熔深应小于或等于焊件厚度的一半,反面焊接的熔深要求达到焊件厚度的 60%~70%,以保证完全焊透。

(2)在焊剂垫上焊。焊接第一面时,采用预留间隙不开坡口的方法最经济,应尽量采用。所用的焊接工艺参数应保证第一面的熔深达到焊件厚度的 60%~70%,待翻转焊件焊反面焊缝时,采用同样的焊接工艺参数即能保证完全焊透。焊反面焊缝前是否对正面焊缝清根,根据对焊缝质量的要求而定。表 2-8 列出不开坡口预留间隙对接缝双面埋弧焊的工艺参数。表 2-9 为开坡口双面埋弧焊接的工艺参数。

表 2-8 预留间隙双面埋弧焊的焊接工艺参数

钢板厚度/mm	装配间隙/mm	焊丝直径/mm	焊接电流/A	电弧电压/V	焊接速度/(m·h⁻¹)
14	3~4	5	700~750	34~36	30
16	3~4	5	700~750	34~36	27
18	4~5	5	750~800	36~40	27
20	4~5	5	850~900	36~40	27
24	4~5	5	900~950	38~42	25
28	5~6	5	900~950	38~42	20
30	6~7	5	950~1 000	40~44	16
40	8~9	5	1 100~1 200	40~44	12
50	10~11	5	1 200~1 300	44~48	10

表 2-9 开坡口双面埋弧焊的焊接工艺参数

焊件厚度/mm	坡口形式	焊件直径/mm	焊接顺序	坡口尺寸 $a/(°)$	b/mm	p/mm	焊接电流/A	电弧电压/V	焊接速度/(m·h⁻¹)
14		5	正 反	70	3	3	830~850 600~620	36~38 36~38	25 45
16		5	正 反	70	3	3	830~850 600~620	36~38 36~38	20 45
18		5	正 反	70	3	3	830~860 600~620	36~38 36~38	20 45
22		6 5	正 反	70	3	3	1 050~1 150 600~620	38~40 36~38	18 45
24		6 5	正 反	70	3	3	1 100 800	38~40 36~38	24 28
30		6	正 反	70	3	3	1 000 900~1 000	36~40 36~38	18 20

（3）在临时工艺垫上焊。通常是单件或小批生产时，不开坡口预留间隙对接双面焊时使用临时性工艺垫。若正反面采用相同焊接工艺参数，为了保证焊透则要求每一面焊接时熔深达板厚的 60%～70%。反面焊之前应清除间隙内的焊剂或焊渣。

3. 角焊缝的埋弧焊接工艺

焊接 T 形接头、搭接接头和角接接头的角焊缝时，最理想的焊接方法是船形焊，其次是横角焊。

（1）船形焊。船形焊是把角焊缝处于平焊位置进行焊接的方法，相当于开 90°V 形坡口平对焊，如图 2-32 所示，通常采用左右对称的平焊（角焊缝两边与垂线各成 45°），适用于焊脚尺寸大于 8 mm 的角焊缝的埋弧焊接。一般间隙不超过 1.5 mm，否则必须采取防止烧穿或铁水和熔渣流失的措施。

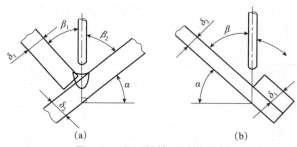

图 2-32 船形焊缝埋弧焊示意

(a)T 形接头；(b)搭接接头

（2）横角焊。焊脚尺寸小于 8 mm 可采用横角焊或当焊件的角焊缝不可能或不便于采用船形焊时，也可采用横角焊，如图 2-33 所示。这种焊接方法有装配间隙也不会引起铁水或熔渣的流淌，但焊丝的位置对角焊缝成型和尺寸有很大影响。一般偏角 α 为 30°～40°，每一道横角焊缝截面面积一般不超过 40～50 mm²。相当于焊脚尺寸不超过 8 mm×8 mm，否则会产生金属溢流和咬边。大焊脚尺寸的须用多道焊。表 2-10 为横角焊的焊接工艺参数。

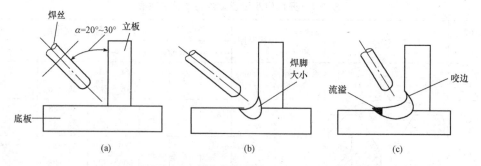

图 2-33 横角焊焊缝埋弧焊示意

(a)示意；(b)焊丝与立板间距过大；(c)焊丝与立板间距过小

表 2-10 横角焊的焊接工艺参数

焊脚尺寸/mm	焊丝直径/mm	焊接电流/A	电弧电压/V	焊接速度/(m·h⁻¹)
3	2	200～220	25～28	60
4	2	280～300	28～30	55
4	3	350	28～30	55

焊脚尺寸/mm	焊丝直径/mm	焊接电流/A	电弧电压/V	焊接速度/(m·h⁻¹)
5	2	375～400	30～32	55
5	3	450	28～30	55
7	2	375～400	30～32	28
7	3	500	30～32	28

4.筒体对接环缝焊

锅炉、压力容器和管道等多为圆柱形筒体,筒体之间对接的环焊缝常采用自动埋弧焊来完成,一般都要求焊透。

若双面焊,则先焊内环缝后焊外环缝。焊接内环缝时,焊接接头须在筒体内部施焊,在背(外)面采用焊剂垫,图 2-34 所示是其中一种的示意。在焊接外环缝之前,必须对已焊内环缝清根,最常用的方法是碳弧气刨,既可清除残渣和根部缺陷,还开出沟槽,像坡口一样保证熔透和改善焊缝成型。外环缝的焊接是机头在筒体外面上方进行的,无须焊接衬垫,如图 2-35 所示。为了保证内外环缝成型良好和焊透,使焊接熔池和熔渣有足够的凝固时间,焊接时,焊丝都应根据筒体直径大小,在逆筒体转动方向偏离中形心垂线一个距离 e。偏距 e 一般为 30～80 mm。

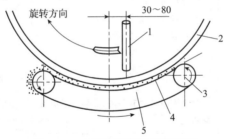

图 2-34　内环缝埋弧焊焊接示意

1—焊丝;2—焊件;3—辊轮;4—焊剂垫;5—传动带

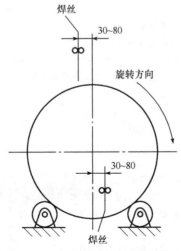

图 2-35　环缝埋弧焊焊丝偏移位置示意

四、埋弧焊的常见缺陷及防止方法

埋弧焊常见缺陷有焊缝成型不良、咬边、未熔合、未焊透、气孔、裂纹和夹渣等,它们产生的原因、防止方法见表2-11。

表 2-11　埋弧焊常见缺陷的产生原因及其防止方法

缺陷名称		产生原因	防止方法
焊缝表面成型不良	宽度不均匀	1.焊接速度不均匀; 2.焊丝给送速度不均匀; 3.焊丝导电不良	1.找出原因排除故障; 2.找出原因排除故障; 3.更换导电嘴衬套(导电快)
	堆积高度过大	1.电流太大而电流过低; 2.上坡焊时倾角过大; 3.环缝焊接位置不当(相对于焊件直径和焊接速度)	1.调节焊接参数; 2.调整上坡焊倾角; 3.相对于一定的焊件直径和焊接速度,确定适当的焊接位置
	焊缝金属漫溢	1.焊接速度过慢; 2.电压过大; 3.下坡焊时倾角过大; 4.环缝焊接位置不当; 5.焊接时前部焊剂过少; 6.焊丝向前弯曲	1.调节焊速; 2.调节电压; 3.调整下坡焊倾角; 4.相对于一定的焊件直径和焊接速度,确定适当的焊接位置; 5.调整焊剂覆盖状况; 6.调节焊丝矫直部分
	焊缝中间凸起两边凹陷	焊剂圈过低并有黏渣,焊接时熔渣被黏渣托压	提高焊剂圈,使焊剂覆盖高度达30～40 mm
咬边		1.焊丝位置或角度不正确; 2.焊接参数不当	1.调整焊丝; 2.调节焊接参数
未熔合		1.焊丝未对准; 2.焊缝局部弯曲过甚	1.调整焊丝; 2.精心操作
未焊透		1.焊接参数不当(电流过小或电弧电压过高); 2.坡口不合适; 3.焊丝未对准	1.调整焊接参数; 2.修正坡口; 3.调节焊丝
气孔		1.接头未清理干净; 2.焊剂潮湿; 3.焊剂(尤其是焊剂垫)中混有垃圾; 4.焊剂覆盖层厚度不当或焊剂都阻塞; 5.焊丝表面清理不干净; 6.电压过高	1.接头必须清理干净; 2.焊剂按规定烘干; 3.焊剂必须过筛、吹灰; 4.调节焊剂覆盖层高度,疏通焊剂斗; 5.焊丝必须清理,清理后应尽快使用; 6.调整电压

缺陷名称	产生原因	防止方法
夹渣	1.多层焊时,层间清渣不干净; 2.多层分道焊时,焊丝位置不当	1.层间彻底清渣; 2.每层焊后发现咬边夹渣必须清理修复
裂纹	1.焊件、焊丝、焊剂等材料配合不当; 2.焊丝中含碳、硫量较高; 3.焊接区冷却速度过快而致热影响区硬化; 4.多层焊的第一道焊缝截面过小; 5.焊缝成型系数太小; 6.角焊缝熔深太大; 7.焊接顺序不合理; 8.焊件刚度大	1.合理选配焊接材料; 2.选用合格焊丝; 3.适当降低焊速以及焊前预热和焊后缓冷; 4.焊前适当预热或减小电流,降低焊速; 5.调整焊接参数和改进坡口; 6.调整焊接参数和改变极性; 7.合理安排焊接顺序; 8.焊前预热及焊后缓冷
烧穿	焊接参数及工艺因数选择不当	选择适当规范

 知识拓展

埋弧焊的其他方法如下。

一、附加填充金属的埋弧焊

在保证焊接质量的前提下,提高熔敷速度就可以提高焊接生产率。在常规埋弧焊焊接时,要提高熔敷速度,就要加大焊接电流,即加大了电弧功率。使焊接熔池变大,母材熔化量随之增加,导致焊缝化学成分发生变化,同时,热影响区扩大并使接头性能恶化。

附加填充金属的埋弧焊,是一种既能提高熔敷速度,又不使接头性能变差的有效焊接方法,这种方法使用的焊接设备和焊接工艺与普通埋弧焊基本相同。其基本做法是在坡口中预先加入一定数量的填充金属再进行埋弧焊,填充金属可以是金属粉末,也可以是金属颗粒或切断的短焊丝。在常规埋弧焊时,只有10%~20%的电弧能量用于填充焊丝的熔化,其余的能量用于熔化焊剂和母材及使焊接熔池过热。因此,可以用过剩的能量用于熔化附加的填充金属,以提高焊接生产率。单丝埋弧焊时熔敷速度可提高60%~100%;深坡口焊接时,可减少焊接层数,减小热影响区,降低焊剂消耗。由于附加填充金属埋弧焊熔敷率高、稀释率低,非常适用于表面堆焊和厚壁焊缝坡口的填充层焊接。

二、多丝埋弧焊

多丝埋弧焊是同时使用两根或两根以上焊丝完成同一条焊缝的埋弧焊方法。它既能保证获得合理的焊缝成型和良好的焊缝质量,又能大大提高焊接生产率。采用多丝埋弧焊焊接厚板时可实现一次焊透,使总的热输入量比单丝多层焊时少。因此,多丝埋弧焊与常规埋弧焊相比具有焊接速度快、耗能少、填充金属少等特点。目前,我国工业生产中应用最多的是双丝和三丝埋弧焊,而国外在一些厚板焊接生产中,可同时进行3~10根焊丝的埋弧焊。

三、带极埋弧焊

带极埋弧焊是利用矩形截面的金属带取代圆形截面的焊丝做电极的一种埋弧焊方法。其主要目的是提高焊缝金属的熔敷率和改善焊缝成型。宽的金属带适用表面堆焊，窄的金属带多用于接缝的焊接。带极埋弧焊所用设备与丝极埋弧焊几乎相同，只需对送丝装置、导电嘴等做适当改进即可。根据焊接材料的不同，带极埋弧焊可以使用直流焊接电源，也可以使用交流焊接电源。

四、窄间隙埋弧焊

窄间隙埋弧焊是由窄间隙气电立焊演变而成的，是近年发展起来的一种高效、省时和节能的厚板焊接的方法。焊接时，采用 I 形或接近 I 形坡口单面焊，其间隙为 20～30 mm，比普通埋弧采用 U 形或双 U 形坡口焊接同样厚度板，可节省大量填充金属和焊接时间。同时，焊接热输入也减小，改善了接头韧性和减少了焊接变形，从而提高了焊接质量。但是，窄间隙埋弧焊对装配质量、焊接技能要求非常高，要有精确的焊丝位置（能自动对中）。对焊剂的脱渣性要求高，当出现缺陷，进行焊接修补困难。

埋弧焊的
其他方法

项目小结

埋弧焊主要用于水平位置及倾斜角度不大的焊缝的焊接，无论是对接、角接和搭接接头都可以。通过与一定的工艺装备相配合，目前环形横焊缝也可以采用埋弧焊焊接。

适合埋弧焊的材料主要是碳素结构钢、低合金结构钢、不锈钢、耐热钢及某些有色金属，主要应用在造船、锅炉、压力容器、大型金属结构和工程机械等领域。

综合训练

一、填空题

1. 埋弧焊机的自动调节按送丝方式不同可分为_____和_____两种调节系统。

2. 埋弧焊机主要由_____、_____、_____、_____和_____等几部分组成。

3. 埋弧焊焊剂按制造方法可分为_____和_____两大类。

4. 电弧自身调节系统应配用具有_____外特性的焊接电源，电弧电压反馈调节系统应配用_____外特性的焊接电源。

5. 埋弧焊焊接工艺参数包括_____、_____、_____、_____、_____、_____等。

6. 埋弧焊焊接低碳钢时，常用的焊丝牌号为_____、_____、_____等几种。

7. 熔炼焊剂的优点有_____、_____、_____、_____等；但其缺点是_____。

8. 埋弧焊常见的缺陷有焊缝成型不良、_____、未焊透、气孔、裂纹、_____、烧穿焊瘤及塌陷等。

二、选择题

1. 不属于埋弧焊的优点的是（　　）。

   A. 焊接生产率高　　B. 焊缝质量好　　C. 施焊位置广　　D. 劳动条件好

2. 埋弧焊电源的负载持续率是（　　　）。

　　A. 60％　　　　　　　B. 80％　　　　　　　C. 100％　　　　　　　D. 40％

3. 埋弧焊时焊丝及工件表面清理不干净容易产生（　　　）焊接缺陷。

　　A. 裂纹　　　　　　　B. 夹渣　　　　　　　C. 气孔　　　　　　　D. 未熔合

4. 埋弧焊时焊接电压主要影响焊缝的（　　　）。

　　A. 熔深　　　　　　　B. 余高　　　　　　　C. 宽度　　　　　　　D. 夹渣

5. 埋弧焊常用焊丝 H08MnA 中的"08"表示（　　　）。

　　A. 含碳量 0.8％　　　　　　　　　　　B. 含碳量 0.08％

　　C. 含碳量 0.008％　　　　　　　　　　D. 含碳量 8％

6. 埋弧焊收弧的顺序是（　　　）。

　　A. 先停焊接小车，然后切断电源，同时停止送丝

　　B. 先停止送丝，然后切断电源，再停止焊接小车

　　C. 先切断电源，然后停止送丝，再停止焊接小车

　　D. 先停止送丝，然后停止焊接小车，同时切断电源

7. 埋弧焊时，在其他焊接参数不变的情况下，焊接电流增大，焊缝的（　　　）。

　　A. 熔深与熔宽都明显增大　　　　　　　B. 熔深减小、熔宽增加

　　C. 熔深增加、熔宽变化不大　　　　　　D. 熔深不变、熔宽增大

8. 埋弧焊上坡焊时，焊缝的（　　　）。

　　A. 熔深和余高增加　　　　　　　　　　B. 熔深减小、余高增加

　　C. 熔深增加、余高减小　　　　　　　　D. 熔深增加、余高不变

9. 埋弧焊焊接内外环形焊缝时，焊丝位置应（　　　）。

　　A. 对正筒体中心线

　　B. 焊内环逆转动方向偏移、焊外环顺转动方向偏移

　　C. 顺转动方向偏移一定距离

　　D. 逆转动方向偏移一定距离

10. 埋弧焊时熔炼焊剂一般要求烘干到（　　　）。

　　A. 100 ℃～150 ℃　　　　　　　　　　B. 150 ℃～200 ℃

　　C. 200 ℃～250 ℃　　　　　　　　　　D. 350 ℃～400 ℃

三、判断题（正确的画"√"，错误的画"×"）

1. 埋弧焊比较适合焊接薄板和短焊缝。　　　　　　　　　　　　　　　　（　　　）

2. 埋弧焊电弧电压反馈自动调节系统应该配用具有陡降外特性的焊接电源。（　　　）

3. 埋弧焊时使用任何一种焊剂都能向焊缝添加合金元素。　　　　　　　　（　　　）

4. 埋弧焊在焊接工艺条件不变的情况下，焊件装配间隙与坡口增大，会使熔合比与余高增大。　　　　　　　　　　　　　　　　　　　　　　　　　　　　　　（　　　）

5. 埋弧焊时使用焊剂垫的作用是防止焊缝被烧穿。　　　　　　　　　　　（　　　）

6. 焊剂回收后，只要随时添加新焊剂并充分拌匀就可重新使用。　　　　　（　　　）

7. 埋弧焊必须使用直流焊接电源。　　　　　　　　　　　　　　　　　　（　　　）

8. 埋弧焊与焊条电弧焊相比，对气孔的敏感性小。　　　　　　　　　　　（　　　）

9. 埋弧焊引弧板和收弧板的大小，必须满足焊剂的堆放和使引弧点与收弧点的弧坑落在正常焊缝之外。　　　　　　　　　　　　　　　　　　　　　　　　　　　（　　　）

10.用埋弧焊无论焊接内环缝还是外环缝,焊丝位置都应顺焊件转动方向偏离中心线一定距离。 （　）

四、简答题

1.埋弧焊有哪些优点及缺点？

2.为什么埋弧焊时允许使用比焊条电弧焊大得多的焊接电流和电流密度？

3.什么是电弧自身调节系统？当弧长发生变化时,电弧自身调节系统如何进行调节？

4.电弧自身调节系统为什么需要配用平或缓降外特性的电源？

5.什么是电弧电压反馈自动调节系统？当弧长发生变化时,电弧电压反馈自动调节系统是如何进行调节的？

6.与焊条电弧焊相比,埋弧焊冶金过程有哪些特点？

7.低碳钢埋弧焊时焊丝与焊剂应如何选配？

8.埋弧焊时焊前准备应做哪些工作？其目的是什么？

9.如何选择埋弧焊的焊接工艺参数？各参数对焊接质量有何影响？

10.如何进行环焊缝的埋弧焊？

五、操作实训

1.熟悉常用埋弧焊机结构,掌握埋弧焊工艺参数的调节方法。

2.掌握埋弧焊的基本操作技能。

项目三 二氧化碳气体保护焊

 项目导入

油罐车的罐体为焊接结构件,主要由封头、筒身及附件(如法兰、开孔补强、接管、支座)等部分组成,一般是采用低碳钢板焊拼而成,如图3-1所示。

图 3-1　油罐车罐体

 项目分析

二氧化碳气体保护焊是利用CO_2作为保护气体的熔化极电弧焊方法,简称CO_2焊。二氧化碳(CO_2)气体保护焊具有成本低、效率高、抗氢气孔能力强、适合薄板焊接、易进行全位置焊等优点,在国内外获得广泛应用,已成为油罐车生产厂家主要的焊接方法。

本项目主要学习:

CO_2焊的原理、特点及应用;CO_2焊的冶金特性和焊接材料;CO_2焊工艺;CO_2焊设备;CO_2焊其他方法;CO_2焊的基本操作方法。

 知识目标

二氧化碳气体
保护焊场景

1.掌握CO_2焊的原理及特点,CO_2焊的焊接过程及冶金特点,焊接材料的选用,焊接工艺参数的选择;

2.熟悉CO_2焊设备的组成、操作使用和维护保养;

3.了解CO_2焊其他方法;

4.掌握CO_2气体保护焊的基本操作要点。

 能力目标

1.能够根据CO_2焊的使用要求,合理选择CO_2焊设备;

2.能够正确安装调试、操作使用和维护保养 CO_2 焊设备；

3.能够根据实际生产条件和具体的焊接结构及其技术要求,正确选择 CO_2 焊工艺参数及工艺措施；

4.能够分析焊接过程中常见工艺缺陷的产生原因,提出解决问题的方法；

5.能够进行 CO_2 焊基本操作。

 素质目标

1.利用现代化手段对信息进行学习、收集、整理的能力；

2.良好的表达能力和较强的沟通与团队合作能力；

3.良好的质量意识和劳模精神、劳动精神、工匠精神。

 相关知识

王中美—焊接战线上的铿锵玫瑰

一、CO_2 焊的原理、特点及应用

CO_2 焊以 CO_2 气体作为保护介质,使电弧及熔池与周围空气隔离,防止空气中氧、氮、氢对熔滴和熔池金属的有害作用,从而获得优良的保护性能。采用焊丝自动送丝,依靠焊丝与焊件之间的电弧热,进行自动或自半动焊接,生产效率高、质量稳定。CO_2 焊的原理示意如图3-2所示。

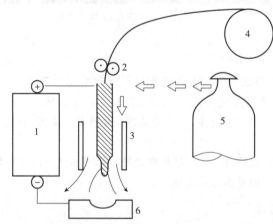

图 3-2　CO_2 焊的原理示意

1—直流电源；2—送丝机构；3—焊枪；4—焊丝盘；5—CO_2 气瓶；6—焊件

CO_2 焊采用 CO_2 气体作为保护气体,CO_2 是具有氧化性的活性气体,与其他熔化极气体保护焊相比,CO_2 焊具有如下一些特点：

(1)焊接成本低。CO_2 气体来源广,价格低,而且电能消耗少。

(2)抗裂性能好。对铁锈敏感性小,焊缝含氢量少。

(3)飞溅率较大,焊缝表面成形较差。特别当焊接工艺参数匹配不当时,更为严重。

(4)不能焊接易氧化的金属材料。电弧气氛有很强的氧化性。

(5)适用各种位置焊接。可用于平焊、立焊、横焊和仰焊及全位置焊。

CO_2 焊主要用于焊接低碳钢及低合金钢等钢铁材料,已在石油化工、机车和车辆制造、船舶制造、农业机械、矿山机械等行业得到了广泛的应用。

二、CO_2 焊的冶金特性

CO_2 焊所用的 CO_2 气体是一种氧化性气体,在高温下进行分解,具有强烈的氧化作用,把合金元素氧化烧损,造成气孔和飞溅。

(一)合金元素的氧化

CO_2 及其在高温分解出的氧,都具有很强的氧化性。随着温度的升高,氧化性增强。氧化反应的程度取决于合金元素在焊接区的浓度和它们对氧的亲和力。熔滴和熔池金属中 Fe 的浓度最大,Fe 的氧化比较激烈。Si、Mn、C 的浓度虽然较低,但它们与氧的亲和力比 Fe 大,所以也很激烈。

CO_2 气体在电弧高温作用下会发生分解:

$$CO_2 \rightarrow CO + O$$

CO_2、CO、和 O 这三种成分在电弧空间同时存在,CO 气体在焊接中不溶解于金属,也不与金属发生反应。CO_2 和 O 则能与铁和其他元素发生如下氧化反应。

1. 直接氧化

$$Fe + CO_2 = FeO + CO \uparrow$$
$$Si + 2CO_2 = SiO_2 + 2CO \uparrow$$
$$Mn + CO_2 = MnO + CO \uparrow$$

与高温分解的氧原子作用:

$$Fe + O = FeO$$
$$Si + 2O = SiO_2$$
$$Mn + O = MnO$$
$$C + O = CO \uparrow$$

FeO 可溶入液体金属成为杂质或与其他元素发生反应,SiO_2 和 MnO 成为熔渣能浮出,生成的 CO 从液体金属中逸出。

2. 间接氧化

与氧亲和力比 Fe 大的合金元素把氧从 FeO 中置换出来而自身被氧化。其反应如下:

$$2FeO + Si = 2Fe + SiO_2$$
$$FeO + Mn = Fe + MnO$$
$$FeO + C = Fe + CO \uparrow$$

生成的 SiO_2 和 MnO 变成熔渣浮出,其结果是液体金属中 Si 和 Mn 被烧损而减少。生成的 CO 在电弧高温下急剧膨胀,使熔滴爆破而引起金属飞溅。在熔池中的 CO 若逸不出来,便成为焊缝中的气孔。

所以直接和间接氧化的结果造成了焊缝金属力学性能降低,产生气孔和金属飞溅。

合金元素烧损、CO 气孔和飞溅是 CO_2 焊中三个主要问题。它们都与 CO_2 的氧化性有关,因此必须在冶金上采取脱氧措施予以解决。但金属飞溅除与 CO_2 气体的氧化性有关外,还与其他因素有关。

3.脱氧及焊缝金属合金化

由上述分析可以看出,在 CO_2 焊中,溶入液态金属的 FeO 是引起气孔、飞溅的主要因素。同时,FeO 残留在焊缝金属中将使焊缝金属的含氧量增加而降低力学性能。如果能使 FeO 脱氧,并在脱氧的同时对烧损掉的合金元素给予补充,则 CO_2 气体的氧化性所带来的问题基本上可以解决。

CO_2 焊所用的脱氧剂,主要有 Si、Mn、Al、Ti 等合金元素。实践表明,用 Si、Mn 联合脱氧时效果更好,可以焊出高质量的焊缝。目前,国内广泛应用的 H08Mn2SiA 焊丝,就是采用 Si、Mn 联合脱氧的。

加入焊丝中的 Si 和 Mn,在焊接过程中一部分直接被氧化和蒸发,另一部分耗于 FeO 的脱氧,剩余的部分则剩留在焊缝中,起焊缝金属合金化作用,所以焊丝中加入的 Si 和 Mn,需要有足够的数量。但焊丝中 Si、Mn 的含量过多也不可以。Si 含量过高会降低焊缝的抗热裂纹能力;Mn 含量过高会使焊缝金属的冲击韧度下降。

另外,Si 和 Mn 之间的比例还必须适当,否则不能很好地结合成硅酸盐浮出熔池,而会有一部分 SiO_2 或者 MnO 夹杂物残留在焊缝中,使焊缝的塑性和冲击韧度下降。

根据试验,焊接低碳钢和低合金钢用的焊丝,Si 的质量分数一般在 1% 左右。经过在电弧中和熔池中烧损和脱氧后,还可在焊缝金属中剩下 0.4%～0.5%。至于 Mn,焊丝中的质量分数一般为 1%～2%。

(二) CO_2 焊的气孔

CO_2 焊时,由于熔池表面没有熔渣覆盖,CO_2 气流又有冷却作用,因而熔池凝固比较快。另外,CO_2 焊所用电流密度大,焊缝窄而深,气体逸出时间长,故增加了产生气孔的可能性。可能出现的气孔有 CO 气孔、氮气孔和氢气孔。

1.CO 气孔

在焊接熔池开始结晶或结晶过程中,熔池中的 C 与 FeO 反应生成的 CO 气体来不及逸出,而形成 CO 气孔。这类气孔通常出现在焊缝的根部或接近表面的部位,且多呈针尖状。

CO 气孔产生的主要原因是焊丝中脱氧元素不足,并且含碳量过多。要防止产生 CO 气孔,必须选用含足够脱氧剂的焊丝,且焊丝中的含碳量要低,抑制 C 与 FeO 的氧化反应。如果母材的含碳量较高,则在工艺上应选用较大热输入的焊接参数,增加熔池停留的时间,以利于 CO 气体的逸出。

只要焊丝中有足够的脱氧元素,并限制焊丝中的含碳量,就能有效地防止 CO 气孔。

2.氮气孔

在电弧高温下,熔池金属对 N_2 有很大的溶解度。但当熔池温度下降时,N_2 在液态金属中的溶解度便迅速减小,会析出大量 N_2,若未能逸出熔池,便生成 N_2 气孔。N_2 气孔常出现在焊缝近表面的部位,呈蜂窝状分布,严重时还会以细小气孔的形式广泛分布在焊缝金属之中。这种细小气孔往往在金相检验中才能被发现,或者在水压试验时被扩大成渗透性缺陷而表露出来。

氮气孔产生的主要原因是保护气层遭到破坏,使大量空气侵入焊接区。造成保护气层破坏的因素:使用的 CO_2 保护气体纯度不符合要求;CO_2 气体流量过小;喷嘴被飞溅物部分堵塞;喷嘴与工件距离过大及焊接场地有侧向风等。要避免氮气孔,必须改善气层保护效果。选用纯度合格的 CO_2 气体,焊接时采用适当的气体流量参数,检验从气瓶至焊枪的气路是否有漏气或阻塞,增加室外焊接的防风措施。另外,在野外施工中最好选用含有固氮元素(如Ti、Al)的焊丝。

3.氢气孔

氢气孔产生的主要原因是在高温时溶入了大量氢气,在结晶过程中又不能充分排出,留在焊缝金属中成为气孔。

氢的来源是工件、焊丝表面的油污及铁锈,以及 CO_2 气体中所含的水分。油污为碳氢化合物,铁锈是含结晶水的氧化铁。它们在电弧的高温下都能分解出氢气。氢气在电弧中还会被进一步电离,然后以离子形态溶入熔池。熔池结晶时,由于氢的溶解度陡然下降,析出的氢气如不能排出熔池,则在焊缝金属中形成圆球形的气孔。

要避免氢气孔,就要杜绝氢的来源。应去除工件及焊丝上的铁锈、油污及其他杂质,更重要的是要注意 CO_2 气体中的含水量。因为 CO_2 气体中的水分常常是引起氢气孔的主要原因。

(三)CO_2 焊的飞溅

1.飞溅产生的原因

飞溅是 CO_2 焊最主要的缺点,严重时甚至会影响焊接过程的正常进行。产生飞溅的主要原因如下:

(1)冶金反应熔滴爆破引起。熔滴过渡时,由于熔滴中的 FeO 与 C 反应产生的 CO 气体,在电弧高温下急剧膨胀,使熔滴爆破而引起金属飞溅。

(2)电弧的斑点压力引起。因 CO_2 气体高温分解吸收大量电弧热量,对电弧的冷却作用较强,使电弧电场强度提高,电弧收缩,弧根面积减小,增大了电弧的斑点压力,熔滴在斑点压力的作用下十分不稳定,形成大颗粒飞溅。用直流正接法时,熔滴受斑点压力大,飞溅也大。

(3)短路过渡不正常引起。当熔滴与熔池接触时,由熔滴把焊丝与熔池连接起来,形成液体小桥。随着短路电流的增加,液体小桥金属被迅速加热,最后导致小桥汽化爆断,引起飞溅。

(4)焊接参数选择不当引起。主要是因为电弧电压升高,电弧变长,易引起焊丝末端熔滴长大,产生无规则的晃动,而出现飞溅。

2.减少金属飞溅的措施

(1)合理选择焊接工艺参数。当采用不同熔滴过渡形式焊接时,要合理选择焊接工艺参数,以获得最小的飞溅。

细滴过渡时在 CO_2 气体中加入 Ar 气。CO_2 气体的性质决定了电弧的斑点压力较大,这是 CO_2 焊产生飞溅的最主要原因。在 CO_2 气体中加入 Ar 气后,改变了纯 CO_2 气体的物理性质。随着 Ar 气比例增大,飞溅逐渐减少。

(2)合理选择焊接电源特性,并匹配合适的可调电感。短路过渡 CO_2 焊时,当熔滴与熔池接触形成短路后,如果短路电流的增长速率过快,使液桥金属迅速地加热,造成热量的聚集,将导致金属液桥爆裂而产生飞溅。合理选择焊接电源特性,并匹配合适的可调电感,以便当采用不同直径的焊丝时,能获得合适的短路电流增长速度,因此可使飞溅减少。

(3)采用低飞溅率焊丝。在短路过渡或细滴过渡的 CO_2 焊中,采用超低碳的合金钢焊丝,能够减少由 CO 气体引起的飞溅。选用药芯焊丝,药芯中加入脱氧剂、稳弧剂及造渣剂等,造成气-渣联合保护,电弧稳定,飞溅少,通常药芯焊丝 CO_2 焊的飞溅率约为实心焊丝的 1/3。采用活化处理焊丝,在焊丝的表面涂有极薄的活化涂料,如 Cs_2CO_3 与 K_2CO_3 的混合物,这种稀土金属或碱土金属的化合物能提高焊丝金属发射电子的能力,从而改善 CO_2 电弧的特性,使飞溅大大减少。

三、CO_2 焊的焊接材料

(一)CO_2 气体

1. CO_2 气体的性质

CO_2 气体是无色、无味和无毒气体,在常温下它的密度为 $1.98\ kg/m^3$,约为空气的 1.5 倍。CO_2 气体在常温时很稳定,但在高温时发生分解,至 5 000 K 时几乎能全部分解。CO_2 有固态、液态和气态三种形态。常压冷却时,CO_2 气体将直接变成固态的干冰。固态的干冰在温度升高时直接变成气态,而不经过液态的转变。但是,固态 CO_2 不适于在焊接中使用,因为空气中的水分会冷凝在干冰的表面上,使 CO_2 气体中带有大量的水分。因此,用于 CO_2 焊的是由瓶装液态 CO_2 所产生的 CO_2 气体。

用于焊接的 CO_2 气体,其纯度要求不低于 99.5%,通常 CO_2 是以液态装入钢瓶,容量为 40 L 的标准钢瓶(气瓶外表漆黑色并写有黄色字样)可灌入 25 kg 的液态 CO_2,25 kg 的液态 CO_2 约占钢瓶容积的 80%,其余 20% 左右的空间充满气态的 CO_2。气瓶压力表上所指的压力就是这部分饱和压力。该压力大小与环境温度有关,所以正确估算瓶内 CO_2 气体存储量应采用称钢瓶质量的方法(1 kg 的液态 CO_2 可汽化为 509 L CO_2 气体)。当瓶中气压降到接近 $1×10^6\ Pa$(10 个大气压)时,不允许再继续使用。

2. 提高 CO_2 气体纯度的措施

当厂家生产的 CO_2 气体纯度不稳定时,为确保 CO_2 气体的纯度,可采取如下措施:

(1)将新灌气瓶倒立静置 1~2 h,以便使瓶中自由状态的水沉积到瓶口部位,然后打开阀门放水 2~3 次,每次放水间隔 30 min,放水结束后,把钢瓶恢复放正。

(2)放水处理后,将气瓶正置 2 h,打开阀门放气 2~3 min,放掉一些气瓶上部的气体,因这部分气体通常含有较多的空气和水分,同时带走瓶阀中的空气,然后套接输气管。

(3)可在焊接供气的气路中串接高压和低压干燥器,用以干燥含水较多的 CO_2 气体,用过的干燥剂经烘干后还可重复使用。

(4)当瓶中气体压力低于 $1×10^6\ Pa$(10 个大气压)时,CO_2 气体的含水量急剧增加,这将导致在焊缝中形成气孔。所以,低于该压力时不得再继续使用。

(5)使用瓶装液态 CO_2 时,注意设置气体预热装置,因瓶中高压气体经减压降压而体积膨胀时要吸收大量的热,使气体温度降到零度以下,会引起 CO_2 气体中的水分在减压器内结冰而堵塞气路,故在 CO_2 气体未减压之前须经过预热。

(二)焊丝

CO_2 焊的焊丝既要保证一定的化学成分和力学性能,又要保证具有良好的导电性和工艺性能。对焊丝的要求如下:

(1)焊丝必须含有足够的脱氧元素。

(2)焊丝的含碳量要低,要求小于 0.11%。

(3)要保证焊缝具有满意的力学性能和抗裂性能。

（4）目前国内常用的焊丝直径为 0.6 mm、0.8 mm、1.0 mm、1.2 mm、1.6 mm、2.0 mm 和 2.4 mm。近年又发展了直径为 3～4 mm 的粗焊丝。焊丝应保证有均匀外径，还应具有一定的硬度和刚度。一方面防止焊丝被送丝滚轮压扁或压出深痕；另一方面焊丝要有一定的挺直度。因此，无论是何种送丝方式，都要求焊丝以冷拔状态供应，不能使用退火焊丝。

CO_2 气体保护焊用焊丝有镀铜和不镀铜两种。镀铜可防止生锈，有利于保存，并可改善焊丝的导电性及送丝的稳定性。

表 3-1 所示为 CO_2 焊常用焊丝牌号、化学成分及用途。

选择焊丝时要考虑工件的材料性质、用途及焊接接头强度的设计要求，根据表 3-1 选用适当牌号的焊丝。通常，在焊接低碳钢或低合金钢时，可选用的焊丝较多，一般首选 H08Mn2SiA，也可选用其他的焊丝，如 H10MnSi，与前者相比其含碳量稍高，而含 Si、Mn 量较低，故焊缝金属强度略高，但焊缝金属的塑性和冲击韧度稍差。

合金钢用的焊丝冶炼和拔制困难，故 CO_2 焊用的合金钢焊丝逐渐向药芯焊丝方向发展。

表 3-1　CO_2 焊常用焊丝牌号、化学成分及用途

焊丝牌号	化学成分/%										用途
	C	Si	Mn	Cr	Mo	V	Ti	Al	S	P	
H10MnSi	<0.14	0.6~0.9	0.8~1.1	<0.20	—	—	—	—	<0.03	<0.04	焊接低碳钢和低合金钢
H08MnSi	<0.10	0.7~1.0	1.0~1.3	<0.20	—	—	—	—	<0.03	<0.04	
H08Mn2SiA	<0.10	0.65~0.95	1.8~2.1	<0.20	—	—	—	—	<0.030	<0.035	
H04MnSiAlTiA	<0.04	0.4~0.8	1.4~1.8	—	—	—	0.35~0.65	0.2~0.4	<0.025	<0.025	
H10MnSiMo	<0.14	0.7~1.1	0.9~1.2	<0.20	0.15~0.25	—	—	—	<0.03	<0.04	焊接低合金高强钢
H08MnSiCrMoA	<0.10	0.6~0.9	1.5~1.9	0.8~1.1	0.5~0.7	—	—	—	<0.03	<0.03	
H08MnSiCrMoVA	<0.10	0.6~0.9	1.2~1.5	0.95~1.25	0.6~0.8	0.25~0.4	—	—	<0.03	<0.03	
H08Cr3Mn2MoA	<0.10	0.3~0.5	2.0~2.5	2.5~3.0	0.35~0.5	—	—	—	<0.03	<0.03	焊接贝氏体钢

四、二氧化碳气体保护焊设备

CO_2 气体保护焊所用的设备有半自动焊机和自动焊机两类。在实际生产中，半自动焊机使用较多。焊机主要由焊接电源、送丝系统、焊枪及行走机构（自动焊）、供气系统及水冷系统和控制系统 5 个部分组成，如图 3-3 所示。

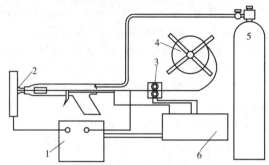

图 3-3　二氧化碳气体保护焊机的组成

1—焊接电源；2—保护气体；3—送丝轮；4—送丝系统；5—气源；6—控制系统

　　焊接电源提供焊接过程所需的能量，维持焊接电弧的稳定燃烧。送丝系统将焊丝从焊丝盘中拉出并将其送给焊枪。焊丝通过焊枪时，通过与铜导电嘴的接触而带电，铜导电嘴将电流由焊接电源输送给电弧。供气系统提供焊接时所需要的保护气体，将电弧、熔池保护起来。如采用水冷焊枪，则还配有水冷系统。控制系统主要用于控制和调整整个焊接程序开始与停止输送保护气体及冷却水，启动和停止焊接电源接触器，以及按要求控制送丝速度和焊接小车行走方向、速度等。

(一)焊接电源

　　CO_2 焊一般采用直流电源且反极性连接。各种类型的弧焊整流器均可采用。通常焊接电流为 15～500 A，空载电压为 55～85 V，负载持续率为 60%～100%。

1.电源外特性

　　与埋弧焊机相类似，焊接电源外特性须与送丝方式相配合。

　　(1)平特性电源必须和等速送丝机配合使用，可通过改变电源空载电压调节电弧电压，通过改变送丝速度调节焊接电流。当焊丝直径小于 1.6 mm 时，在生产中广泛采用平特性电源。使用外特性电源，当弧长变化时有较强的自调节作用；同时短路电流较大，引弧比较容易。

　　(2)下降外特性电源必须和变速送丝机配合使用，当焊丝直径大于 2.0 mm 时，生产中一般采用下降特性电源，配用变速送丝系统。因为粗丝电弧自身调节作用弱，难以稳定焊接过程，需要通过弧压的变化及时反馈到送丝控制系统来自动调节送丝速度，以维持稳定的弧长。

2.电源主要技术参数

　　在焊接过程中，电源的主要技术参数是电弧电压和焊接电流。

　　电弧电压是指焊丝端与工件之间的电压降，而不是电源端的输出电压。平特性电源主要通过调节空载电压来实现电弧电压的预调节；下降外特性电源主要通过改变外特性斜率来实现。

　　平特性电源主要通过调节送丝速度来调节电流的大小，有时也适当调节空载电压进行电流的少量调节；下降外特性电源主要通过调节电源外特性的斜率来实现。

(二)送丝系统

　　送丝系统通常由送丝机构(图 3-4)、送丝软管、焊丝盘等组成。CO_2 气体保护电弧焊机的送丝系统根据其送丝方式的不同，通常可分为 4 种类型，如图 3-5 所示。

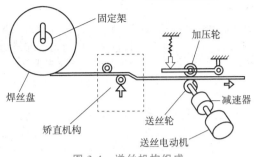

图 3-4　送丝机构组成

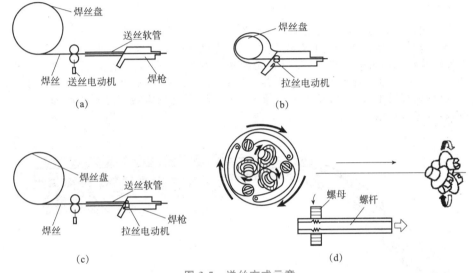

图 3-5　送丝方式示意

(a)推丝式；(b)拉丝式；(c)推拉丝式；(d)行星式

1. 推丝式

这种送丝方式是焊丝被送丝轮推送，经过软管而达到焊枪，这种送丝方式的焊枪结构简单、轻便，操作与维修方便，是应用最广的一种送丝方式，但焊丝进入焊枪前要经过一段较长的送丝软管，阻力较大。而且随着软管长度的加长，送丝稳定性也将变差。所以，送丝软管不能太长，一般为 3～5 m,而用于铝焊丝的软管长度不超过 3 m。这种送丝方式是半自动熔化极气保护焊的主要送丝方式。

2. 拉丝式

这种送丝方式可分为三种形式：一是将焊丝盘和焊枪分开，两者通过送丝软管连接；二是将焊丝盘直接装在焊枪上。这两种方式适用细丝半自动焊，主要用于直径小于或等于 0.8 mm 的细焊丝，因为细焊丝刚性小，难以推丝。但前一种操作比较方便；后者由于去掉了送丝软管，增加了送丝稳定性，但焊枪重量增加。三是不但焊丝盘与焊枪分开，而且送丝电动机也与焊枪分开，这种送丝方式可用于自动熔化极气体保护焊。

3. 推拉丝式

这种送丝方式将上述两种方式结合起来，克服了使用推丝式焊枪操作范围小的缺点，送丝软管可加长到 15 m 左右。送丝电动机是主要的送丝动力，而拉丝机只是将焊丝拉直，以减小推丝阻力。推力和拉力必须很好地配合，焊丝在送进过程中，要保持焊丝在软管中始终处于拉直状态。通常，拉丝速度应稍快于推丝速度。这种送丝方式常被用于远距离半自动熔化极气体保护焊。

4. 行星式

这种送丝方式是根据"轴向固定的旋转螺母能轴向送进螺杆"的原理设计而成的。3个互为120°的滚轮交叉地安装在一块底座上，组成一个驱动盘。驱动盘相当于螺母，通过3个滚轮中间的焊丝相当于螺杆，3个滚轮与焊丝之间有一个预先调定的螺旋角。当电动机的主轴带动驱动盘旋转时，3个滚轮即向焊丝施加一个轴向的推力，将焊丝往前推送。在送丝过程中，3个滚轮一方面围绕焊丝公转；另一方面又绕着自己的轴自转。调节电动机的转速即可调节焊丝送进速度。这种送丝机构可一级一级串联起来而成为所谓线式送丝系统，使送丝距离更长（可达60 m）。若采用一级传送，可传送7～8 m。这种线式送丝方式适合输送小直径焊丝（0.8～1.2 mm）和钢焊丝，以及长距离送丝。

（三）焊枪

焊枪按用途可分为半自动焊枪和自动焊枪。

（1）半自动焊枪按焊丝送给的方式不同，可分为推丝式和拉丝式两种。

①推丝式焊枪通常有两种形式：一种是鹅颈式焊枪，如图3-6所示；另一种是手枪式焊枪，如图3-7所示。这些焊枪的主要特点是结构简单，操作灵活，但焊丝经过软管产生的阻力较大，故所用的焊丝不宜过细，多用于直径1 mm以上焊丝的焊接。焊枪的冷却方法一般采用自冷式，水冷式焊枪不常用。

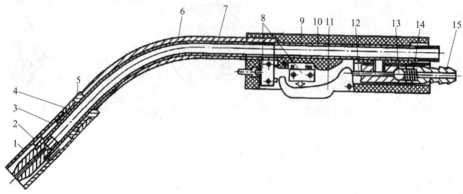

图3-6　鹅颈式焊枪

1—导电嘴；2—分流环；3—喷嘴；4—弹簧管；5—绝缘套；6—鹅颈管；7—乳胶管；8—微动开关；
9—焊把；10—枪体；11—扳机；12—气门推杆；13—气门球；14—弹簧；15—气阀嘴

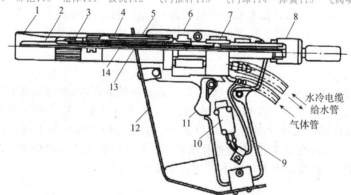

图3-7　手枪式焊枪

1—焊枪；2—焊嘴；3—喷管；4—水筒装配件；5—冷却水通路；6—焊枪架；7—焊枪主体装配件；
8—螺母；9—控制电缆；10—开关控制杆；11—微型开关；12—电弧盖；13—金属丝通路；14—喷嘴内管

②拉丝式焊枪的结构如图3-8所示，一般做成手枪式，送丝均匀稳定，引入焊枪的管线少，焊接电缆较细，尤其其中没有送丝软管，所以管线柔软，操作灵活。但因为送丝部分（包

括微电动机、减速器、送丝滚轮和焊丝盘等)都安装在枪体上,所以焊枪比较笨重,结构较复杂。通常适用于直径为 0.5～0.8 mm 的细丝焊接。

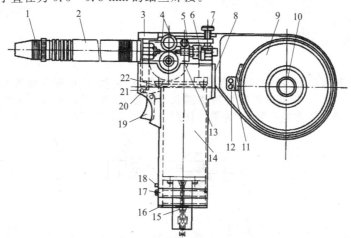

图 3-8 拉丝式焊枪

1—喷嘴;2—外套;3、8—绝缘外壳;4—送丝滚轮;5—螺母;6—导丝杆;7—调节螺杆;9—焊丝盘;10—压栓;
11、15、17、21、22—螺钉;12—压片;13—减速器;14—电动机;16—底板;18—退丝按钮;19—扳机;20—触点;

(2)自动焊枪的基本结构与半自动焊枪类似,如图 3-9 所示,安装在自动焊机的焊接小车或焊接操作机上,不需要手工操作,自动焊多用于大电流情况,所以,枪体尺寸都比较大,以便提高气体保护和水冷效果。

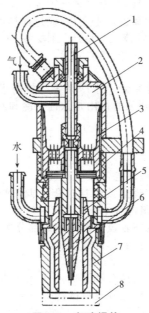

图 3-9 自动焊枪

1—铜管;2—镇静室;3—导流体;4—铜筛网;5—分流套;6—导电嘴;7—喷嘴;8—帽盖

喷嘴是焊枪上的重要零件,采用纯铜或陶瓷材料制作,作用是向焊接区域输送保护气体,以防止焊丝端头、电弧和熔池与空气接触。喷嘴形状多为圆柱形,也有圆锥形,喷嘴内孔直径与电流大小有关,通常为 12～24 mm。电流较小时,喷嘴直径也小;电流较大时,喷嘴直径也大。

导电嘴应导电性良好、耐磨性好和熔点高,一般选用纯铜、铬紫铜或钨青铜材料制成。导电嘴孔径的大小对送丝速度和焊丝伸出长度有很大影响。如孔径过大或过小,会造成工艺参数不稳定而影响焊接质量。

喷嘴和导电嘴都是易损件,需要经常更换,所以应便于拆装。并且应结构简单,制造方便,成本低廉。

(四)供气与水冷系统

1.供气系统

CO_2 气体保护焊机的供气系统通常由气瓶、减压器、流量计、电磁气阀等组成。CO_2 供气系统一般还需在 CO_2 气瓶出口处安装预热器和干燥器,如图 3-10 所示。熔化极活性混合气体保护焊还需要安装气体混合装置,先将气体混合均匀,然后入焊枪。

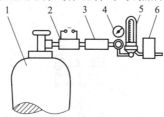

图 3-10 CO_2 供气系统示意

1—CO_2 钢瓶;2—预热器;3—干燥器;4—减压器;5—流量计;6—电磁气阀

液态 CO_2 转变成气态时将吸收大量的热,另外经减压后,气体体积膨胀,也会使温度下降。为防止气路冻结,在减压之前要将 CO_2 气体通过预热器进行预热。预热器采用电阻加热式,一般采用 36 V 交流供电,功率为 $75\sim100$ W。

在 CO_2 气体纯度较高时,不需要干燥。只有当含水量较高时,才需要加装干燥器。干燥器内装有干燥剂,如硅胶、脱水硫酸铜和无水氯化钙等。无水氯化钙吸水性较好,但它不能重复使用;硅胶和脱水硫酸铜吸水后颜色发生变化,经过加热烘干后还可以重复使用。

减压器的作用是将高压 CO_2 气体变为低压气体。流量计用于调节并测量 CO_2 气体的流量。电磁气阀是用来接通或切断保护气体的装置。

2.水冷系统

使用水冷式焊枪,必须有水冷系统。水冷系统一般由水箱、水泵和冷却水管及水压开关组成。冷却水可循环使用。水压开关的作用是保证当冷却水没流经焊枪时,焊接系统不能启动,以达到保护焊枪的目的。

(五)控制系统

控制系统由基本控制系统和程序控制系统组成。

(1)基本控制系统的作用是在焊前或焊接过程中调节焊接工艺参数,调节焊接电流或电压、送丝速度、焊接速度和气体流量的大小。

(2)程序控制系统的作用是对整套设备的各组成部分按照预先设计好的焊接工艺程序进行控制,以便协调地完成焊接。其主要作用如下:

①控制焊接设备的启动和停止。

②控制电磁气阀动作,实现提前送气和滞后停气,使焊接区受到良好保护。

③控制水压开关动作,保证焊枪受到良好的冷却。

④控制引弧和熄弧。

⑤控制送丝和小车的(或工作台)移动(自动焊时)。

当焊接启动开关闭合后,整个焊接过程按照设定的程序自动进行。

(六)典型焊机简介

CO_2 气体保护焊机的类型有很多,各种型号的技术参数各不相同,应用范围及特点也不尽相同。部分常用 CO_2 气体保护焊机的型号、性能及应用范围见表 3-2。

表3-2　部分常用 CO_2 气体保护电弧焊机的型号、性能及应用

焊机		焊接电源								送丝机构		焊枪行走小车	应用特点
型号	名称	输入电压/V	相数	空载电压/V	外特性	额定输出电流/A	额定负载持续率/%	其他	焊丝直径/mm	送丝速度/(m·min⁻¹)	送丝方式		
NBC－160	半自动 CO_2 焊机	380	3	18.5~28	硅整流、平	160 124	60 100	额定工作电压22 V	0.6 0.8 1.0	3~11	拉丝	Q－11型空冷枪带焊丝盘	适用于薄板(0.6~3 mm)短路过渡
NBC－200	半自动 CO_2 焊机	380	3	17.5~28.5	硅整流、平	200	60	工作电压17~24 V 电流范围60~200 A	0.8~1.2		推丝	鹅颈式焊枪	可焊钢
NBC1－250	半自动 CO_2 焊机	380	3	18~36	硅整流、平	250 198	60 100	额定工作电压27 V	1.0~1.2	2~12	推丝	Q－12型气冷鹅颈式焊枪 SS－6单主动轮推丝式	适用于焊1.5~5 mm厚钢板短路2过渡、全位置焊
NBC1－500－1	半自动 CO_2 焊机	380	3	75	硅整流、平	500	75	工作电压15~40 V 电流范围100~500 A	1.2~2.0	8	推丝	鹅颈式焊枪	可焊低碳钢、不锈钢
NB－500	熔化极 CO_2 /MIG/MAG焊机	380	3	53	晶闸管整流、平	500	60	工作电压7~39 V 电流范围50~500 A	0.8~2.4		推丝	鹅颈式焊枪	焊钢、铝
YM500KR	半自动 CO_2 焊机	380	3	66	晶闸管整流、平	500	60	工作电压16~45 V 电流范围60~500 A	1.0~1.6	2~16	推丝	鹅颈式焊枪	CO_2 焊、MAG焊
YD－500KR	熔化极 CO_2 /MAG焊机	380	3	66	晶闸管整流、平	500	60	工作电压17~41.5 V 电流范围60~500 A	1.2~1.6		推丝	鹅颈式焊枪	CO_2 焊、MAG焊

(七)CO₂焊机的维护与常见故障排除

1. CO₂焊机的维护

(1)要经常注意送丝软管工作情况,以防被污垢堵塞。

(2)应经常检查导电嘴磨损情况,及时更换磨损大的导电嘴,以免影响焊丝导向及焊接电流的稳定性。

(3)施焊时要及时清除喷嘴上的金属飞溅物。

(4)要及时更换已磨损的送丝滚轮。

(5)定期检查送丝机构、减速箱和润滑情况,及时添加或更换新的润滑油。

(6)应经常检查电气接头、气管等连接情况,及时发现问题并予以处理。

(7)定期以干燥压缩空气清洁焊机。

(8)定期更换干燥剂。

(9)当焊机较长时间不用时,应将焊丝自软管中退出,以免日久生锈。

2. CO₂焊机常见故障及排除方法

CO₂焊机出现的故障,有时可用直观法发现,有时必须通过测试方法发现。故障的排除步骤一般为从故障发生部位开始,逐级向前检查整个系统,或相互有影响的系统或部位;或可以从易出现问题、易损坏的部位着手检查,对于不易出现问题、不易损坏且易修理的部位,再进一步检查。CO₂焊机常见故障及其排除方法见表3-3。

表3-3 CO₂焊机常见故障及其排除方法

故障	产生原因	排除方法
焊丝送进不均匀	(1)焊枪开关或控制线路接触不良; (2)送丝滚轮压力调整不当; (3)送丝滚轮磨损; (4)减速箱故障; (5)送丝软管接头处或内层弹簧管松动或堵塞; (6)焊丝绕制不好,时松时紧或有弯曲; (7)焊枪导管部分接触不好,导电嘴孔径大小不合适	(1)检修拧紧; (2)调整送丝滚轮压力; (3)更换新滚轮; (4)检修; (5)清洗检修; (6)换一盘或重绕,调直焊丝; (7)检修或换新
焊丝在送给滚轮和导电杆进口管子处发生卷曲	(1)导电嘴与焊丝粘住; (2)导电嘴内径太小,配合不紧; (3)导电杆进口离送丝轮太近; (4)弹簧软管内径小或堵塞; (5)送丝滚轮、导电杆与送丝管不在同一条直线上	(1)更换导电嘴; (2)更换合适的导电嘴; (3)增加两者之间的距离; (4)清洗或更换弹簧软管; (5)调直
焊丝停止送给和送丝电动机不转动	(1)送丝滚轮打滑; (2)焊丝与导电嘴熔合; (3)焊丝卷曲卡在焊丝进口管处; (4)电动机碳刷磨损; (5)电动机电源变压器损坏; (6)熔断丝烧断	(1)调整送丝滚轮压紧力; (2)连同焊丝拧下导电嘴,更换; (3)将焊丝推出,剪去一段焊丝; (4)更换碳刷; (5)电源变压器检修或更换; (6)熔断丝换新
焊接过程中发生熄弧和焊接参数不稳现象	(1)焊接参数选择不合适; (2)送丝滚轮磨损; (3)送丝不均匀,导电嘴磨损严重; (4)焊丝弯曲太大; (5)焊件和焊丝不清洁,接触不良	(1)调整焊接参数; (2)更换送丝滚轮; (3)检修调整,更换导电嘴; (4)调直焊丝; (5)清理焊件和焊丝

故障	产生原因	排除方法
气体保护不良	(1)气路阻塞或接头漏气； (2)气瓶内气体不足,甚至没气； (3)电磁气阀或电磁气阀电源故障； (4)喷嘴内被飞溅物堵塞； (5)预热器断电造成减压阀冻结； (6)气体流量不足； (7)焊件上有油污； (8)工作场地风速过高	(1)检查气路； (2)更换新瓶； (3)检修； (4)清理喷嘴； (5)检修预热器,接通电源； (6)加大流量； (7)清理焊件表面； (8)设置挡风屏障

 项目实施

一、准备工作

(一)坡口准备与定位焊

1.坡口形状

CO_2 焊推荐使用的坡口形状见表 3-4。细焊丝短路过渡的 CO_2 焊主要焊接薄板或中厚板,一般开 I 形坡口;粗焊丝细滴过渡的 CO_2 焊主要焊接中厚板及厚板,可以开较小的坡口。开坡口不仅为了熔透,而且要考虑到焊缝成型的形状及熔合比。坡口角度过小易形成指状熔深,在焊缝中心可能产生裂缝。尤其在焊接厚板时,由于拘束应力大,这种倾向很强,必须十分注意。

表 3-4 CO_2 焊推荐坡口形状

坡口形状		板厚/mm	有无垫板	坡口角度/(°)	根部间隙 b/mm	钝边高度 p/mm
I 形		<12	无	—	0~2	—
			有	—	0~3	—
半 V 形		<60	无	45~60	0~2	0~5
			有	25~50	4~7	0~3
V 形		<60	无	45~60	0~2	0~5
			有	35~60	0~6	0~3
K 形		<100	无	45~60	0~2	0~5

93

续表

坡口形状		板厚/mm	有无垫板	坡口角度/(°)	根部间隙 b/mm	钝边高度 p/mm
X形		<100	无	45~60	0~2	0~5

2.坡口加工方法与清理

加工坡口的方法主要有机械加工、气割和碳弧气刨等。坡口精度对焊接质量影响很大。坡口尺寸偏差能造成未焊透和未焊满等缺陷。CO_2 焊时对坡口精度的要求比焊条电弧焊时更高。

焊缝附近有污物时,会严重影响焊接质量。焊前应将坡口周围 10~20 mm 范围内的油污、油漆、铁锈、氧化皮及其他污物清除干净。

3.定位焊

定位焊是为了保证坡口尺寸,防止由于焊接所引起的变形。通常,CO_2 焊与焊条电弧焊相比要求更坚固的定位焊缝。定位焊缝本身易生成气孔和夹渣,它们是随后进行 CO_2 焊时产生气孔和夹渣的主要原因,所以必须细致地焊接定位焊缝。

焊接薄板时定位焊缝应该细而短,长度为 3~10 mm,间距为 30~50 mm。它可以防止变形及焊道不规整。焊接中厚板时定位焊缝间距较大,达 100~150 mm。为增加定位焊的强度,应增大定位焊缝长度,一般为 15~50 mm。若为熔透焊缝时,点固处难以实现反面成型,应从反面进行点固。

(二)劳动保护的准备

1.防辐射和灼伤

CO_2 焊焊接时,由于电流密度大,电弧温度高,弧光辐射强,应特别注意加强安全防护,防止电光性眼炎及裸露皮肤灼伤。工作时应穿好帆布工作服,戴好焊工手套,以防止飞溅灼伤。使用表面涂有氧化锌油漆的面罩,配用 9~12 号滤光镜片,各焊接工位要设置专用遮光屏。

2.防中毒

CO_2 气体保护焊不仅产生烟雾和金属粉尘,而且还产生 CO、NO_2 等有害气体,并应加强焊接场地通风。

二、工艺参数的选择

在 CO_2 焊中,为了获得稳定的焊接过程,可根据工件要求采用短路过渡和细滴过渡两种熔滴过渡形式。其中,短路过渡焊接应用最为广泛。

(一)短路过渡焊接工艺参数的选择

短路过渡时,采用细焊丝、低电压和小电流。熔滴细小而过渡频率高,电弧非常稳定,飞溅小,焊缝成型美观,主要用于焊接薄板及全位置焊接。焊接薄板时,生产率高,变形小,焊接操作容易掌握,对焊工技术水平要求不高,因而,短路过渡的 CO_2 焊易于在生产中得到推广应用。

焊接工艺参数主要有焊丝直径、焊接电流、电弧电压、焊接速度、保护气体流量、焊丝伸出长度及电源极性等。

1. 焊丝直径

短路过渡焊接主要采用细焊丝,常用焊丝直径为 0.6～1.6 mm,随着焊丝直径的增大,飞溅颗粒和数量相应增大。直径大于 1.6 mm 的焊丝,如再采用短路过渡焊接,飞溅将相当严重,所以生产上很少应用。焊丝直径的选择见表 3-5。

表 3-5　焊丝直径的选择

焊丝直径/mm	焊件厚度/mm	焊接位置
0.8	1～3	各种位置
1.0	1.5～6	
1.2	2～12	
1.6	6～25	
≥1.6	中厚	平焊、平角焊

焊丝的熔化速度随焊接电流的增加而增加,在相同电流下焊丝越细,其熔化速度越快。在细焊丝焊接时,若使用过大的电流,也就是使用很大的送丝速度,将引起熔池翻腾和焊缝成型恶化。因此,各种直径焊丝的最大电流要有一定的限制。

2. 焊接电流

焊接电流是重要的工艺参数,是决定焊缝熔深的主要因素。电流大小主要取决于送丝速度。随着送丝速度的增加,焊接电流也增加,大致成正比关系。焊接电流的大小还与焊丝的外伸长及焊丝直径等有关。短路过渡形式焊接时,由于使用的焊接电流较小,焊接飞溅较小,焊缝熔深较浅。

3. 电弧电压

电弧电压的选择与焊丝直径及焊接电流有关,它们之间存在着协调匹配的关系。细丝 CO_2 焊的电弧电压与焊接电流的匹配关系如图 3-11 所示。

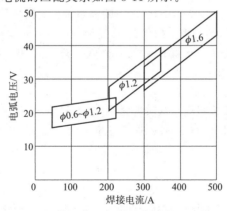

图 3-11　电弧电压与焊接电流的匹配关系

短路过渡时,不同直径焊丝相应选用的焊接电流、电弧电压的数值范围见表 3-6。

表 3-6　不同直径焊丝选用的焊接电流、电弧电压的数值范围

焊丝直径/mm	电弧电压/V	焊接电流/A
0.5	17～19	30～70
0.8	18～21	50～100
1.0	18～22	70～120
1.2	19～23	90～200
1.6	22～26	140～300

4.焊接速度

焊接速度对焊缝成型、接头的力学性能及气孔等缺陷的产生都有影响。在焊接电流和电弧电压一定的情况下,焊接速度加快时,焊缝的熔深、熔宽和余高均减小。

焊接速度过快时,会在焊趾部出现咬边,甚至出现驼峰焊道,而且保护气体向后拖,影响保护效果;相反,焊接速度过慢时,焊道变宽,易产生烧穿和焊缝组织变粗的缺陷。

通常半自动焊时,熟练焊工的焊接速度为 30~60 cm/min。

5.保护气体流量

气体保护焊时,保护效果不好将产生气孔,甚至使焊缝成形变坏。在正常焊接情况下,保护气体流量与焊接电流有关,在 200 A 以下薄板焊接时为 10~15 L/min,在 200 A 以上的厚板焊接时为 15~25 L/min。

导致气体保护效果变差的主要因素是保护气体流量不足,喷嘴高度过大,喷嘴上附着大量飞溅物和强风。特别是强风的影响十分显著,在强风的作用下,保护气流被吹散,使得熔池、电弧甚至焊丝端头暴露在空气中,破坏保护效果。风速在 1.5 m/s 以下时,对保护作用无影响。当风速大于 2 m/s 时,焊缝中的气孔明显增加,所以规定施焊环境在没有采取特殊措施时风速一般不得超过 2 m/s。

6.焊丝伸出长度

短路过渡焊接时采用的焊丝都比较细,因此,焊丝伸出长度对焊丝熔化速度的影响很大。在焊接电流相同时,随着伸出长度增加,焊丝熔化速度也增加。换而言之,当送丝速度不变时,伸出长度越大,则电流越小,将使熔滴与熔池温度降低,造成热量不足,而引起未焊透。直径越细、电阻率越大的焊丝这种影响越大。

另外,伸出长度太大,电弧不稳,难以操作,同时飞溅较大,焊缝成型恶化,甚至破坏保护而产生气孔。相反,焊丝伸出长度过小,会缩短喷嘴与工件之间的距离,飞溅金属容易堵塞喷嘴。同时,还妨碍观察电弧,影响焊工操作。

适宜的焊丝伸出长度与焊丝直径有关。也就是焊丝伸出长度大约等于焊丝直径的 10 倍,在 10~20 mm 范围内。

7.电源极性

CO_2 焊一般都采用直流反极性。这时电弧稳定,飞溅小,焊缝成型好,并且焊缝熔深大,生产率高。而正极性时,在相同电流下,焊丝熔化速度大大提高,大约为反极性时的 1.6 倍,而熔深较浅,余高较大且飞溅很大。只有在堆焊及铸铁补焊时才采用正极性,以提高熔敷速度。

(二)细滴过渡焊接工艺参数的选择

细滴过渡 CO_2 焊的电弧电压比较高,焊接电流比较大。此时电弧是持续的,不发生短路熄弧的现象。焊丝的熔化金属以细滴形式进行过渡,所以,电弧穿透力强,母材熔深大。适合进行中等厚度及大厚度工件的焊接。

1.焊接电流与电弧电压

焊接电流可根据焊丝直径来选择。对应于不同的焊丝直径,实现细滴过渡的焊接电流下限是不同的。几种常用焊丝直径的电流下限值见表 3-7。这里也存在着焊接电流与电弧电压的匹配关系。在一定焊丝直径下,选用较大的焊接电流,就要匹配较高的电弧电压。因为随着焊接电流增大,电弧对熔池金属的冲刷作用增加,势必会恶化焊缝的成型。只有相应地提高电弧电压,才能减弱这种冲刷作用。

表 3-7 不同直径焊丝选用的焊接电流与电弧电压

焊丝直径/mm	电流下线/A	电弧电压/V
1.2	300	
1.6	400	
2.0	500	34～45
3.0	650	
4.0	750	

2.焊接速度

细滴过渡 CO_2 焊的焊接速度较高。与同样直径焊丝的埋弧焊相比,焊接速度高 0.5～1 倍。常用的焊接速度为 40～60 m/h。

3.保护气流量

应选用较大的气体流量来保证焊接区的保护效果。保护气流量通常比短路过渡的 CO_2 焊提高 1～2 倍。常用的气流量范围为 25～50 L/min。

三、基本操作技术

(一)引弧

CO_2 焊一般采用接触短路法引弧。引弧前应调节好焊丝的伸出长度,引弧时应注意焊丝和焊件不要接触太紧。如焊丝端部有粗大的球形头应剪去。

半自动焊时,喷嘴与工件之间的距离不好控制。对于焊工来说,操作不当时极易出现这样的情况,也就是当焊丝以一定速度冲向工件表面时,往往把焊枪顶起,结果使焊枪远离工件,从而破坏了正常保护。所以,焊工应该注意保持焊枪到工件的距离。

半自动焊时习惯的引弧方式是焊丝端头与焊接处划擦的过程中按焊枪按钮,通常称为"划擦引弧"。这时引弧成功率较高。引弧后必须迅速调整焊枪位置、焊枪角度及导电嘴与工件间的距离。引弧处由于工件的温度较低,熔深都比较浅,特别是在短路过渡时容易引起未焊透。为防止产生这种缺陷,可以采取倒退引弧法,如图 3-12 所示。引弧后快速返回工件端头,再沿焊缝移动,在焊道重合部分进行摆动,使焊道充分熔合,完全消除弧坑。

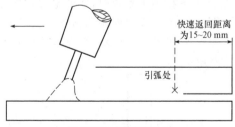

图 3-12 倒退引弧法

(二)收弧

焊道收尾处往往出现凹陷,它被称为弧坑。弧坑处易产生裂纹、气孔等缺陷。为此,焊工总是设法减小弧坑尺寸。目前主要应用的方法如下:

(1)采用带有电流衰减装置的焊机时,填充弧坑电流较小,一般只为焊接电流的 50%～70%,易填满弧坑。最好以短路过渡的方式处理弧坑。这时,沿弧坑的外沿移动焊枪,并逐渐缩小回转半径,直到中间停止。

(2)没有电流衰减装置时,在弧坑未完全凝固的情况下,应在其上进行几次断续焊接。这时只是交替按压与释放焊枪按钮,而焊枪在弧坑填满之前始终停留在弧坑上,电弧燃烧时间应逐渐缩短。

(3)使用工艺板,也就是把弧坑引到工艺板上,焊接完成之后需要去掉。

(三)左焊法和右焊法

CO_2 焊的操作方法按焊枪移动方向不同可分为左焊法和右焊法,如图 3-13 所示。右焊法加热集中,热量可以充分利用,熔池保护效果好,而且由于电弧的吹力作用,熔池金属推向后方能够得到外形饱满的焊缝,但焊接时不便确定焊接方向,容易焊偏,尤其是对接接头;左焊法电弧对待焊处具有预热作用,能得到较大熔深,焊缝成型得到改善。左焊法观察熔池较困难,但可清楚地观察待焊部分,不易焊偏,所以,CO_2 焊一般都采用左焊法。

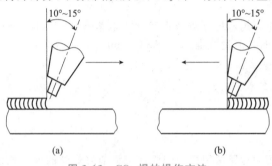

图 3-13　CO_2 焊的操作方法

(a)右焊法;(b)左焊法

(四)不同位置的焊接操作方法

1. 平焊

平焊一般采用左焊法,焊丝前倾角为 $10°\sim15°$。薄板和打底焊的焊接采用直线移动运丝法焊接,坡口填充层焊接时可采用横向摆动运丝法焊接。

2. T 形接头和搭接接头的焊接

焊接 T 形接头时,易产生咬边、未焊透、焊缝下垂等缺陷,操作中应根据板厚和焊脚尺寸来控制焊枪角度。不等厚板的 T 形接头平角焊时,要使电弧偏向厚板,以使两板受热均匀。等厚板焊接时,焊枪的工作角度为 $40°\sim50°$,前倾角为 $10°\sim25°$。当焊脚尺寸不大于 5 mm 时,可将焊枪对准焊缝根部,如图 3-14 中的 A 所示;当焊脚尺寸大于 5 mm 时,将焊枪水平偏移 $1\sim2$ mm,如图 3-14 中的 B 所示。

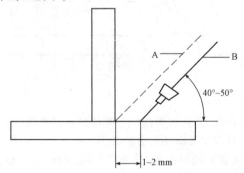

图 3-14　T 形接头平角焊时的焊丝位置

3. 立焊

CO_2 焊的立焊有两种方式,即向上立焊法和向下立焊法。向上立焊由于重力作用,熔池金属易下淌,加上电弧作用,熔深大,焊道较窄,故一般不采用这种操作法。用直径为 1.6 mm 以上的焊丝,以滴状过渡方式焊接时,可采用向上立焊法。为了克服熔深大、焊道窄而高的缺点,宜用横向摆动运丝法焊接厚度较大的焊件。

CO_2 焊采用细丝短路过渡向下立焊时,可获得良好的效果。焊接时,CO_2 气体有承托熔池金属的作用,使它不易下坠,操作方便,焊缝成型美观,但熔深较浅。向下立焊法用于薄板焊接,焊丝直径在 1.6 mm 以下时,焊接电流不大于 200 A。向下立焊时 CO_2 气体流量应比平焊时稍大些。

立焊的运丝方式:直线移动运丝法用于薄板对接的向下立焊,向上立焊的开坡口对应接焊的第一层和 T 形接头立焊的第一层。向上立焊的多层焊,一般在第二层以后采用横向摆动运丝法。为了获得较好的焊缝成型,向上立焊的多层焊多采用正三角形摆动运丝法,也可采用月牙形横向摆动运丝法。

4. 横焊

横焊时的工艺参数与立焊基本相同,焊接电流可比立焊时稍大些。

横焊时由于重力作用,熔池易下淌,产生咬边、焊瘤和未焊透等缺陷,因此需采用细丝短路过渡方式焊接,焊枪一般采用直线移动运丝方式。为防止熔池温度过高而产生熔池下淌,焊枪可做小幅前后往复摆动。横焊时焊枪的工作角度为 $75°\sim85°$。前倾角(向下倾斜)为 $5°\sim15°$。

 知识拓展

药芯焊丝
气体保护焊

一、药芯焊丝气体保护焊

利用药芯焊丝做熔化极的电弧焊称为药芯焊丝气体保护焊,英文缩写为 FCAW。有两种焊接形式:一种是焊接过程中使用外加气体(一般是纯 CO_2 或 CO_2+Ar)的焊接,称为药芯焊丝气体保护焊,它与普通熔化极气体保护焊基本相同;另一种是不用外加保护气体,只靠焊丝内部的芯料燃烧与分解所产生的气体和渣做保护的焊接,称为自保护电弧焊。自保护电弧焊与焊条电弧焊相似,不同的是使用盘状的焊丝,连续不断地送入电弧中。

 项目小结

CO_2 焊主要用于焊接低碳钢及低合金钢等钢铁材料。对于不锈钢,由于焊缝金属有增碳现象,影响抗晶间腐蚀性能,所以只能用于对焊缝性能要求不高的不锈钢工件。CO_2 焊还可以用于耐磨零件的堆焊、铸钢件的焊补及电铆焊等方面。另外,CO_2 焊还可以用于水下焊接。CO_2 焊所能焊接的材料厚度范围较大,最薄的可焊到 0.8 mm,最厚的已经焊到 250 mm 左右。目前,CO_2 焊已在石油化工、机车和车辆制造、船舶制造、农业机械、矿山机械等行业得到了广泛的应用。

 综合训练

一、填空题

1. 二氧化碳气体保护焊机的送丝系统根据其送丝方式的不同,通常可分为四种类型,即_____、_____、_____、_____。

2. 二氧化碳气体保护焊所用的设备有_____和_____两类。

3. 二氧化碳气体保护焊的控制系统由_____和_____两部分组成。

4. 送丝系统通常由_____、_____、_____等组成。

5. 焊接电流是最重要的焊接工艺参数,应根据_____、_____、_____及_____来选择。

6. CO_2 焊接时氧化有两种形式:_____和_____。

7. CO_2 焊所用的脱氧剂,主要有_____、_____、_____和_____等合金元素。其中常用_____和_____进行联合脱氧。

8. 通常 CO_2 是以液态装入钢瓶中的,容量为_____L的标准钢瓶(气瓶外表漆_____色并写有_____字样)可灌入_____kg的液态 CO_2。

二、选择题

1. 短路过渡的形成条件为(　　)。

    A. 电流较小,电弧电压较高　　　　　B. 电流较大,电弧电压较高

    C. 电流较小,电弧电压较低　　　　　D. 电流较大,电弧电压较低

2. CO_2 焊用直径大于1.6 mm的焊丝焊接时,可使用较大的电流和较高的电弧电压,实现(　　)过渡。

    A. 短路　　　　　B. 细滴　　　　　C. 射流　　　　　D. 渣壁

3. CO_2 气体保护焊应采用(　　)。

    A. 直流正接　　　　B. 直流反接　　　　C. 交流　　　　D. 任意

4. CO_2 气瓶是(　　)气瓶。

    A. 溶解　　　　　B. 压缩　　　　　C. 液化　　　　　D. 常压

5. CO_2 焊的主要缺点是(　　)。

    A. 飞溅较大　　　B. 生产率低　　　C. 对氢敏感　　　D. 有焊渣

6. CO_2 气体保护焊最适合焊接(　　)。

    A. 钛合金　　　　B. 铝合金　　　　C. 低碳低合金钢　　D. 铜合金

7. CO_2 气瓶瓶口压力表的读数越大,说明瓶内 CO_2 气体的量(　　)。

    A. 越多　　　　　B. 越少　　　　　C. 不能确定

8. CO_2 气体保护焊时,预热器应尽量装在(　　)。

    A. 靠近钢瓶出气口处　　　　　　　B. 远离钢瓶出气口处

    C. 无论远近都行

9. CO_2 气体保护焊时,焊丝的含碳量要(　　)。

    A. 低　　　　　　B. 高　　　　　　C. 中等　　　　　D. 任意

10. 焊接区中的氮绝大部分都来自(　　)。

    A. 空气　　　　　B. 保护气　　　　C. 焊　　　　　D. 焊件

11. CO_2 气体保护焊时,电源外特性与送丝速度的配合关系不采用(　　)。

    A. 平外特性电源配等速送丝系统　　　B. 下降外特性电源配变速送丝系统

    C. 陡降外特性电源配等速送丝系统　　D. 平外特性电源配变速送丝系统

12. 下列焊接方法中,对焊接清理要求最严格的是(　　)。

    A. 焊条电弧焊　　B. MIG焊　　　　C. CO_2 焊　　　　D. 埋弧焊

三、判断题(正确的画"√",错误的画"×")

1. CO_2 气体保护焊很适宜全位置焊接。　　　　　　　　　　　　　　(　　)

2. CO_2 气体保护焊电源采用直流正接时,产生的飞溅要比直流反接时严重得多。（　　）

3. CO_2 气体保护焊和埋弧焊用的都是焊丝,所以一般可以互用。（　　）

4. CO_2 气体保护焊用的焊丝有镀铜和不镀铜两种,镀铜的作用是防止生锈,改善焊丝导电性能,提高焊接过程的稳定性。（　　）

5. 推丝式送丝机构适用于长距离输送焊丝。（　　）

6. 药芯焊丝 CO_2 气体保护焊是气—渣联合保护。（　　）

四、简答题

1. CO_2 气体保护焊的优点是什么?

2. CO_2 气体保护焊的焊接设备主要由哪些部分组成?

3. 半自动焊枪分为哪几种? 各有什么优缺点?

4. CO_2 焊对焊丝有何要求?

5. 提高 CO_2 气体纯度的措施有哪些?

6. CO_2 焊有可能产生什么样的气孔?

7. 简述 CO_2 焊飞溅的形成原因及其防止措施。

8. CO_2 焊短路过渡焊接工艺参数主要有哪些?

五、操作实训

1. 熟悉 CO_2 焊机的结构,掌握 CO_2 焊工艺参数的调节方法。

2. 掌握 CO_2 焊的基本操作技能。

 **项目四** 熔化极惰性气体、活性混合气体保护焊

 **项目导入**

不锈钢反应釜的罐体为焊接结构件,主要由封头、筒体及附件(如法兰、开孔补强、接管、支座)等部分组成,由 1Cr18Ni9Ti 不锈钢板焊拼而成,如图 4-1 所示。

图 4-1 不锈钢反应釜

 **项目分析**

1Cr18Ni9Ti 为奥氏体不锈钢,具有较好焊接性,可采用焊条电弧焊、熔化极惰性气体保护焊、熔化极活性混合气体保护焊、钨极惰性气体保护焊和等离子弧焊等焊接方法进行焊接。熔化极惰性气体保护焊(MIG 焊)和熔化极活性混合气体保护焊(MAG 焊)因生产效率高、焊接质量好,适用范围广、易于自动化等优点,在现代工业生产中得到了广泛的应用。

MIG 焊场景

本项目主要学习:

MIG/MAG 焊的原理、特点及应用;MIG/MAG 焊的焊接材料;MIG/MAG 焊工艺;MIG/MAG 焊设备;MIG/MAG 焊的其他方法;MIG/MAG 焊的基本操作方法。

 知识目标

1.掌握 MIG/MAG 焊的原理及特点,焊接材料的选用,焊接工艺参数的选择;

2.熟悉 MIG/MAG 焊设备的组成、操作使用和维护保养;

3.了解 MIG/MAG 焊其他方法;

4.掌握 MIG/MAG 焊的基本操作要点。

 能力目标

1.能够根据 MIG/MAG 焊的使用要求,合理选择 MIG/MAG 焊设备;

2.能够正确安装调试、操作使用和维护保养 MIG/MAG 焊设备;

3.能够根据实际生产条件和具体的焊接结构及其技术要求,正确选择 MIG/MAG 焊工艺参数及工艺措施;

4.能够分析焊接过程中常见工艺缺陷的产生原因,提出解决问题的方法;

5.能够进行 MIG/MAG 焊基本操作。

 素质目标

1.利用现代化手段对信息进行学习、收集、整理的能力;

2.良好的表达能力和较强的沟通与团队合作能力;

3.良好的质量意识和劳模精神、劳动精神、工匠精神。

李万君一艰难攻
关,技艺精湛

 相关知识

一、MIG 焊的原理、特点及应用

熔化极惰性气体保护焊,是以焊丝作为熔化电极,采用惰性气体作为保护气体的电弧焊方法,简称 MIG 焊。这种方法通常用氩气或氦气或它们的混合气体作为保护气,连续送进的焊丝既作为电极又作为填充金属,在焊接过程中焊丝不断熔化并过渡到熔池中而形成焊缝。在焊接结构生产中,特别是在高合金材料和有色金属及其合金材料的焊接生产中,MIG 焊占有很重要的地位。其原理如图 4-2 所示。

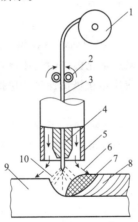

MIG 焊过程

图 4-2　MIG 焊示意

1—焊丝盘;2—送丝滚轮;3—焊丝;4—导电嘴;5—保护气体喷嘴;
6—保护气体;7—熔池;8—焊缝;9—母材;10—电弧

随着 MIG 焊应用的扩展,仅以 Ar 或 He 做保护气体难以满足需要,因而发展了在惰性气体中加入少量活性气体如 O_2、CO_2 等组成的混合气体作为保护气体的方法,通常称为熔化极活性混合气体保护焊,简称为 MAG 焊。由于 MAG 焊无论是原理、特点还是工艺,都与 MIG 焊类似,所以将其归入 MIG 焊一起讨论。

MIG 焊采用惰性气体作为保护气,与 CO_2 焊、焊条电弧焊或其他熔化极电弧焊相比,它具有如下一些特点。

1.焊接质量好

由于采用惰性气体做保护气体,保护效果好,焊接过程稳定,变形小,飞溅极少或根本无飞溅。焊接铝及铝合金时可采用直流反极性,具有良好的阴极破碎作用。

2.焊接生产率高

由于是用焊丝作电极,可采用大的电流密度焊接,母材熔深大,焊丝熔化速度快,焊接大厚度铝、铜及其合金比钨极惰性气体保护焊的生产率高。与焊条电弧焊相比,能够连续送丝,节省材料加工时间,焊缝不需要清渣,因而生产效率更高。

3.适用范围广

由于采用惰性气体做保护气体,不与熔池金属发生反应,保护效果好,绝大多数的金属材料可以焊接,因此适用范围广。但由于惰性气体生产成本高,所以目前熔化极惰性气体保护焊主要用于黑色金属及其合金,不锈钢及某些合金钢的焊接。

MIG焊的缺点在于无脱氧去氢作用,因此,对母材及焊丝上的油、锈很敏感,易形成缺陷,所以对焊接材料表面清理要求特别严格;另外,熔化极惰性气体保护焊抗风能力差,不适于野外焊接;焊接设备也较复杂。

采用惰性气体保护的MAG焊具有以下效果:

(1)提高熔滴过渡的稳定性。

(2)稳定阴极斑点,提高电弧燃烧的稳定性。

(3)改善焊缝形状及外观。

(4)增大电弧的热功率。

(5)控制焊缝的冶金质量,减少焊接缺陷。

(6)降低焊接成本。

MIG焊适合焊接低碳钢、低合金钢、耐热钢、不锈钢、有色金属及其合金。低熔点或低沸点金属材料(如铅、锡、锌)等,不宜采用熔化极惰性气体保护焊。目前,在中等厚度、大厚度铝及铝合金板材的焊接中,已广泛地应用熔化极惰性气体保护焊。所焊的最薄厚度约为 1 mm,最大厚度基本不受限制。

MIG焊分为自动和半自动两种。自动MIG焊适用较规则的纵缝、环缝及水平位置的焊接;半自动MIG焊大多用于定位焊、短焊缝、断续焊缝,以及铝容器中封头、管接头、加强圈等焊件的焊接。

二、MIG焊的焊接材料

MIG焊的焊接材料主要包括保护气体和焊丝。

(一)保护气体

MIG焊常用的保护气体有氩气、氦气和它们的混合气体。MAG焊常用的保护气体是氩气与氧气、二氧化碳组成的混合气体。

1.氩气(Ar)

氩气是一种惰性气体,在高温下不分解吸热,不与金属发生化学反应,也不溶解于金属,密度比空气大,不易飘浮散失,而比热容和导热系数比空气小,这些性能使氩气在焊接时能起到良好的保护作用。氩气保护的优点是电弧燃烧非常稳定,进行MIG焊时焊丝金属很容易呈稳定的轴向射流过渡,飞溅极小;缺点是焊缝易成为"指状"焊缝。

2. 氦气(He)

与氩气相比,氦气的电离电压高,导热系数大,所以在相同的焊接电流和弧长条件下,氦气的电弧电压比氩气的高,使电弧具有较大的功率,对母材热输入也较大。但是,由于氦气的相对密度比空气小,要有效地保护焊接区,需要的流量应比氩气高 2~3 倍,而且氦气比较昂贵,所以一般很少使用。

3. 氩气+氦气(Ar+He)

采用 Ar+He 混合气体具有 Ar 和 He 所有的优点,电弧功率大,温度高,熔深大。可用于焊接导热性强、厚度大的非铁金属(如铝、钛、锆、镍、铜及其合金)。在焊接大厚度铝及铝合金时,可改善焊缝成型、减少气孔及提高焊接生产率,He 所占的比例随着工件厚度的增加而增大。在焊接铜及其合金时,He 所占比例一般为 50%~70%。

另外,氮(N_2)与铜及铜合金不起化学作用,因而,对于铜及铜合金来说,N_2 相当于惰性气体,因此可用于铜及其合金的焊接。N_2 是双原子气体,热导率比 Ar、He 高,弧柱的电场强度也较高,因此,电弧热功率和温度可大大提高,焊铜时可降低预热温度或取消预热。N_2 可单独使用,也常与 Ar 混合使用。与同样用来焊接铜的 Ar+He 混合气体比较,N_2 来源广泛,价格较低,焊接成本低;但焊接时有飞溅,外观成形不如 Ar+He 保护时好。

4. 氩气+氧气(Ar+O_2)

这种保护气体具有一定的氧化性:一方面能降低液体金属的表面张力,具有熔滴细匀、电弧稳定、焊缝成型规则等特点;另一方面可以在熔池表面不断地生成氧化膜,生成的氧化物可以降低电子逸出功,稳定阴极斑点,克服阴极斑点飘忽不定的缺点,增加电弧的稳定性,同时,也有利于增加液体金属的流动性,细化熔滴,改善焊缝成型。

但是焊接不锈钢时,氧的加入量不能太高,一般控制在 1%~5%(体积分数)范围内,否则合金元素氧化烧损多,引起夹渣和飞溅等问题。焊接低碳钢和低合金钢时,在 Ar 中 O_2 的加入量可达 20%(体积分数)。

5. 氩气+二氧化碳(Ar+CO_2)

在 Ar 中加入 CO_2 的体积分数≤15%时,其作用与 Ar 中加入 2%~5%(体积分数)的 O_2 相似。若加入 CO_2 的体积分数>25%,其工艺特征接近 CO_2 焊,但飞溅相对较少,可以改善呈蘑菇状的焊缝截面形状,以减少气孔的生成。这种混合气体有电弧稳定、飞溅小、容易获得轴向射流过渡等优点,又因其具有氧化性,能稳定电弧,有较好的熔深和焊缝成型,焊接质量好,可用于射流过渡、短路过渡及脉冲过渡形式的熔化极气体保护焊。目前,广泛应用于焊接低碳钢及低合金钢,也可焊接不锈钢。在 Ar 中加入 CO_2 会提高临界电流,其熔滴过渡特性随着 CO_2 量的增加而恶化,飞溅也增大。通常,CO_2 加入量在 5%~30%(体积分数)范围内。

6. 氩气+二氧化碳+氧气(Ar+CO_2+O_2)

在 Ar 中加入适量的 CO_2 和 O_2 焊接低碳钢、低合金钢,比采用上述两种混合气体做气体保护焊接的焊缝成型、接头质量、金属熔滴过渡和电弧稳定性好。

在熔化极及钨极气体保护焊中,常见的焊接用保护气体及其适用范围见表 4-1。

表 4-1　焊接用保护气体及其适用范围

被焊材料	保护气体(体积分数)	工件厚度/mm	特点
铝及铝合金	100％Ar	0～25	较好的熔滴过渡,电弧稳定,飞溅极小
	35％Ar＋65％He	25～75	热输入比纯氩大,改善 Al－Mg 合金的熔化特性,减少气孔
	25％Ar＋75％He	76	热输入高,增加熔深,减少气孔,适于焊接厚板
镁	100％Ar	—	良好的清理作用
钛	100％Ar	—	良好的电弧稳定性,焊缝污染少,在焊接区域的背面要求惰性气体保护以防止空气危害
铜及铜合金	100％Ar	≤3.2	能产生稳定的射流过渡,良好的润湿性
	Ar＋50％～70％He	—	热输入比纯氩大,可以减少预热温度
镍及镍合金	100％Ar	≤3.2	能产生稳定的射流过渡、脉冲射流过渡及短路过渡
	Ar＋15％～20％He	—	热输入比纯氩大
不锈钢	99％Ar＋1％O₂	—	改善电弧稳定性,用于射流过渡及脉冲射流过渡,能较好控制熔池,焊缝形状良好,焊较厚的材料时产生的咬边较小
	98％Ar＋2％O₂	—	较好的电弧稳定性,可用于射流过渡及脉冲射流过渡,焊缝形状良好,焊较薄工件比加 1％(体积分数)O₂ 的混合气体有更高的速度
低合金高强度钢	98％Ar＋2％O₂	—	最小的咬边和良好的韧性,用于射流过渡及脉冲射流过渡
低碳钢	Ar＋3％～5％O₂	—	改善电弧稳定性,用于射流过渡及脉冲射流过渡,能较好控制熔池,焊缝形状良好,咬边较小,比纯氩焊速更高
	Ar＋10％～20％O₂	—	电弧稳定,可用于射流过渡及脉冲射流过渡,焊缝成形好,飞溅小,可高速焊接
	80％Ar＋15％CO₂＋5％O₂	—	电弧稳定,可用于射流过渡及脉冲射流过渡,焊缝成形好,熔深较大
	65％Ar＋26.5％He＋8％CO₂＋0.5％O₂	—	电弧稳定,尤其在大电流时可得到稳定的射流过渡,能实现大电流下的高熔敷率,Φ1.2 mm 焊丝的最高送丝速度可达 50 m/min,焊缝冲击韧度高

(二)焊丝

MIG 焊使用的焊丝成分通常应与母材的成分相近,它应具有良好的焊接工艺性,并能提供良好的接头性能。在某些情况下,为了获得满意的焊缝金属性能,需要采用与母材成分完全不同的焊丝。例如,用于焊接高强度铝合金和合金钢的焊丝,在成分上通常完全不同于母材,其原因在于某些合金元素在焊缝金属中将产生不利的冶金反应而导致产生缺陷或显著降低焊缝金属性能。

MIG 焊使用的焊丝直径一般为 0.8～2.5 mm。焊丝直径越小,焊丝的表面积与体积的比值越大,即焊丝加工过程中进入焊丝表面上的拔丝剂、油或其他的杂质相对较多。这些杂质可能引起气孔、裂纹等缺陷。因此,焊丝使用前必须经过严格的清理。另外,由于焊丝需要连续而流畅地通过焊枪送进焊接区,所以,焊丝一般以焊丝卷或焊丝盘的形式供应。

三、MIG 焊设备

　　熔化极惰性气体保护焊设备主要由焊接电源、送丝机构、焊枪、控制系统、供水供气系统等部分组成。由于它与 CO_2 焊设备雷同,在此仅做简介。

(一)焊接电源

　　为保证焊接过程稳定,减少飞溅,焊接电源均采用直流电源,且反接。半自动 MIG 焊时,使用细焊丝焊接,所用焊丝直径小于 2.5 mm,采用平外特性的电源配等速送丝系统;而自动 MIG 焊时,使用焊丝直径常大于 3 mm,可选用下降外特性的电源,并采用变速送丝系统。

(二)送丝机构

　　送丝机构与 CO_2 焊的送丝机构相似,用细焊丝焊接铝及其合金时,采用拉丝式和推拉丝式最好。

(三)焊枪

　　焊枪分为半自动焊枪和自动焊枪,有气冷和水冷两种形式。对于半自动焊枪,当焊接电流小于 150 A 时,使用气冷式焊枪;当焊接电流大于 150 A 时,则使用水冷式焊枪。自动焊枪大多采用水冷。

(四)控制系统

　　控制系统的主要作用:引弧前预先送气,焊接停止时,延迟停气;送丝控制和速度调节,包括焊丝的送进、回抽和停止,均匀调节送丝速度;控制主回路的通断,引弧时可以在送丝开始以前或同时接通电源,焊接停止时,应采用先停丝后断电的返烧控制法,这样既能填满弧坑,又避免粘丝。

(五)供气、供水系统

　　供气系统主要由氩气瓶、减压阀、流量计及电磁气阀等组成;供水系统主要用来冷却焊枪,防止焊枪烧损。

(六)典型焊机简介

　　MIG 焊机的类型有很多,部分常用熔化极气体保护焊机的型号、性能及应用范围见表 4-2。

表 4-2 部分常用 MIG 焊机的型号、性能及应用

焊机		焊接电源						送丝机构			焊枪行走小车	应用特点
型号	名称	输入电压/V	相数	空载电压/V	外特性	额定输出电流/A	额定负载持续率/%	其他	焊丝直径/mm	送丝速度/(m·min⁻¹)	送丝方式		
NBA1-500	半自动氩弧焊机	380	3	65	硅整流,平	500	60	工作电压20～40 V 电流范围60～500 A	2～3	1～14	推丝	水冷	焊 8～30 mm 厚的铝及铝合金板
NBA2-200	半自动脉冲氩弧焊机	380	3	65	硅整流,平	200	60	工作电压30 V 电流范围10～200 A	1.4～2.0(Al)	1～14	推丝	Q-3 型手枪式水冷	铝及不锈钢半自动全位置焊接
NZA-1000	自动氩弧焊机	380	3	—	硅整流,缓降	1000	—	工作电压25～45 V	3～5 (Al,Cu)	1～6	推丝	焊车行走速度:3.5～130 cm/min	可进行 8～40 mm 厚铝铜自动氩弧焊,更换焊枪后可用于低碳钢、低合金钢、不锈钢埋弧焊
MM-350	MAG 脉冲半自动焊机	380	3	—	晶体管整流	350	—	—	—	—	—	—	可进行碳钢 MAG 脉冲焊;不锈钢 MIG 脉冲焊;低碳钢 MAG 短路焊、CO₂ 焊
YD-500 GL3	MIG/MAG 全数字脉冲焊机	380	3	67	数字IGBT控制	500	100	工作电压17～41.5 V 电流范围60～500 A	1.2～1.6	—	推丝	用于碳钢、不锈钢焊接	—

四、MIG 焊的熔滴过渡特点

MIG 焊熔滴过渡的形式主要有短路过渡、射流过渡、脉冲射流过渡。在用 MIG 焊焊接铝及铝合金时,如果采用射流过渡的形式,因焊接电流大,电弧功率高,对熔池的冲击力太大,造成焊缝形状为"蘑菇"形,容易在焊缝根部产生气孔和裂纹等缺陷。同时,由于电弧长度较大,会降低气体的保护效果。因此,在焊接铝及铝合金时,常采用亚射流过渡。

亚射流过渡是介于短路过渡和射流过渡之间的一种特殊形式,习惯上称为亚射流过渡。亚射流过渡采用较小的电弧电压,弧长较短,当熔滴长大并将以射流过渡形式脱离焊丝端部时,即与熔池短路接触,电弧熄灭,熔滴在电磁力及表面张力的作用下产生颈缩断开,电弧复燃完成熔滴过渡。

亚射流过渡的特点如下:

(1)短路时间很短,短路电流对熔池的冲击力很小,过程稳定,焊缝成型美观。

(2)焊接时,焊丝的熔化系数随电弧的缩短而增大,从而使亚射流过渡焊可采用等速送丝配以恒流外特性电源进行焊接,弧长由熔化系数的变化实现自身调节。

(3)亚射流过渡时电弧电压、焊接电流基本保持不变,所以焊缝熔宽和熔深比较均匀。

同时,电弧下潜熔池之中,热利用率高,加速焊丝的熔化,加强熔池的底部加热,从而改善了焊缝根部熔化状态,有利于提高焊缝的质量。

 项目实施

一、准备工作

焊前准备工作主要包括设备检查、焊件坡口的准备与组装、焊件和焊丝表面的清理以及劳动保护等。

(一)设备检查

一般应先观察焊接设备外部有无明显受伤的痕迹、电焊机部件有无缺损,并了解其维修史、使用年限、观察使用场所环境和焊接工艺等,再对电焊机进行检查。

先检查电焊机的种类、接线、接地、配电容量及使用的焊接工艺是否正确,当确定电焊机没有问题之后再检查其他设备。例如,送丝、润滑、气路、水路系统是否存在问题等,只有在确定这些系统也无问题之后,才可以进行试焊接。

(二)焊件坡口的准备与组装

(1)厚度不大于 3 mm 的碳钢、低合金钢、不锈钢、铝的对接接头,一般开 I 形坡口或不开坡口。

(2)厚度为 3~12 mm 的上述材料,可开 U 形、Y 形坡口。

(3)厚度大于 12 mm 的上述材料,可开双 U 形或双 Y 形坡口。

黑色金属的典型坡口尺寸如图 4-3 所示。

焊件开坡口的方法和组装与焊条电弧焊的要求一致。

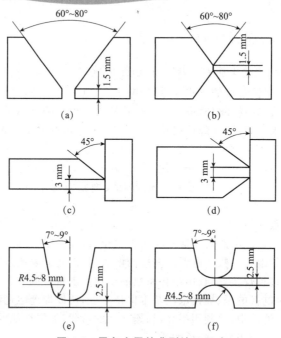

图 4-3　黑色金属的典型坡口尺寸

(a)Y 形；(b)双 Y 形；(c)单边 Y 形；(d)K 形；(e)U 形；(f)双 U 形

(三)焊前清理

与其他熔化极气体保护焊方法相比，惰性气体没有氧化性或还原性气体的去氢或脱氧作用，所以，MIG 焊对焊件和焊丝表面的污物非常敏感，焊前清理是 MIG 焊焊前准备的重点。常用的清理方法有机械清理和化学清理两类。

1. 机械清理

机械清理有打磨、刮削及喷砂等，用以清理焊件表面的氧化膜。对于不锈钢或高温合金焊件，常用砂纸打磨或用抛光法将焊件接头两侧 30～50 mm 宽度内的氧化膜清除掉。对于铝及其合金，由于材质较软，可用细钢丝轮、钢丝刷或刮刀将焊件接头两侧一定范围内的氧化膜除掉。机械清理法生产效率较低，所以，在成批生产时常用化学清理法。

2. 化学清理

化学清理方式随材质不同而异。例如，铝及其合金表面不仅有油污，而且形成一层熔点高、电阻大的氧化膜。采用化学清理效果好，且生产率高。不同金属材料所采用的化学清理剂与清理程序是不同的，可按焊接生产说明书的规定进行。铝及其合金的化学清理工序见表 4-3。

表 4-3　铝及其合金的化学清理工序

材料\工序	碱洗 $w_{NaOH}/\%$	碱洗 温度/℃	碱洗 时间/min	冲洗	光化 $w_{HNO_3}/\%$	光化 温度/℃	光化 时间/min	冲洗	干燥/℃
纯铝	15	室温	10～15	冷净水	30	室温	2	冷净水	60～110
	4～5	60～70	1～2						
铝合金	8	50～60	5	冷净水	50	室温	2	冷净水	60～110

(四)劳动保护

作业人员工作前要穿戴好合适的劳动保护用品，如口罩、防护手套、防护鞋、帆布工作服；

110

在操作时戴好护目镜或面罩;在潮湿的地方或雨天作业时应穿上胶鞋。要注意防尘、防电、防烫、防火和防辐射等。

二、工艺参数的选择

MIG焊的工艺参数主要有焊丝直径、焊接电流、电弧电压、焊接速度、喷嘴直径、焊丝伸出长度、保护气体流量大小等。

(一)焊丝直径

通常情况下,焊丝直径应根据工件的厚度及施焊位置来选择。细焊丝(直径小于或等于1.2 mm)以短路过渡为主,较粗焊丝以射流过渡为主。细焊丝主要用于焊接薄板和全位置焊接,而粗焊丝多用于厚板平焊位置。焊丝直径的选择见表4-4。

表4-4　焊丝直径的选择

焊丝直径/mm	工件厚度/mm	施焊位置	熔滴过渡形式
0.8	1～3	全位置	短路过渡
1.0	1～60	全位置、单面焊双面成形	
1.2	2～12		
	中等厚度、大厚度	打底	
1.6	6～25	平焊、横焊或立焊	射流过度
	中等厚度、大厚度		
2.0	中等厚度、大厚度		

在平焊位置焊接大厚度板时,可采用直径为3.2～5.6 mm的焊丝,这时焊接电流可调节到500～1 000 A。这种粗丝大电流焊的优点是熔透能力强,焊道层数少,焊接生产率高,焊接变形小。

(二)焊接电流

焊接电流是最重要的焊接工艺参数,应根据工件厚度、焊接位置、焊丝直径及熔滴过渡形式来选择。焊丝直径一定时,可以通过选用不同的焊接电流范围以获得不同的熔滴过渡形式,如要获得连续喷射过渡,其电流必须超过某一临界电流值。焊丝直径增大,其临界电流值也会增加。

在焊接铝及铝合金时,为获得优质的焊接接头,MIG焊一般采用亚射流过渡,此时电弧发出"咝咝"兼有熔滴短路时的"啪啪"声,且电弧稳定,气体保护效果好,飞溅少,熔深大,焊缝成型美观,表面鱼鳞纹细密。

低碳钢MIG焊的焊接电流范围见表4-5。

表4-5　低碳钢MIG焊的焊接电流范围

焊丝直径/mm	焊接电流/A	熔滴过渡方式	焊丝直径/mm	焊接电流/A	熔滴过渡方式
1.0	40～150	短路过渡	1.2	80～220	脉冲射流过渡
1.2	80～180	短路过渡	1.6	100～270	
1.2	220～350	射流过渡	1.6	270～500	射流过渡

(三)电弧电压

电弧电压主要影响熔滴的过渡形式及焊缝成型,要想获得稳定的熔滴过渡,除正确选用合适的焊接电流外,还必须选择合适的电弧电压与之相匹配。MIG焊电弧电压和焊接电流之间的关系如图4-4所示。若超出图中所示的范围,容易产生焊接缺陷。如电弧电压过高,则可能产生气孔和飞溅;电弧电压过低,则有可能短接。

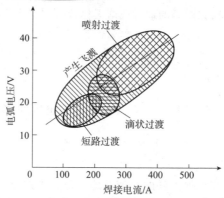

图 4-4　MIG 焊电弧电压和焊接电流之间的关系

(四)焊接速度和喷嘴直径

由于 MIG 焊对熔池的保护要求较高,焊接速度又高,如果保护不良,焊缝表面便易起皱皮。所以喷嘴直径比钨极氩弧焊的要大,为 20 mm 左右。氩气流量也大,为 30～60 L/min。自动 MIG 焊的焊接速度一般为 25～150 m/h,半自动 MIG 焊的焊接速度一般为 5～60 m/h。

喷嘴端部至工件的距离应保持 12～22 mm。从气体保护效果方面来看,距离越近越好,但距离过近容易使喷嘴接触到熔池表面,反而恶化焊缝成型。喷嘴高度应根据电流大小选择,见表 4-6。

表 4-6　喷嘴高度推荐值

电流大小/A	＜200	200～250	350～500
喷嘴高度/mm	10～15	15～20	20～25

(五)焊丝位置

焊丝和焊缝的相对位置会影响焊缝成型,焊丝的相对位置有前倾、后倾和垂直三种。焊丝位置示意如图 4-5 所示。当焊丝处于前倾焊法时形成的熔深大,焊道窄,余高也大;当处于后倾焊法时形成的熔深小,余高也小;垂直焊法介于两者之间。对于半自动 MIG 焊,焊接时一般采用左焊法,便于操作者观察熔池。

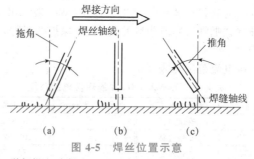

图 4-5　焊丝位置示意

(a)前倾焊法(右焊法);(b)垂直焊法;(c)后倾焊法(左焊法)

综上所述,在选择 MIG 焊的焊接工艺参数时,应先根据工件厚度、坡口形状选择焊丝直径,再由熔滴过渡形式确定焊接电流,并配以合适的电弧电压,其他参数的选择应以保证焊接过程稳定及焊缝质量为原则。各焊接工艺参数之间并不是独立的,而是需要互相配合,以获得稳定的焊接过程及良好的焊接质量为目的。

表 4-7～表 4-9 所示为 MIG 焊的焊接工艺参数。

表4-7　铝合金MIG焊(喷射过渡和亚射流过渡)的焊接工艺参数

板厚/mm	坡口尺寸/mm	焊道顺序	焊接位置	焊丝直径/mm	焊接电流/A	电弧电压/V	焊接速度/(cm·min^{-1})	送丝速度/(cm·min^{-1})	氩气流量/(L·min^{-1})	备注
6	[坡口图] c=0~2, α=60°	1	水平	1.6	200~250	24~27	40~50	590~770	20~24	使用垫板
		1	横立			(22~26)		(640~790)		
		2(背)	仰		170~190	23~26 (21~25)	60~70	500~560 (580~620)		
8	[坡口图] c=0~2, α=60°	1	水平	1.6	240~290	25~28	45~60	730~890	20~24	使用垫板,仰焊时增加焊道数
		2	横立			(23~27)		(750~1 000)		
		1	仰		190~210	24~28 (22~23)	60~70	560~630 (620~650)		
		2								
		3~4								
12	[坡口图] c=1~3, α₁=60°~90°, α₂=60°~90°	1	水平	1.6或2.4	230~300	25~28	40~70	700~930	20~28	仰焊时增加焊道数
		2	横立	1.6		(23~27)		(750~1 000)		
		3(背)	仰		190~230	24~28 (22~24)	30~45	310~410 560~700 (620~750)	20~24	
		1								
		2								
		3								
		1~8(背)								
18	[坡口图] c=1~3, α₁=90°, α₂=90°	4道	水平	2.4	310~350	26~30	30~40	430~480	24~30	焊道数可适当增加或减少,正反两面交替焊接以减少变形
		4道	横立	1.6	220~250	25~28 (23~25)	15~30	660~770 (700~790)		
		10~12道	仰	1.6	230~250	25~28 (23~25)	40~50	700~770 (720~790)		
35	[坡口图] c=2~3(7道时), α₁=90°, α₂=90°	6~7道	水平	2.4	310~350	26~30	40~60	430~480	24~30	
		6道	横立	1.6	220~250	25~28 (23~25)	15~30	660~770 (700~790)		
		15道	仰	1.6	240~270	25~28 (23~26)	40~50	700~830 (760~860)		

表 4-8　不锈钢 MIG 焊(短路过渡)的焊接工艺参数

板厚/mm	坡口形式	焊丝直径/m	焊接电流/A	电弧电压/V	送丝速度/(m·min⁻¹)	保护气体(体积分数)	气体流量/(L·min⁻¹)
1.6	I	0.8	85	21	4.5	90%He+7.5%Ar+2.5%CO_2	14
2.4	I	0.8	105	23	5.5	90%He+7.5%Ar+2.5%CO_2	14
3.2	I	0.8	125	24	7	90%He+7.5%Ar+2.5%CO_2	14

表 4-9　不锈钢 MIG 焊(射流过渡)的焊接工艺参数

板厚/mm	坡口形式	焊丝直径/m	焊接电流/A	电弧电压/V	送丝速度/(m·min⁻¹)	保护气体(体积分数)	气体流量/(L·min⁻¹)
3.2	I(带垫板)	1.6	225	24	3.3	98%Ar+2%O_2	14
6.4	Y(60°)	1.6	275	26	4.5	98%Ar+2%O_2	16
9.5	Y(60°)	1.6	300	28	6	98%Ar+2%O_2	16

　　MAG 焊的工艺内容和工艺参数的选择原则与 MIG 焊相似。不同之处是在 Ar 中加入了一定量的具有脱氧去氢能力的活性气体,因而,焊前清理就没有 MIG 焊要求严格。MAG 焊主要适用碳钢、合金钢和不锈钢等钢铁材料的焊接,尤其在不锈钢的焊接中得到广泛的应用。焊接不锈钢时,通常采用直流反接短路过渡或喷射过渡 MAG 焊,保护气体为 Ar+O_2(O_2 的体积分数为 1%～5%)。根据具体情况,需决定是否采用预热和焊后热处理、喷丸、锤击等其他工艺措施。表 4-10 和表 4-11 分别给出了短路过渡和射流过渡 MAG 焊的工艺参数。

表 4-10　短路过渡 MAG 焊的工艺参数

母材厚度/mm	焊丝直径/mm	焊接电流(DC)/A	电弧电压/V	送丝速度/(m·h⁻¹)	焊接速度/(m·h⁻¹)	保护气体流量/(L·min⁻¹)
0.6	0.8	30～50	15～17	130～155	15～30	7～9
0.8	0.8	40～60	15～17	135～200	25～35	7～9
0.9	0.9	55～85	15～17	105～185	50～60	7～9
1.3	0.9	70～100	16～19	150～245	50～60	7～9
1.6	0.9	80～110	17～20	180～275	45～55	9～12
2.0	0.9	100～130	18～20	245～335	35～45	9～12
3.2	0.9	120～160	19～22	320～445	30～40	9～12
3.2	1.1	180～200	20～24	320～370	40～50	9～12
4.7	0.9	140～160	19～22	320～445	20～30	9～12
4.7	1.1	180～205	20～24	320～375	25～35	9～12
6.4	0.9	140～160	19～22	365～445	15～25	9～12
6.4	1.1	180～2250	20～24	320～445	15～30	9～12

　　注:1.焊接位置为平焊和横角焊。对立焊或仰焊减小电流 10%～15%。

　　　　2.角焊缝尺寸等于母材厚度,坡口焊缝装配间隙等于板厚的 1/2。

　　　　3.保护气体为 75%Ar+25%CO_2 或 O_2(体积分数)。

表 4-11　射流过渡 MAG 焊的工艺参数

母材厚度 /mm	焊缝形式	层数	焊丝直径 /mm	焊接电流 /A	电弧电压 /V	送丝速度 /(m·h⁻¹)	焊接速度 /(m·h⁻¹)	保护气体流量/(L·min⁻¹)
3.2	I 形坡口对缝或角缝	1	1.6	300	24	251	53	19～24
4.8	I 形坡口对缝或角缝	1	1.6	350	25	351	49	19～24
6.4	角缝	1	1.6	350	25	351	49	19～24
6.4	角缝	1	2.4	400	26	152	49	19～24
6.4	V 形坡口对缝	2	1.6	375	25	396	37	19～24
6.4	V 形坡口对缝	1	2.4	325	24	320	49	19～24
9.5	V 形坡口对缝	2	2.4	450	29	182	43	19～24
9.5	角缝	2	1.6	350	25	351	30	19～24
12.7	V 形坡口对缝	3	2.4	425	27	168	46	19～24
12.7	角缝	3	1.6	350	25	351	37	19～24
19.1	双面 V 形坡口对缝	4	2.4	425	27	168	37	19～24
19.1	角缝	5	1.6	350	25	351	37	19～24
24.1	角缝	6	2.4	425	27	168	40	19～24

注：1.上列参数只用于平焊和横角焊。
　　2.保护气体是 Ar＋1%～5%O_2（体积分数）。

三、MIG 焊基本操作

（一）引弧

熔化极气体保护电弧焊都是利用短路引弧法进行引弧，引弧时首先送进焊丝，并逐渐接近母材。一旦与母材接触，电源将提供较大的短路电流，在接触点附近的焊丝爆断，进行引弧。

（二）施焊

MIG 焊的施焊过程（包括定位、焊缝的起头、运条方法、焊缝的连接及焊缝的收尾等）参照焊条电弧焊、CO_2 焊的规则要求进行。

知识拓展

一、脉冲熔化极惰性气体保护焊

利用脉冲电流进行焊接的熔化极惰性气体保护电弧焊称脉冲熔化极惰性气体保护焊。

这种焊接方法的焊接电流特征是在较低的基值电流上周期性地叠加高峰值的脉冲电流,而脉冲电流的波形及其基本参数可以在较宽范围内进行调节与控制。由于采用可控的脉冲电流取代恒定的直流电流,可以方便可靠地调节电弧能量,从而扩大了应用范围,提高了焊接质量,特别适合热敏金属材料和薄、超薄板工件及薄壁管子的全位置焊接。

二、窄间隙熔化极活性气体保护焊

窄间隙熔化极活性气体保护焊是焊接大厚板对接焊缝的一种高效率的特种焊接技术。接头形式为对接接头,不开坡口或开小角度 V 形坡口,间隙范围为 6～1.5 mm,采用单道多层或双道多层焊,可焊厚度为 30～300 mm。窄间隙熔化极活性气体保护焊可以焊接钢铁材料和非铁金属,目前主要用于焊接低碳钢、低合金高强度钢、高合金钢和铝、钛合金等。应用领域以锅炉、石油化工行业的压力容器为最多,其次是机械制造和建筑结构及管道、造船等行业。

脉冲熔化极惰性气体保护焊和窄间隙熔化极活性气体保护焊

项目小结

MIG 焊适合焊接低碳钢、低合金钢、耐热钢、不锈钢、非铁金属及其合金。低熔点或低沸点金属材料如铅、锡、锌等,不宜采用熔化极惰性气体保护焊。目前在中等厚度、大厚度铝及铝合金板材的焊接中,已广泛地应用了 MIG 焊。

MIG 焊可分为自动 MIG 焊和半自动 MIG 焊两种。自动 MIG 焊适用较规则的纵缝、环缝及水平位置的焊接;半自动 MIG 焊大多用于定位焊、短焊缝、断续焊缝及铝容器中封头、管接头、加强圈等工件的焊接。

MAG 焊可以采用短路过渡、射流过渡和脉冲射流过渡等形式,可用于平焊、立焊、横焊和仰焊及全位置焊,适用于焊接碳钢、合金钢和不锈钢等钢铁材料。

综合训练

一、填空题

1. MIG 焊熔滴过渡的形式主要有 _____ 、_____ 、_____ 。

2. 焊丝和焊缝的相对位置会影响焊缝成型,焊丝的相对位置有 _____ 、_____ 、_____ 三种。

二、选择题

1. 气体保护焊时,保护气体成本最低的是( )。

    A. H_2 B. CO_2 C. He   D. Ar

2. 氩气的密度比空气的密度( )。

    A. 小   B. 大   C. 相同   D. 不确定

3. 下列气体中,不属于 MIG 焊用保护气的为( )。

    A. Ar   B. Ar＋He   C. Ar＋CO_2 D. He

4. 对于铜及铜合金,( )相当于惰性气体。

    A. N_2 B. CO_2 C. H_2 D. O_2

5.采用窄间隙气体保护焊焊接厚焊件时需要开( )形坡口。

    A. X   B. Y   C. V   D. I

6.下列焊接方法中,对焊接清理要求最严格的是( )。

    A. 焊条电弧焊   B. MIG 焊   C. CO_2 焊   D. 埋弧焊

三、判断题(正确的画"√",错误的画"×")

1.因氮气不溶于铜,故可用氮气作为焊接铜及铜合金的保护气体。   ( )

2.熔化极氩弧焊熔滴过渡的形式采用射流过渡。   ( )

四、简答题

1.MIG 焊有哪些特点?

2.MIG 焊常用的保护气体有哪些?

3.采用活性保护气体具有什么优点?

4.MAG 焊的适用范围有哪些?

五、操作实训

1.熟悉 MIG/MAG 焊机的结构,掌握 MIG/MAG 焊工艺参数的调节方法。

2.掌握 MIG/MAG 焊的基本操作技能。

项目五　钨极惰性气体保护焊

 项目导入

　　生物制药设备(发酵罐)中的小直径不锈钢管道在制作与安装过程中,通常要求单面焊双面成型,保证环缝根部全部熔透,如图 5-1 所示。

图 5-1　生物制药设备

 项目分析

　　钨极惰性气体保护焊是指使用纯钨或活化钨极作为电极的非熔化极惰性气体保护焊方法,简称 TIG 焊。TIG 焊具有热输入调节方便、熔深和熔池容易控制、熔池保护效果好、电弧燃烧稳定、焊后变形小等优点,是全位置单面焊双面成形的最理想的焊接方法。在不锈钢、铝合金零部件的焊接和补焊中得到了广泛的应用。

　　本项目主要学习:

　　TIG 焊的原理、特点及应用;TIG 焊的电流种类和极性;TIG 焊设备;TIG焊工艺;TIG 焊的操作方法。

钨极惰性气体
保护焊场景

 知识目标

　　1.掌握 TIG 焊的原理及特点,TIG 焊的电流种类和极性,焊接材料的选择,焊接工艺参数的选择;

　　2.熟悉 TIG 焊设备的组成、操作使用和维护保养;

　　3.了解 TIG 焊其他方法;

　　4.掌握 TIG 焊的基本操作要点。

能力目标

1. 能够根据 TIG 焊的使用要求,合理选择 TIG 焊设备;

2. 能够正确安装调试、操作使用和维护保养 TIG 焊设备;

3. 能够根据实际生产条件和具体的焊接结构及其技术要求,正确选择 TIG 焊工艺参数及工艺措施;

4. 能够分析焊接过程中常见工艺缺陷的产生原因,提出解决问题的方法;

5. 能够进行 TIG 焊基本操作。

素质目标

1. 利用现代化手段对信息进行学习、收集、整理的能力;

2. 良好的表达能力和较强的沟通与团队合作能力;

3. 良好的质量意识和劳模精神、劳动精神、工匠精神。

相关知识

郑兴—巧手铸星
船,匠心舞九天

一、TIG 焊的原理、特点及应用

钨极惰性气体保护焊是指使用纯钨或活化钨极作为电极的非熔化极惰性气体保护焊方法。钨极氩弧焊通常又叫非熔化极氩弧焊,是利用氩气保护的一种气体保护焊。在如图 5-2 所示的焊接过程中,从喷嘴 4 中喷出的氩气排开空气,在焊接区造成一个保护层,在氩气流的保护下,电弧在钨极(金属钨或其合金棒)和工件之间燃烧。

TIG 焊过程

在利用氩气保护时,若焊枪移动和填充金属送进均由手工操作,则称为手工氩弧焊。焊枪移动由手工操作,填充金属由机械送进的称为半自动氩弧焊。填充金属的送进,焊枪与工件的相对运动均由机械机构完成的称为自动氩弧焊。

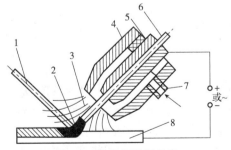

图 5-2　钨极氩弧焊示意

1—填充焊丝;2—电弧;3—氩气流;4—喷嘴;5—导电嘴;6—钨极;7—进气管;8—工件

与其他熔化极气体保护焊相比,TIG 焊具有如下一些特点。

(一)优点

(1)熔池保护效果好,焊缝金属质量高。氩气属于惰性气体,不溶于液态熔池,被焊金属及焊丝的元素不容易烧损及氧化,绝大多数的材料可以焊接。

(2)电弧燃烧稳定,飞溅少,焊后无熔渣。TIG焊采用难熔金属纯钨或活性钨制作的电极,在焊接中不熔化。

(3)降低焊接应力,焊后变形小。TIG焊焊接热输入集中,焊缝热影响区窄,焊接应力与变形均小于其他焊接方法,适合薄板焊接。

(4)接头组织致密,力学性能较好。

(5)明弧操作,容易观察,操作简单,特别适合全位置焊接。焊接线能量容易调节和控制,可很好地控制熔池大小和尺寸。小电流焊接时,电弧燃烧稳定。

(二)缺点

(1)熔深浅,熔覆速度慢,焊接生产率低。

(2)焊接电流大时,钨极有少量的蒸发,容易进入焊缝熔池,影响焊接质量。

(3)生产成本较其他焊接方法高。

(4)氩弧焊产生的紫外线是焊条电弧焊的10～30倍,生成的臭氧对焊工危害较大。

(5)露天或野外作业,需要采取有效的防风措施,以免破坏氩气的保护效果。

(三)TIG焊的应用范围

TIG焊广泛应用于飞机制造、石油化工、原子能等领域,适合焊接容易氧化的有色金属及其合金、不锈钢、钛及钛合金与难溶的活性金属(钼、铌、锆)等。以焊接3 mm以下的薄板为主,对于大厚度的重要构件、压力容器、管道等可用于打底焊缝的焊接。

二、TIG焊的电流种类和极性

电流种类和极性的选择主要取决于被焊材料的种类和对焊缝的要求。

TIG焊的电流可以采用直流、交流两种。直流又有直流正接和直流反接两种不同的使用方法。

1.直流电源正接法

采用钨极氩弧焊焊接合金钢、耐热钢、不锈钢和钛合金等材料时采用正接法,即钨极接负极,焊件接正极,如图5-3(a)所示。焊接时,由于电子向焊件高速地冲击,所以焊件熔深较大,钨极消耗少,并且钨极有较大的许用电流。

2.直流电源反接法

钨极氩弧焊采用直流反接法,即钨极接正极,焊件接负极,如图5-3(b)所示。此种接法电弧稳定性较差。但由于焊件对正离子的吸收作用,使得正离子向熔池和焊件表面冲击,并产生大量的热量,使焊件表面氧化膜被冲破而产生"阴极清洗"现象。图5-4所示是铝TIG焊阴极清洗示意。焊缝周围的白色边就是因清洗作用将母材表面氧化膜去除掉后的痕迹。

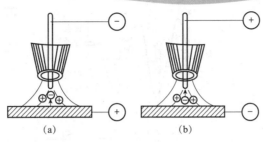

图 5-3 直流电源的极性接法示意

(a)直流电源正接法；(b)直流电源反接法

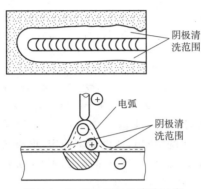

图 5-4 铝 TIG 焊阴极清洗示意

发生阴极清洗的基本条件是母材必须接入负极，因此只有直流反接和交流的负半周期内才能有这种作用。同时发生的范围是惰性气体充分包围的地方，若混入空气就不会发生阴极清洗。惰性气体流量不足，其作用范围也会减小。

交流 TIG 焊的阴极清洗作用不如直流反接的显著，但交流的综合效果（如熔深、钨极寿命、生产率等）好，因而广泛地用于焊接铝、镁及其合金。

3. 交流 TIG 焊

交流 TIG 焊时，兼备了直流正极性法和直流反极性法两者的优点。但是，由于交流电弧每秒钟要 100 次过零点，加上交流电弧在正、负半周里导电情况的差别，就出现了交流电弧过零点后复燃困难和焊接回路中产生直流分量的问题，必须采取适当的措施才能保证焊接过程的稳定进行。

在交流电弧中，电弧的极性是不断变化的，由于钨极与焊件的热物理性能（电子发射率）及钨极与焊件的尺寸相差悬殊，使电弧电流波形发生畸变，所以交流电弧中就产生了直流分量，特别是焊接铝和镁合金时最为明显。当钨极为负极性时，如图 5-5(a)所示的"A"，由于钨极直径比焊件小得多，而且散热困难，因此热量更为集中，从而有利于热电子的发射，使阴极的电压降减小；反之，当焊件为负极性时，如图 5-5(a)所示的"B"，由于焊件尺寸大，容易散热，热电子发射较困难，所以阴极的电压降增大。因此，在使用交流电源时，交流电正负半波的电流及电压是不对称的。当钨极在负半波时，电弧电压低、电流 I_1 大、通电时间 t_1 长。反之，焊件在负半波时，电弧电压高、电流 I_2 小、通电时间 t_2 短。当电源电压一定时，正负半波的电流不相等，如图 5-5(b)所示，这样在交流电路中就形成了直流分量 I_0，如图 5-5(c)所示，其方向由焊件流向钨极，即产生正极性的直流电源。

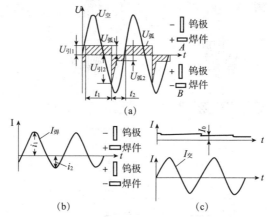

图 5-5　交流钨极氩弧焊的电压和电流波形图

(a)电压波形;(b)电流波形;(c)电流波形分解

U—空载电压;$U_{引1}$—正半波引弧电压;$U_{弧1}$—正半波电弧电压;$U_{引2}$—负半波引弧电压;

$U_{弧2}$—负半波电弧电压;i_1—正半波焊接电流;i_2—负半波焊接电流

t_1—正半波通电时间;t_2—负半波通电时间;I_0—直流分量

图 5-5 中,当 $U_{引1}<U_{引2}$ 时,则 $U_{弧1}<U_{弧2}$,$i_1>i_2$,$t_1>t_2$。当焊接回路中出现正极性的直流电源之后,就大大降低了"阴极清洗"作用,使电弧不稳定,电极斑点游动,从而影响焊缝难以成形及容易产生未焊透的缺陷。总之,直流分量越大,则"阴极清洗"作用越小,焊接越困难。同时,直流分量的存在对焊接变压器也是有害的。

采用交流电源焊接铝、镁及其合金时,必须设法消除直流分量。消除直流分量可以采用在焊接回路中串联直流电源、电阻或电容等方法,如图 5-6 所示。

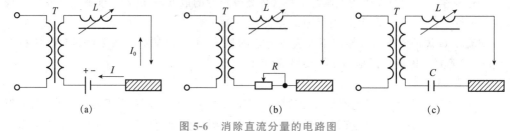

图 5-6　消除直流分量的电路图

(a)串联直流电源;(b)串联电阻;(c)串联电容器

T—焊接变压器;L—电抗器

各种电流 TIG 焊的特点见表 5-1。

焊接各种金属材料对焊接电源种类和极性的选择见表 5-2。

表 5-1　各种电流 TIG 焊的特点

电流种类	直流		交流
	直流正接	直流反接	
示意图			

电流种类	直流		交流
	直流正接	直流反接	
两极热量的近似比例	焊件70%,钨极30%	焊件30%,钨极70%	焊件50%,钨极50%
焊缝形状特征	深、窄	浅,宽	中等
钨极许用电流	最大(ϕ3.2 mm,400 A)	小(如ϕ6.4 mm,120 A)	较大(如ϕ3.2 mm,225 A)
稳弧措施	不需要	不需要	需要
阴极清洗作用	无	有	有(焊件为负半周时)
消除直流分量装置	不需要	不需要	需要

表5-2　焊接各种金属材料对焊接电源种类和极性的选择

焊接电源种类与极性	被焊金属材料
直流电源正接法	低合金高强度钢、不锈钢、耐热钢、铜、钛及其合金
直流电源反接法	适用各种金属的熔化极氩弧焊
交流电源	铝、镁及其合金

三、焊接材料的选择

1.钨极

常用的有纯钨极、钍钨极和铈钨极三种,推荐使用铈钨极。

钨极的直径决定了焊枪的结构尺寸、质量和冷却方式,直接影响焊工的劳动条件和焊接质量。不同直径钨极的焊接电流范围见表5-3。

表5-3　钨极许用电流范围

钨极直径 /mm	直流/A				交流/A	
	正接(电极一)		反接(电极＋)			
	纯钨	钍钨、铈钨	纯钨	钍钨、铈钨	纯钨	钍钨、铈钨
0.5	2～20	2～20	—	—	2～15	2～15
1.0	10～75	10～75	—	—	15～55	15～70
1.6	40～130	60～150	10～20	10～20	45～90	60～125
2.0	75～180	100～200	15～25	15～25	65～125	85～160
2.5	130～230	160～250	17～30	17～30	80～140	120～210
3.2	160～310	225～330	20～35	20～35	150～190	150～250
4.0	275～450	350～480	35～50	35～50	180～260	240～350
5.0	400～625	500～675	50～70	50～70	240～350	330～460
6.3	550～675	650～950	65～100	65～100	300～450	430～575
8.0	—	—	—	—	—	650～830

当电流种类和大小变化时,为保持电弧的稳定性,应将钨极端部磨成不同形状,如图5-7所示。

123

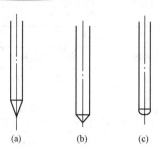

图 5-7　常用钨极端部形状

(a)小电流；(b)大电流；(c)交流

2.氩气

焊接碳素结构钢、不锈钢等材料,氩气的纯度应大于 99.95％；焊接铝、镁、钛、铜及其合金,氩气纯度应大于 99.99％。

气体流量越大,保护层抵抗流动空气的影响能力越强。但流量过大,保护层会产生不规则流动,容易使空气卷入,反而降低保护效果。一般直径为 8～12 mm 的喷嘴,合适的氩气流量为 7～10 L/min。

在实际生产中,鉴别 TIG 焊气体保护效果的方法主要有试验法、颜色鉴别法和电极颜色鉴别法等。

(1)试验法就是按选定的焊接工艺在试板上引弧焊接,保持焊枪不动,电弧燃烧 5～10 s 后熄弧。检查熔化焊点及其周围有无明显的白色圆圈,白色圆圈越大,保护效果越好,如图 5-8 所示。

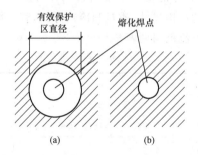

图 5-8　氩气的有效保护区

(a)保护效果好；(b)保护效果不好

(2)颜色鉴别法就是根据焊缝表面的颜色来判断保护效果。

①不锈钢:表面呈银白色和黄色最好,蓝色次之,灰色不良,黑色最差。

②钛及钛合金:银白、淡黄色最好,深黄色次之,深蓝色最差。

③铝及铝合金:焊缝两侧出现一条亮白色条纹,则保护效果最好。

(3)电极颜色鉴别法就是按正常使用的电流、气流量规范,在焊接试板上施焊 10～20 s 后熄弧,观察电极,若呈银白色为良好,若呈蓝色为不良。

四、TIG 焊设备

TIG 焊设备按焊接电源的不同又可分为交流 TIG 焊机(包括矩形波 TIG 焊机)、直流

TIG 焊机及脉冲 TIG 焊机;按操作方式可分为手工 TIG 焊机和自动 TIG 焊机两类。下面以手工 TIG 焊机为例,介绍 TIG 焊设备。

手工 TIG 焊设备由焊接电源、引弧及稳弧装置、焊枪、供气及水冷系统和焊接程序控制装置等部分组成,如图 5-9 所示。

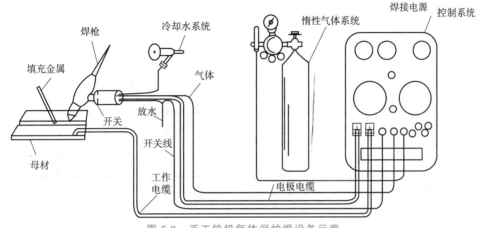

图 5-9　手工钨极气体保护焊设备示意

(一)焊接电源

无论直流或交流 TIG 焊,都要求选用具有陡降或垂直外特性的弧焊电源,以保证在弧长发生变化时,减少焊接电流的波动。交流焊机电源常采用动圈漏磁式变压器;直流焊机电源可采用磁饱和和电抗器式硅整流或晶闸管式整流电源,现在通常采用逆变式弧焊整流器。

1.直流电源

凡可以进行焊条电弧焊的直流电源均可用作 TIG 焊的电源。近年发展很快的晶闸管式弧焊整流器、逆变式弧焊整流器等因其性能好、节电,已在 TIG 焊中得到大量应用。这些电源都可给出恒流的外特性,并能自动补偿电网电压的波动和提供宽广的电流调节范围。表 5-4 所示为可供直流 TIG 焊用的部分弧焊电源。

表 5-4　可供直流 TIG 焊用的部分弧焊电源

系列	磁放大器式	晶闸管式	逆变式
型号	ZX－160	ZX5－160	ZX7－100
	ZX－250	ZX5－250	ZX7－160
	ZX－400	ZX5－400	ZX7－200
		ZX5－630	ZX7－315

2.交流电源

凡是具有下降(或恒流)外特性的弧焊变压器都可以用作普通 TIG 焊的交流电源。国产的钨极交流氩弧焊机中主要采用具有较高空载电压的动圈式弧焊变压器做电源,如 BX3－400－1、BX3－400－3 和 BX3－500－2 型弧焊变压器。必须指出,由于交流电弧不如直流电弧稳定,故实际应用的交流 TIG 焊机除以弧焊变压器为电源外,还需配备引弧和稳弧装置。

3.逆变式弧焊电源

部分国产逆变式(ZX7 系列)焊条电弧/TIG 两用弧焊电源的技术数据见表 5-5。

表 5-5   部分国产逆变式(ZX7 系列)焊条电弧/TIG 两用弧焊电源的技术数据

型号	ZX7－200S/ST	ZX7－315S/ST	ZX7－400S/ST	ZX7－500S/ST	ZX7－630S/ST
输入电源	3 相 380 V;50/60 Hz				
输入容量/kVA	8.75	16	21	27	34
额定电流/A	200	315	400	500	630
额定负载持续率/%	60				
空载电压/V	70～80				
电流调节范围/A	20～200	30～315	40～400	Ⅰ挡 50～167 Ⅱ挡 150～500	Ⅰ挡 60～210 Ⅱ挡 180～630
效率/%	83	83	83	83	83
质量/kg	59	66	75	84	98
外形尺寸/mm	600×355×540	600×355×540	700×355×540	690×375×490	720×400×500

4.氩弧焊电源代号

氩弧焊电源代号见表 5-6。

表 5-6   氩弧焊电源代号

第一字位		第二字位		第三字位		第四字位		第五字位	
大类名称	代表字母	小类名称	代表字母	附注特征	代表字母	系列序号	代表字母	基本规格	代表字母
TIG 焊机	W	自动焊	Z	直流	省略	焊车式	省略	额定焊接电流	A
		手工焊	S	交流	J	全位置焊车式	1		
		点焊	D	交直流	E	横臂式	2		
		其他	Q	脉冲	M	机床式	3		
						旋转焊头式	4		
						台车式	5		
						机械手式	6		
						变位式	7		
						真空充气式	8		

(二)引弧及稳弧装置

1.引弧器

引弧器的主要功能是顺利引燃电弧。常见的引弧方法如下:

(1)短路引弧。利用钨极和引弧板或者工件之间的直接引弧,适用操作技术较好的焊工。短路引弧方法的缺点是钨极烧损严重,钨极端部形状容易破坏。

(2)高频引弧。利用高频振荡器产生的高频高压击穿钨极与工件之间的间隙引燃电弧。此种引弧方法操作比较简单,对钨极保护较好,适用初学者。

(3)高压脉冲引弧。在钨极与工件之间加以高压脉冲,使两级间气体介质电离而引燃电弧。

2. 稳弧器

交流氩弧的稳定性较差,在正接转换为负接瞬间必须采取稳弧措施。常见的稳弧方法如下:

(1)高频稳弧。利用高频稳弧,可以在稳弧时适当降低高频的强度。

(2)高压脉冲稳弧。在电流过零瞬间加一个高压脉冲。

(3)交流矩形波稳弧。交流矩形波在过零瞬间有极高的电流变化率,帮助电弧在极性转换时很快地反向引燃。

(三)焊枪

氩弧焊枪一般由喷嘴、电极夹头、夹头套管、绝缘帽、进气管、冷却水管等部分组成。图 5-10 所示为 TIG 焊用典型的水冷式焊枪。

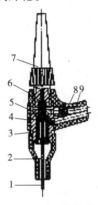

图 5-10　PQ1－150 水冷式焊枪结构

1—钨极;2—陶瓷喷嘴;3—密封环;4—扎头套管;5—电极扎头;

6—枪体塑料压制件;7—绝缘帽;8—进气管;9—冷却水管

焊枪的作用是夹持钨极、传导焊接电流、输送氩气。氩弧焊枪应满足以下要求:

(1)具有良好的导电性。

(2)氩气气流具有一定的流动状态和一定的挺度。

(3)具有长时间工作的性能。

(4)喷嘴与钨极之间具有良好的绝缘性。结构简单,可达性好,便于操作且耐用和维护方便。

氩弧焊枪分为气冷式和水冷式两种。前者用于小电流(<100 A)。TIG 焊焊枪的标志由形式符号及主要参数组成。形式符号主要有"QS"和"QQ"两种。"QS"表示水冷;"QQ"表示气冷。在形式符号后面的数字表示焊枪的参数。例如:

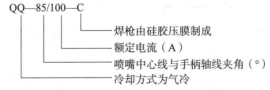

国产部分手工 TIG 焊焊枪的型号及技术规格见表 5-7。

表 5-7　国产部分手工 TIG 焊焊枪的型号及技术规格

型号	冷却方式	出气角度/(°)	额定焊接电流/A	适用钨极尺寸/mm		开关形式	质量/kg
				长度	直径		
QS1-150	循环水冷却	65	150	110	1.6、2.0、3.0	推键	0.13
QS1-350		75	350	150	3.0、4.0、5.0	推键	0.3
QS1-500		75	500	180	4.0、5.0、6.0	推键	0.45
QS-65/70		65	200	90	1.6、2.0、2.5	按钮	0.11
QS-85/250		85	250	160	2.0、3.0、4.0	船形开关	0.26
QS-75/400		75	400	150	3.0、4.0、5.0	推键	0.40
QQ-65/75	气冷却（自冷）	65	75	40	1.0、1.6	微动开关	0.09
QQ-85/100		85	100	160	1.6、2.0	船形开关	0.2
QQ-85/150		85	150	110	1.6、2.0、3.0	按钮	0.2
QQ-85/200		85	200	150	1.6、2.0、3.0	船形开关	0.26

　　氩弧焊时,最容易损坏的部件是喷嘴。焊接喷嘴的材料有陶瓷、紫铜和石英三种。高温陶瓷喷嘴既绝缘又耐热,应用广泛,但通常焊接电流不能超过 350 A;紫铜喷嘴使用电流可达 500 A,需用绝缘套将喷嘴和导电部分隔离;石英喷嘴较贵,但焊接时可见度好。目前,经常使用的喷嘴有截面收敛型、等截面型和截面扩散型,如图 5-11 所示。

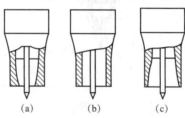

(a)　　　　(b)　　　　(c)

图 5-11　常见的喷嘴形式

(a)截面收敛型;(b)等截面型;(c)截面扩散型

喷嘴直径的选择参考表 5-8。

表 5-8　喷嘴直径与钨极直径的对应关系

喷嘴直径/mm	钨极直径/mm
6.4	0.5
8	1.0
9.5	1.6 或 2.4
11.1	3.2

(四)供气及水冷系统

1. 供气系统

TIG 焊机的供气系统主要包括氩气瓶、减压器、气体流量计和电磁气阀,如图 5-12 所示。

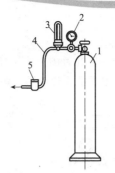

图 5-12　TIG 焊气路系统示意

1—氩气瓶；2—减压器；3—气体流量计；4—气管；5—电磁气阀

（1）氩气瓶容积一般为 40 L，最大压力为 14 700 kPa，气瓶外涂灰色，并标以"氩气"字样。氩气在气瓶中呈现中性气态，从气瓶中引出后不需要加热和干燥。

（2）减压器用以将高压气瓶中的气体压力降至焊接所要求的压力。

（3）气体流量计用来调节和测量气体的流量。减压阀和气体流量计常组合为一体，常见的有 301—1 型浮标式。

（4）电磁气阀以电信号控制气流的通断，从而达到提前送气和滞后断气的目的。通常采用 6 V、110 V 交流电磁气阀或 24 V、36 V 直流电磁气阀控制。

2. 水冷系统

水冷系统主要是冷却焊枪、焊接电缆和钨极。当焊接电流大于 100 A 时需要水冷。对于手工水冷式焊枪，通常将焊接电缆装入通水软管中做成水冷电缆，这样可大大提高电流密度，减轻电缆质量，使焊枪更轻便。有时水路中还接入水压开关，保证冷却水接通并有一定压力后才能启动焊机。

（五）焊接程序控制装置

为了获得优质焊缝，无论是手工 TIG 焊还是自动 TIG 焊，必须有序地进行。TIG 焊接的一般程序要求如下：

（1）起弧前必须用焊枪向始焊点提前 1～4 s 送气，以驱赶管内和焊接区的空气。

（2）灭弧后应滞后一定时间（5～15 s）停气，以保护尚未冷却的钨极与熔池。

（3）在接通焊接电源的同时，即启动引弧装置。电弧引燃后即进入焊接，焊枪的移动和焊丝的送进也同时协调地进行。

（4）焊接即将结束时，焊接电流应能自动地衰减，直至电弧熄灭，以消除和防止弧坑裂纹。

（5）用水冷式焊枪时，送水与送气应同步进行。

图 5-13（a）、（b）分别表示手工和自动 TIG 焊接的一般控制程序，焊接时由工人和焊机的控制系统配合完成。

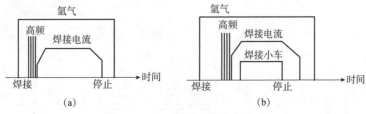

图 5-13　TIG 焊的一般控制程序

（a）手工 TIG 焊；（b）自动 TIG 焊

(六)典型 TIG 焊设备介绍

下面以 NSA－500－1 型手工 TIG 焊机为例介绍。NSA－500－1 型手工 TIG 焊机主要用来焊接铝、镁及其合金。该 TIG 焊机主要由弧焊电源、焊枪和控制箱等部分组成。其外部接线图如图 5-14 所示。

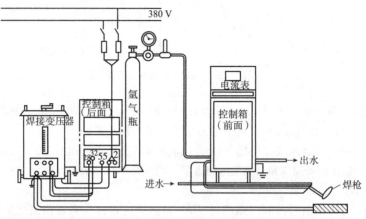

图 5-14　NSA－500－1 型 TIG 焊机接线示意

NSA－500－1 型手工 TIG 焊机电路原理如图 5-15 所示。它由焊接主电路、高压脉冲发生器电路、引弧触发电路、稳弧触发电路、操作程序控制电路及延时电路组成。NSA－500－1 型手工 TIG 焊机用电容充放电延时电路来控制提前送气和滞后停气的时间。其他程序由继电接触器控制。该 TIG 焊机没有电流衰减装置。

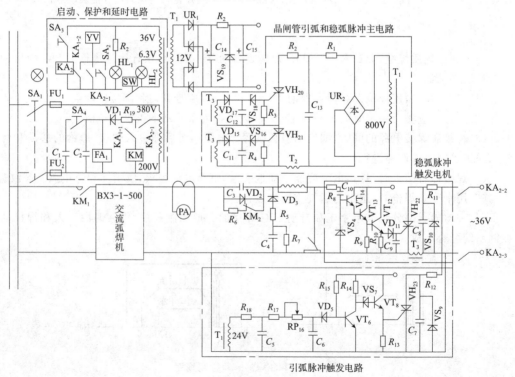

图 5-15　NSA－500－1 型手工 TIG 焊机电路原理

130

NSA－500－1 型手工 TIG 焊机控制电路动作程序可用图 5-16 所示的方框表示。

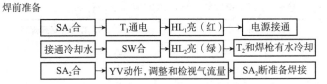

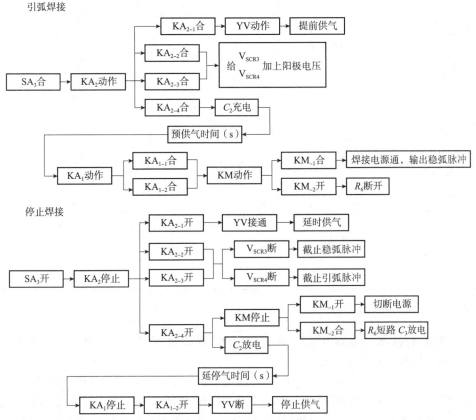

图 5-16　NSA－500－1 型手工 TIG 焊机控制电路动作程序方框图

NSA－500－1 型手工 TIG 焊机的主要技术数据见表 5-9。

表 5-9　NSA－500－1 型手工 TIG 焊机的主要技术数据

名称	数据	名称	数据
电源电压/V	220/380	额定焊接电流/A	500
工作电压/V	20	焊接电流调节范围/A	50～500
钨极直径/mm	1～7	冷却水流量/(L·min^{-1})	1
额定持续率/%	60	氩气流量/(L·min^{-1})	25

表 5-10 列出了部分国产 TIG 焊设备主要技术数据及适用范围。

表 5-10　部分国产 TIG 焊设备主要技术数据及适用范围

技术数据	自动钨极氩弧焊机		手工钨极氩弧焊机	
	NZA－500	NZA6－30	NSA－300	WSM－63
电源电压/V	380	380	380/220	220
空载电压/V	—	—	—	—
工作电流/A	—	—	20	—
额定焊接电流/A	500	30	300	63
电流调节范围/A	50～500	—	50～300	3～63
钨极直径/mm	1.5～4	—	2～6	—
送丝速度/(m·min⁻¹)	0.17～9.3	—	—	—
焊接速度/(m·min⁻¹)	0.17～1.7	0.17～1.7	—	—
氩气流量/(L·min⁻¹)	—	—	20	—
冷却水流量/(L·min⁻¹)	—	—	1	—
负载持续率/%	60	60	60	—
电流种类	交、直流	脉冲	交流	直流脉冲
适用范围	焊接不锈钢、耐热钢、钛、铝、镁及其合金	不锈钢、合金钢薄板（0.1～0.5 mm）	焊接铝及铝合金	焊接不锈钢、合金钢薄板

（七）氩弧焊设备的安装

（1）外部检查。检查各调节开关、旋钮、指示灯、保险丝、仪表及流量计等是否齐全，调节是否灵活可靠，有无损坏及丢失。

（2）电气接线。由专业电工与焊工配合进行。按焊机说明书电气接线图进行接线。

（3）供水系统安装。用选择好的水管将各接头串接，保证水流畅通，在接头处不漏水即可。

（4）供气系统安装。在安装减压阀前，先将气瓶阀门转动 1/4 周左右，重复 1～2 次，将阀门口尘土吹净，再用扳手将减压阀拧紧即可。

（5）焊枪安装。将电缆、气管、水管及控制线等分别拉直，不使其互相缠绕，然后用胶布或塑料带分段（约 300 mm）将其扎紧。

（6）安装后检查。整个焊机安装后，应按电气接线图及水、气路安装图进行仔细检查。然后接通电源、水源、气源，将气体调试开关接通，检查气路是否畅通及有无漏气故障。检查水流开关是否动作。

（7）试焊。检查正常后，可进行试焊，并检查焊接程序是否正常，有无异常现象。

上述检查均正常后，焊机即可交付使用。

（八）氩弧焊焊机的维护与常见故障排除

氩弧焊焊机除与埋弧焊焊机、CO_2 焊焊机的维护一样外，还必须注意以下几点：

（1）焊接使用前必须检查水管、气管的连接是否正常。

（2）随时检查焊枪的弹性钨极夹的夹紧情况和喷嘴的绝缘情况。

（3）气瓶不能与焊接区靠近，氩气瓶应固定可靠，防止歪倒伤人及损坏减压器。

（4）工作完毕或临时离开工作场地时必须切断焊机电源，关闭水源及气源。

（5）建立定期的维修制度。

氩弧焊机的常见故障特征、产生原因及消除方法见表 5-11。

表 5-11 氩弧焊机的常见故障特征、产生原因及消除方法

故障特征	产生原因	消除方法
电源开关接通,但指示灯不亮	1.电源开关损坏； 2.熔断丝熔断； 3.控制变压器损坏； 4.指示灯损坏	1.检修电源开关； 2.更换熔断丝； 3.检查并修复控制变压器； 4.更换指示灯
控制线路有电,但焊机不启动	1.启动开关接触不良； 2.启动继电器有故障； 3.控制变压器损坏	1.检查并使之接触良好； 2.检修继电器； 3.检修并更换
振荡器不激弧或振荡火花微弱	1.脉冲引弧器或高频引弧器有故障； 2.火花放电器间隙不正常或电极烧坏； 3.放电盘云母片击穿	1.检修引弧器； 2.调整放电器间隙,清理和调整电极； 3.更换云母片
焊机启动后有振荡放电,但引不起电弧	1.焊接电源接触器有故障； 2.控制线路故障； 3.焊件接触不良	1.检查并修复； 2.检查并修复； 3.清理焊件接触不良处
电弧引燃后焊接过程电弧不稳定	1.稳弧触发系统故障； 2.消除直流分量的元件故障； 3.焊接电源故障	1.检修稳弧系统各元件； 2.检修或更换； 3.检查并修复
焊机启动后无氩气供给焊接区	1.气路阻塞； 2.电磁气阀故障； 3.控制线路故障； 4.气体延时线路故障	1.检查气路,排除阻塞现象； 2.检查并修复； 3.检修控制线路； 4.检修延时线路

 **项目实施**

一、准备工作

（一）接头及坡口形式的选择

钨极氩弧焊的接头形式有对接、搭接、角接、T 形接和端接五种基本类型。接头形式的不同，氩气流的保护效果也不同。采用对接焊缝和 T 形接头的焊接时，气体保护效果比较好，如图 5-17（a）、（b）所示；当进行搭接和外角焊接缝焊接时，空气容易沿着焊件表面向上侵入熔池，破坏气体保护层，而引起焊缝氧化，如图 5-17（c）、（d）所示。

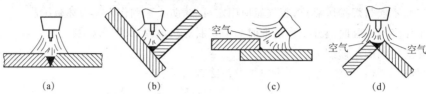

图 5-17　焊接接头形式对气体保护效果的影响

(a)、(b)对接、T形接头,保护效果好;(c)、(d)搭接、角接接头,保护效果较差

为了改善气体保护效果,可以采用预先加挡板和加大气体流量等方法来提高气体保护效果,如图 5-18 所示。

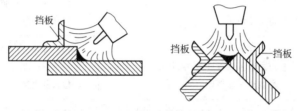

图 5-18　氩弧焊临时挡板的安装

在实际生产中,对于厚度≤3 mm 的碳钢、低合金钢、不锈钢、铝及其合金与厚度≤2.5 mm 的高镍合金,一般开 I 形坡口;厚度在 3～12 mm 的上述材料可开 V 形和 Y 形坡口。

(二)焊件清理

氩弧焊时,焊接前必须清除填充焊丝及工件坡口和坡口两侧表面至少 20 mm 范围内的油污、水分、灰尘、氧化膜等。

常用清理方法可以用有机溶剂(汽油、丙酮、三氯乙烯、四氯化碳等)擦洗,也可配制专用化学溶液清洗。

采用机械清理方法是用不锈钢丝或铜丝轮(刷),将坡口及其两侧氧化膜消除。对于不锈钢及其他钢材也可用砂布打磨。

表 5-12 所示为铝及铝合金的化学清理。

表 5-12　铝及铝合金的化学清理

材料	碱洗			冲洗	碱洗			冲洗	干燥/℃
	NaOH/%	温度/℃	时间/min		NaOH/%	温度/℃	时间/min		
纯铝	15	室温	10～15	冷净水	30	室温	2	冷净水	60～110
	4～5	60～70	1～2						
铝合金	8	50～60	5	冷净水	30	室温	2	冷净水	60～110

(三)劳动保护的准备

1. 通风措施

氩弧焊工作现场要有良好的通风装置,以排出有害气体及烟尘。除厂房通风外,可在焊接工作量大、焊机集中的地方安装几台轴流风机向外排风。

另外,可采用局部通风的措施将电弧周围的有害气体抽走,如采用明弧排烟罩、排烟焊枪、轻便小风机等。

2.防护射线措施

尽可能采用放射剂量极低的铈钨极。钍钨极和铈钨极加工时,应采用密封式或抽风式砂轮磨削,操作者应配戴口罩、手套等个人防护用品,加工后要洗净手、脸。钍钨极和铈钨极应放在铝盒内保存。

3.防护高频电磁场的措施

为了防备和削弱高频电磁场的影响,采取的措施:工件良好接地,焊枪电缆和地线要用金属编织线屏蔽;适当降低频率;尽量不要使用高频振荡器作为稳弧装置,减小高频电作用时间。

4.其他个人防护措施

氩弧焊时,由于臭氧和紫外线作用强烈,宜穿戴非棉布工作服(如耐酸呢)。在容器内焊接又不能采用局部通风的情况下,可以采用送风式头盔、送风口罩或防毒口罩等个人防护措施。

二、工艺参数的选择

TIG焊的工艺参数主要有焊接电流、电弧电压、焊接速度、钨极直径及端部形状、保护气体流量、填丝速度与焊丝直径等。

(一)焊接电流

氩弧焊一般选择直流正接法。有色金属焊接时选择交流电源。焊接电流大小是决定焊缝熔深的最主要参数,主要根据材料、厚度、接头形式、焊接位置,有时还考虑焊工技术水平(手工焊时)等因素选择。

随着焊接电流的增大(或减小),焊缝的凹陷深度 a_1、背面焊缝余高 e、熔深 H 及熔宽 B 相应地增大(或减小),焊缝高度 h 也相应地增大(或减小),如图5-19所示。

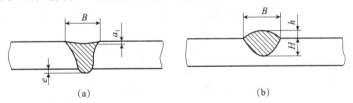

图 5-19　TIG 焊焊缝截面
(a)不填充焊丝;(b)填充焊丝

当焊接电流太大时,焊缝容易产生焊穿和咬边等缺陷;反之,焊接电流太小时,焊缝容易产生未焊透等缺陷。

(二)电弧电压

当电弧增长时,电弧电压即增加,焊缝熔宽 B 和加热面积略增加。由图5-20可知,在一定限度内,喷嘴到工件间的距离 L 越短,则保护效果越好。一般在不填充焊丝焊接时,弧长控制在1~3 mm;填充焊丝焊接时,弧长为3~6 mm。

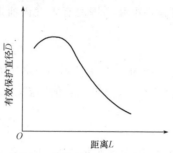

图 5-20　喷嘴到工件间的距离与保护区大小的关系

(三)焊接速度

焊接速度的选择主要根据工件厚度决定并和焊接电流、预热温度等配合以保证获得所需的熔深和熔宽。当焊接速度太快时,气体保护受到破坏,焊缝容易产生未焊透和气孔等缺陷;反之,焊接速度太慢时,焊缝也容易产生焊穿和咬边等缺陷。焊接速度对气体保护效果的影响如图 5-21 所示。由图中可以看到,使用较小的焊接速度是有利于焊接的。

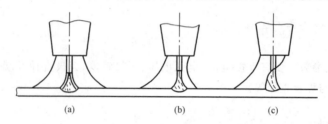

图 5-21　焊接速度对气体保护效果的影响

(a)静止;(b)正常速度;(c)速度过快

(四)钨极直径及端部形状

钨极直径的选择取决于工件厚度、焊接电流的大小、电流种类和极性。原则上尽可能选择小的电极直径来承担所需要的焊接电流。

钨极直径及端部形状是根据所用焊接电流种类选用的。不同形状钨极端头的性能比较见表 5-13。一般钨极的伸出长度为 5～10 mm。

表 5-13　不同形状钨极端头的性能比较

钨极形状			
电弧稳定性	稳定	稳定	不稳定
焊缝成形	焊缝不均匀	良好	焊缝不均匀

(五)保护气体流量

在一定条件下,气体流量和喷嘴直径有一个最佳范围,此时,气体保护效果最佳,有效保护区最大。当气体流量太大时,气体流速增大,会产生气体紊流,使保护性能显著下降,导致电弧不稳定、焊缝产生气孔和氧化缺陷；反之，气体流量太小时，氩气层流的挺度较弱，空气容易侵入熔池而使焊缝产生气孔和氧化缺陷。所以，气体流量和喷嘴直径要有一定配合。一般手工氩弧焊喷嘴内径范围为 5～20 mm，流量范围为 5～25 L/min。

(六)填丝速度与焊丝直径

焊丝的填送速度与焊丝直径、焊接电流、焊接速度、接头间隙等因素有关。一般焊丝直径大时，送丝速度慢；焊接电流、焊接速度、接头间隙大时，送丝速度快。

焊丝直径与焊接板厚及接头间隙有关。当板厚或接头间隙较大时，可选择直径较大的焊丝。焊丝直径选择不当会造成焊缝成形不良、焊缝余高过高或未焊透等缺陷。

表 5-14 列出不锈钢、碳钢 TIG 焊的工艺参数，可作为选择工艺参数的参考。

表 5-14　不锈钢和某些碳钢板对接手工 TIG 焊工艺参数(平位、直流正接)

工件示意图	厚度/mm	焊接电流/A	焊丝直径/mm	钨极直径/mm	氩气流量/(L·min⁻¹)	喷嘴直径/mm	焊接速度/(m·h⁻¹)
	0.25	8	—	0.8	2	6.4 或 9.5	23
	0.35	10～12	—	0.8	2		23
	0.56	15～20	1.2	1.2	3		18～23
	0.9	25	1.2、1.6	1.2 或 8.6	3	6.4 或 9.5	15
	1.2	35	1.6	1.6	4	9.5	15
	2.0	25	1.6	1.6	4	9.5	12
	3.3	125	2.4	1.6	5	9.5 或 12.7	9
	3.3	一层:125 二层:90	2.4 或 3.2	1.6 或 2.4	5	9.5 或 12.7	9
	4.8	一层:100 二层:125	3.2	2.4	5	12.7	9
	6.4	一层:100 二层:150	3.2	2.4	5	12.7	9
	6.4	一层:125 二层:150	3.2	2.4	5	12.7	9

三、基本操作技术

TIG 焊操作时，焊工双手要互相协调配合，才能焊接出质量符合要求的优质焊缝。基本操作技术主要包括引弧、焊枪摆动、填丝、收弧和焊道接头等。

(一)引弧

利用高频振荡器产生的高频高压击穿钨极与试件之间的间隙(3 mm 左右)而引燃电弧，如图 5-22 所示。

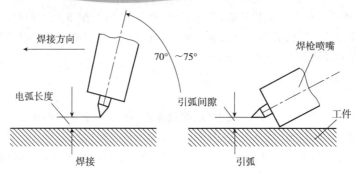

图 5-22　引弧方法示意

　　无引弧器时不可在试件坡口内短路接触引弧,以免打伤金属表面或产生夹钨。为此可在引弧点近旁放一块纯铜板或石墨板,作为引弧板。

(二)焊枪摆动

　　手工钨极氩弧焊的焊枪运行基本动作包括沿焊枪钨极轴线的送进、沿焊缝轴线方向纵向移动和横向摆动。手工钨极氩弧焊基本的焊枪摆动方式及适用范围见表 5-15。

表 5-15　手工钨极氩弧焊基本的焊枪摆动方式及适用范围

焊枪摆动方式	摆动方式的示意	适用范围
直线形	————————	I 形坡口对接焊,多层多道焊的打底焊
锯齿形		对接接头全位置焊角接接头的立、横和仰焊
月牙形		
圆圈形		厚件对接平焊

(三)填丝

　　手工钨极氩弧焊填丝分为连续填丝、断续填丝和特殊填丝。

1.连续填丝

　　连续填丝时,左手小指和无名指夹住焊丝的控制方向,大拇指和食指有节奏地将焊丝送入熔池区,如图 5-23 所示。这种填丝操作技术焊接质量较好,对保护层的扰动小,但比较难掌握。

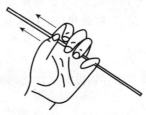

图 5-23　连续填丝操作技术

2.断续填丝

断续填丝又称点动送丝。进行继续填丝操作时左手大拇指、食指和中指捏紧焊丝,小指和无名指夹住焊丝控制方向,焊丝末端应始终处于氩气保护区内,以免被空气氧化。填丝时不能像气焊那样在熔池中搅拌,而是靠手臂和手腕的上下往复动作将焊丝端部的熔滴送入熔池,全位置焊时多用此法。

3.特殊填丝

焊丝贴紧坡口与钝边一起熔入(将焊丝弯成弧形,紧贴在坡口间隙处,焊接电弧熔化坡口与钝边的同时也熔化了焊丝)。这时要求根部间隙小于焊丝直径。此法可避免焊丝遮住焊工视线,适用困难位置的焊接。

无论采用哪种填丝方式,必须待焊件熔化后再填丝,以免造成熔合不良。填丝时,焊丝应与试件水平表面成 $15°\sim20°$ 夹角,且不应把焊丝直接置于电弧下面,不应让熔滴向熔池"滴渡"。填丝位置的正确与否如图 5-24 所示。

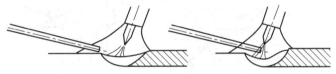

图 5-24　填丝位置的示意

撤回焊丝时,切记不要让焊丝端头撤出氩气的保护区,以免焊丝端头被氧化,在下次点进时,被氧化端头进入熔池,造成氧化物夹渣或产生气孔。

(四)收弧

收弧一般有四种方法,即增加焊接速度法、焊缝增高法、应用熄弧板法和焊接电流衰减法。

在采用增加焊接速度法收弧时,焊枪前移速度要逐渐加快,焊丝的送给量逐渐减少,直到母材不熔化为止。

没有熄弧板或焊接电流衰减装置的氩弧焊机收弧时,不要突然拉断电弧,要往熔池里多加填充金属,填满弧坑,然后缓慢提起电弧。

一般常用的收弧法是焊接电流衰减法。常用氩弧焊设备都配有焊接电流自动衰减装置。熄弧时,焊接电流自动减小,氩气开关延时 10 s 左右关闭,以防止焊缝金属在高温下继续氧化。收弧方法不正确,在收弧处容易发生弧坑裂纹、气孔和烧穿等缺陷。

(五)焊道接头

接头要采取正确的方法,收弧时要加快焊接速度,收弧的焊道长度为 $10\sim15$ mm;焊枪在停弧的地方重新引燃电弧,待熔池基本形成后,再向后压 $1\sim2$ 个波纹;接头起点不加或稍加焊丝,即可转入正常焊接。

(六)焊枪、焊丝、工件之间的相互位置

手工 TIG 焊板对接平焊、立焊、横焊、T 形接头焊、角接头焊时焊枪、焊丝位置如图 5-25~图 5-29 所示。

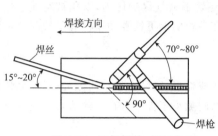

图 5-25 平焊焊枪、焊丝角度

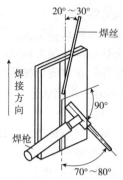

图 5-26 立焊焊枪、焊丝角度

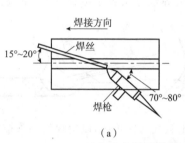

（a）   （b）

图 5-27 横焊焊枪、焊丝角度

（a）打底层焊枪、焊丝角度；（b）填充层、盖面层焊枪、焊丝角度 $\alpha_1 = 95° \sim 105°$，$\alpha_2 = 70° \sim 80°$

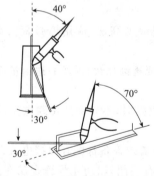

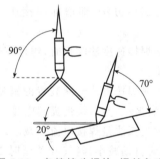

图 5-28 T 形接头焊枪、焊丝角度   图 5-29 角接接头焊枪、焊丝角度

 知识拓展

钨极氩弧焊的其他方法如下。

一、脉冲 TIG 焊

脉冲 TIG 焊和普通 TIG 焊的主要区别在于它采用低频调制的直流或交流脉冲电流加热工件。交流脉冲 TIG 焊适用表面易形成高熔点氧化膜的金属，如铝、镁及其合金。直流脉冲 TIG 焊适用其他金属。

钨极氩弧焊
的其他方法

二、TIG 点焊

TIG 点焊就是焊枪的喷嘴将搭叠在一起的两块工件压紧,然后靠钨极与工件之间的电弧将上层工件熔穿,再将下层工件局部熔化并熔合在一起,凝固后即成焊点。

在锅炉、石油化工、电力、原子能等工业部门的小直径管道制作与安装过程中,通常要求单面焊双面成形的焊接。TIG 焊具有热输入调节方便,熔深和熔池容易控制等优点,是全位置单面焊双面成形的最理想的焊接方法。TIG 焊熔池保护效果好、电弧燃烧稳定、焊后变形小,在不锈钢、铝合金零部件的焊接和补焊中得到了广泛的应用。

综合训练

一、填空题

1.钨极惰性气体保护焊是指使用纯钨或活化钨极作为电极的_____惰性气体保护焊方法,简称 TIG 焊。

2.TIG 焊设备按焊接电源的不同又可分为_____和_____以及脉冲 TIG 焊机。

3.TIG 焊的电源种类有_____和_____两种。

4.氩弧焊时,最容易损坏的部件是喷嘴。焊接喷嘴的材料有_____、_____和_____三种。

5.氩弧焊枪的作用是_____、_____和_____。

6.氩弧焊常见的引弧方法有_____、_____和_____。

7.氩气瓶容积一般为_____L,最大压力为 14 700 kPa,气瓶外涂_____色,并标以"氩气"字样。氩气在气瓶中呈现_____气态,从气瓶中引出后不需要加热和干燥。

8.TIG 焊的工艺参数主要有焊接电流、电弧电压、_____、_____等。

9.焊接电流是最重要的焊接工艺参数,主要根据材料种类、试件厚度、_____和_____等选择,有时还考虑焊工技术水平(手工焊时)等因素。

10.TIG 焊操作时,焊工双手要互相协调配合,基本操作技术主要包括引弧、_____、_____、_____和_____等。

二、选择题

1.TIG 焊的优点不包括( )。

　A.焊后变形小　　　　　　　　　B.适合全位置焊接

　C.焊接生产率高　　　　　　　　D.焊接飞溅少

2.TIG 焊适合焊接( )的薄板。

　A.1 mm 以下　　B.2～3 mm　　　C.4～5 mm　　　　D.6 mm 以上

3.TIG 焊( )接法时不具有"阴极清洗"作用。

　A.直流正接　　　B.直流反接　　　C.交流　　　　　D.无法判别

4.TIG 气瓶是( )气瓶。

　A.溶解　　　　　B.压缩　　　　　C.液化　　　　　D.常压

5. 交流 TIG 焊最适合焊接(　　)。

    A. 钛合金　　　　　　B. 铝合金　　　　　　C. 低碳低合金钢　　D. 铜合金

6. 氩弧焊机应采用(　　)外特性。

    A. 水平　　　　　　　B. 上升　　　　　　　C. 陡降　　　　　　　D. 缓降

7. 氩气瓶瓶口压力表的读数越大,说明瓶内氩气的量(　　)。

    A. 越多　　　　　　　B. 越少　　　　　　　C. 不能确定

8. TIG 焊时,减压器和流量计应装在(　　)。

    A. 靠近钢瓶出气口处　　　　　　　　B. 远离钢瓶出气口处

    C. 无论远近都行

9. 型号为"WSM－200"的氩弧焊机是(　　)钨极氩弧焊机。

    A. 手工交流　　　　　B. 手工直流　　　　　C. 自动　　　　　　　D. 手工脉冲

10. 钨极氩弧焊机的供气系统不包括(　　)。

    A. 减压阀　　　　　　　　　　　　　B. 浮子流量计

    C. 高频振荡器　　　　　　　　　　　D. 电磁气阀

11. 手工钨极氩弧焊焊枪的作用不包括(　　)。

    A. 装夹钨极　　　　　　　　　　　　B. 传导焊接电流

    C. 输出保护气体　　　　　　　　　　D. 启闭气路

12. 某一手工钨极氩弧焊焊枪的型号为"QQ－85/100",其中"100"表示的含义是(　　)。

    A. 额定焊接电流　　　　　　　　　　B. 出气角度

    C. 额定功率　　　　　　　　　　　　D. 额定电压

13. 氩弧焊时,必须采用(　　)操作程序。

    A. 提前送气、提前断气　　　　　　　B. 提前送气、滞后断气

    C. 滞后送气、提前断气　　　　　　　D. 滞后送气、滞后断气

14. 氩弧焊机启动后无氩气供给焊接区的原因不包括(　　)。

    A. 气路阻塞　　　　　　　　　　　　B. 电磁气阀故障

    C. 控制线路故障　　　　　　　　　　D. 直流分量元件损坏

15. 下列焊接方法中,对焊接清理要求最严格的是(　　)。

    A. 焊条电弧焊　　　　　　　　　　　B. MIG 焊

    C. TIG 焊　　　　　　　　　　　　　D. 埋弧焊

16. 氩弧焊不锈钢时,焊缝表面呈(　　)最好。

    A. 黑色　　　　　　　B. 灰色　　　　　　　C. 蓝色　　　　　　　D. 银白色

三、判断题(正确的画"√",错误的画"×")

    1. 氩气气体由于本身氧化性强,所以不适宜作为保护气体。　　　　　　　　　　(　　)

    2. 因氩气不溶于金属,故可用氩气作为焊接钼、铌、钛等金属的保护气体。　　(　　)

    3. 氩弧焊很适宜全位置焊接。　　　　　　　　　　　　　　　　　　　　　(　　)

    4. TIG 焊电源采用直流正接时,允许使用的焊接电流比直流反接时的大。　　(　　)

    5. TIG 焊钨极端部的形状与焊接电流无关。　　　　　　　　　　　　　　　(　　)

    6. TIG 焊采用直流反接法或交流接法时,具有良好的"阴极清洗"作用,所以焊接铝、镁及其合金时,推荐采用。　　　　　　　　　　　　　　　　　　　　　　　　　　(　　)

7. "WS-300"是一种手工交流钨极氩弧焊机。　　　　　　　　　　（　　）

8. 许用电流大于300 A的手工钨极氩弧焊枪为水冷式。　　　　　　（　　）

9. 氩弧焊机安装结束后即可进行正常焊接。　　　　　　　　　　　（　　）

10. 断续填丝又称点动送丝。填丝时可以将焊丝在熔池中搅拌。　　（　　）

11. 填丝时,焊丝应与试件水平表面成15°～20°夹角,为提高焊接效率,可以将熔滴向熔池"滴渡"。　　　　　　　　　　　　　　　　　　　　　　　　　　　　（　　）

12. 交流脉冲TIG焊适用表面易形成高熔点氧化膜的金属,如铝、镁及其合金。　（　　）

四、简答题

1. 氩弧焊的优点、缺点是什么?

2. 什么是"阴极清洗"? 其作用是什么?

3. 氩弧焊的焊接设备主要由哪些部分组成?

4. 氩弧焊枪应满足哪些要求?

5. 简述TIG焊机的安装程序及注意事项。

6. TIG焊的焊接工艺参数有哪些? 如何选择?

7. 钨极氩弧焊时如何防止产生气孔?

8. 简述脉冲TIG焊、TIG点焊的原理及特点。

五、操作实训

1. 熟悉TIG焊机的结构,掌握TIG焊工艺参数的调节方法。

2. 掌握TIG焊的基本操作技能。

项目六　气焊与气割

项目导入

汽车柴油机气缸盖的材料多为铸铁,冬季发生冻裂现象,进排气孔、喷油孔间全部裂开,造成气缸漏气、漏水,烧坏缸垫,降低发动机的经济性、动力性,甚至发生重大事故,需要进行修复,如图6-1所示。

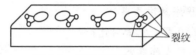

图6-1　柴油机气缸盖裂纹

项目分析

汽车柴油机气缸盖的材料为灰口铸铁,缸盖的壁厚不均匀,焊后易裂,所以采用气焊。气焊是利用可燃气体与助燃气体混合燃烧产生的气体火焰作为热源,进行金属材料焊接的加工工艺方法是金属材料的加工方法之一。在实际生产中最适合一些薄板的焊接,适用小批量生产、野外作业及修理、维修等作业。

气焊场景

本项目主要学习:

气焊的原理、特点及应用;气体火焰;气焊设备;气焊焊接材料;气焊工艺;气焊基本操作技术;气割。

知识目标

1. 掌握气焊、气割的原理及特点,气焊气体火焰,焊接材料的选用,气焊、气割工艺参数的选择;

2. 熟悉气焊设备的组成、操作使用和维护保养;

3. 了解气割机;

4. 掌握气焊、气割的基本操作要点。

能力目标

1. 能够根据气焊、气割的使用要求,合理选择气焊、气割设备;

2. 能够正确安装调试、操作使用和维护保养气焊、气割设备;

3. 能够根据实际生产条件和具体的焊接结构及其技术要求,正确选择气焊、气割工艺参数及工艺措施;

4. 能够分析焊接过程中常见工艺缺陷的产生原因,提出解决问题的方法;

5.能够进行气焊、气割基本操作。

素质目标

1.利用现代化手段对信息进行学习、收集、整理的能力;

2.良好的表达能力和较强的沟通与团队合作能力;

3.良好的质量意识和劳模精神、劳动精神、工匠精神。

相关知识

艾爱国—技
能大师,闪光
人生

一、气焊的原理、特点及应用

气焊是利用可燃气体与助燃气体,通过特制的工具,使气体混合后,发生
剧烈的燃烧,产生的热量熔化焊缝处的金属和焊丝,使焊件达到牢固接头的
一种熔化焊接方法。

气焊过程

(一)气焊的特点

(1)设备简单,移动方便,适用无电源的场所焊接;

(2)通用性强,除用于熔焊外,还可用于钎焊和喷涂;

(3)与电弧焊相比,焊接接头热影响区较宽,显微组织粗大,焊接变形大;

(4)生产效率低,劳动条件差,不易实现自动化。

(二)气焊的应用范围

气焊适用小批量生产、野外作业及维修作业等。气焊的应用范围见表 6-1。

表 6-1 气焊的应用范围

材料	厚度/mm	接头形式
低碳钢、低合金钢	≤2	对接、搭接、端接、T 形接
不锈钢	≤2	对接、端接
铝及铝合金	≤14	对接、端接、堆焊
铜及铜合金	≤14	对接、端接、堆焊
铸铁	—	堆焊

二、气体火焰

气焊一般常用的有乙炔气、氢气、液化石油气等。下面以氧—乙炔火焰为例进行简介。根据氧气与乙炔体积的混合比值,可得到三种火焰,即氧化焰、中性焰及碳化焰,如图 6-2 所示。

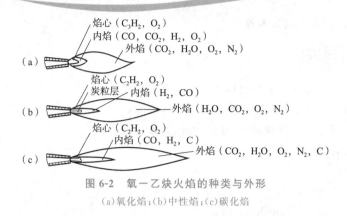

图 6-2　氧－乙炔火焰的种类与外形

(a)氧化焰；(b)中性焰；(c)碳化焰

(一)氧化焰

当氧气与乙炔的混合比值大于 1.2(一般在 1.3~1.7)时,得到的火焰是氧化焰。其火焰外形如图 6-2(a)所示。氧化焰具有氧化性,焊接一般钢件时,会使焊缝形成气孔和变脆,降低焊缝的质量,因此较少采用。氧化焰适用焊接黄铜和青铜等材料。

(二)中性焰

氧气与乙炔的混合比值为 1~1.2 时,得到的火焰称为中性焰。中性焰由焰心、内焰和外焰三部分组成。其火焰外形如图 6-2(b)所示。

中性焰的内焰(距焰心 2~4 mm 处)的温度最高(约为 3 150 ℃),具有还原性,中性焰适用于焊接一般碳钢和有色金属。

(三)碳化焰

当氧气与乙炔的混合比值小于 1(一般在 0.85~0.95)时,得到的火焰是碳化焰。其火焰外形如图 6-2(c)所示。碳化焰的最高温度为 3 000 ℃,适用焊接高碳钢、铸铁及硬质合金等材料。

(四)氧－乙炔焰的温度分布

氧－乙炔火焰的温度与混合气体的成分有关,随着氧气的比例增加,火焰的温度也相应增高;反之则降低。火焰沿长度方向上温度分布情况如图 6-3 所示。

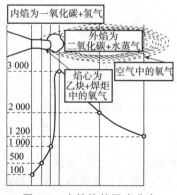

图 6-3　中性焰的温度分布

各种金属材料气焊时所采用的火焰见表 6-2。

表 6-2　不同材料焊接时应采用的火焰种类

焊接材料	火焰种类	焊接材料	火焰种类
低、中碳钢	中性焰	黄铜	氧化焰
低合金钢	中性焰	铬镍钢	氧化焰
紫铜	中性焰	锰钢	氧化焰
铝及铝合金	中性焰	高碳钢	碳化焰
铅、锡	中性焰	硬质合金	碳化焰
青铜	中性焰或轻微氧化焰	铸铁	碳化焰
不锈钢	中性焰或碳化焰	镍	碳化焰或中性焰

三、气焊设备、工具及使用

气焊设备和工具包括氧气瓶、乙炔瓶、减压器、胶管、焊炬等,如图 6-4 所示。

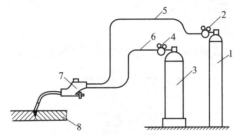

图 6-4　气焊设备和器具的示意

1—氧气瓶;2—氧气减压器;3—乙炔气瓶;4—乙炔减压器;

5—氧气胶管;6—乙炔胶管;7—焊炬;8—工件

(一)氧气瓶

氧气瓶主要是由瓶体、瓶阀、瓶帽、瓶箍及防振橡胶圈组成。瓶内额定氧气压力为 15 MPa,瓶体表面漆成天蓝色,用黑漆写成"氧气"字样,如图 6-5 所示。其规格见表 6-3。

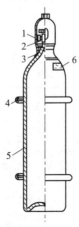

图 6-5　氧气瓶

1—瓶帽;2—瓶阀;3—瓶箍;4—防振橡胶圈;5—瓶体;6—标志

表 6-3　氧气瓶的规格

容积/L	工作压力/MPa	名义装气量/m³	瓶体外径/mm	瓶体高度/mm	质量/kg	水压试验/MPa	瓶阀型号
33		5		1 150±20	45±2		
40	15.0	6	Φ219	1 137±20	55±2	22.5	QF－2铜阀
44		6.5		1 490±20	57±2		

　　氧气瓶上部球面部分用钢印标明瓶号、工作压力和试验压力、下次试压日期、瓶的容量和质量、制造年月、技术检验部门钢印等,如图 6-6、图 6-7 所示。

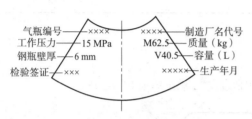

图 6-6　氧气瓶肩部标记　　　　　　　　图 6-7　氧气瓶复验标记

目前氧气瓶阀多采用活瓣式阀门。其结构如图 6-8 所示。

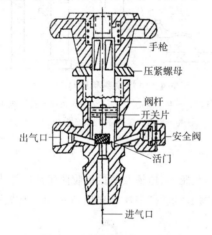

图 6-8　活瓣式氧气瓶阀示意

氧气瓶阀由于长期使用,会发生故障。其常见故障产生的原因及排除方法见表 6-4。

表 6-4　氧气瓶阀常见故障产生的原因及排除方法

常见故障	产生原因	排除方法
压紧螺母周围漏气	1.压紧螺母未压紧; 2.密封垫圈破裂	1.用扳手拧紧压紧螺母; 2.更换密封垫圈
气阀杆空转,排不出气	1.开关板断裂或方套孔或阀杆方楞磨损呈圆形; 2.瓶阀被冻结	1.更换开关板;修理方套孔或阀杆(修磨成方楞形); 2.用热水或蒸汽缓慢加温,使之解冻(严禁用明火烘烤)
气阀杆和压紧螺母中间孔周围漏气	密封垫圈破裂或磨损	应更换垫圈或将石棉绳在水中浸湿后把水挤出,在气阀杆根部缠绕几圈,再拧紧压紧螺母

氧气瓶应远离高温、明火和可燃易爆物质等；使用中发现气瓶瓶阀或减压器有故障（如漏气、滑扣、表针不正常等），应及时维修、处理；当与电焊在同一工作地点使用时，瓶底应垫以绝缘物；使用停止后，气瓶内留有压力为 0.1～0.3 MPa 的余气。

（二）乙炔瓶

乙炔瓶是一种储存和运输乙炔使用的容器。其主要由瓶体、瓶阀、瓶帽、瓶口、瓶座和瓶内的多孔性填料组成。其构造如图 6-9 所示。

乙炔瓶比氧气瓶略短、直径略粗（250 mm），其外表漆成白色，并用红漆注明"乙炔气瓶不可近火"字样。它的构造比氧气瓶复杂，瓶体内装有浸满着丙酮的多孔性填料。

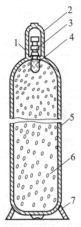

图 6-9　乙炔瓶的构造

1—瓶口；2—瓶帽；3—瓶阀；4—石棉；5—瓶体；6—多孔填料；7—瓶座

乙炔气瓶的设计压力为 3 MPa，乙炔瓶的工作压力是 1.5 MPa。在靠近瓶口的部位，还应标注容量、质量、制造年月、最高工作压力、试验压力等内容。使用期间，要求每三年进行一次技术检验。

乙炔气瓶使用时除按照氧气瓶要求外，还要注意以下几点：乙炔瓶必须直立使用；瓶体表面的温度不应超过 40 ℃；开启乙炔瓶阀时不要超过一转半，一般只需开启 3/4 转；乙炔瓶内乙炔气不能全部使用完毕，留有余气 0.01～0.03 MPa。

（三）减压器

减压器又称为压力调节器，它具有减压和稳压作用；按工作原理分为正作用式和反作用式两类。国内生产的减压器主要是单级反作用式和双级混合式两类。常用减压器的主要技术数据见表 6-5。

表 6-5　常用减压器的主要技术数据

减压器型号	QD－1	QD－2A	QD－3A	DJ6	SJ7－10	QD－20	QW2－16/0.6
名称	单级氧气减压器				双级氧气减压器	单级乙炔减压器	双级丙烷减压器
进气口最高压力/MPa	15	15	15	15	15	2	1.6

续表

减压器型号	QD—1	QD—2A	QD—3A	DJ6	SJ7—10	QD—20	QW2—16/0.6
最高工作压力/MPa	2.5	1.0	0.2	2	2	0.15	0.06
工作压力调节范围/MPa	0.1~2.5	0.1~1.0	0.01~0.2	0.1~2	0.1~2	0.01~0.15	0.02~0.06
最大放气能力/(m³·h⁻¹)	80	40	10	180	—	9	—
出气口孔径/mm	6	5	3	—	5	4	—
压力表规格/MPa	0~25	0~25	0~25	0~25	0~25	0~2.5	0~2.5
	0~4.0	0~1.6	0~0.4	0~4.0	0~4.0	0~0.25	0~0.16
安全阀泄气压力/MPa	2.9~3.9	1.15~1.6	—	2.2	2.2	0.18~0.24	0.07~0.12
进口连接螺纹/mm	G15.875	G15.875	G15.875	G15.875	G15.875	夹环连接	G15.875
质量/kg	4	2	2	2	3	2	2
外形尺寸/(mm×mm×mm)	200×200×200	165×170×160	165×170×160	170×200×142	200×170×220	170×185×315	165×190×160

1. 单级式氧气减压器

QD—1型氧气减压器属于单级反作用式，主要由本体、罩壳、调压螺钉、调压弹簧、弹性薄膜装置、减压活门与活门座、安全阀、进气口接头、出气口接头高压表、低压表等部分组成，如图6-10所示。

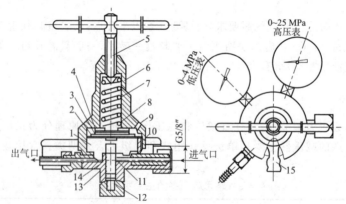

图 6-10　QD—1型氧气减压器的构造

1—低压气室；2—耐油橡胶平垫片；3—薄膜片；4—弹簧垫块；5—调压螺钉；6—罩壳；7—调压弹簧；
8—螺钉；9—活门顶杆；10—本体；11—高压气室；12—副弹簧；13—减压活门；14—活门座；15—安全阀

QD—1型减压器的工作原理如图6-11所示。当把调节螺钉向内旋入时，主弹簧受压缩产生向上的压力，压力通过弹性薄膜，由传动杆传递到减压活门上，这时主弹簧向上的压力大于高压气体与副弹簧向下的压力，因此减压活门开启，高压气体从高压室流入低压室。

在减压器停止工作时,调节螺钉向外旋出,主弹簧处于松弛状态。此时,减压活门上受到气瓶流入高压室的高压气体的压力和副弹簧产生的压力,使减压活门关闭。

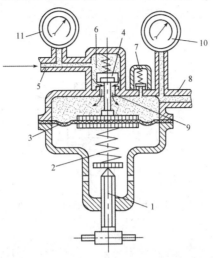

图 6-11　QD—1 型氧气减压器的工作原理

1—调节螺钉;2—调节弹簧;3—薄膜片;4—减压活门;5—进气口;6—高压室;

7—安全阀;8—出气口;9—低压室;10—低压表;11—高压表

单级式减压器在工作过程中容易发生冻结现象,这种情况在冬天更是常见。

2.双级式氧气减压器

图 6-12 所示的减压器属于双级式减压器,主要由本体、第一减压系统、第二减压系统、气调铜管、安全阀、高压表、低压表等部分组成。

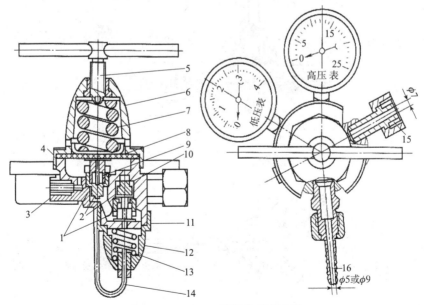

图 6-12　SJ7—10 型双级式减压器

1—活门顶杆;2—减压活门;3—安全阀;4—本体;5—调节螺钉;6—第二级罩壳;7—第二级调节弹簧;

8—第二级弹性薄膜装置;9—第二级减压器;10—第一级减压器;11—第一级弹性薄膜装置;

12—第一级罩壳;13—第一级调节弹簧;14—气调铜阀;15—进气口接头;16—出气口接头

双级式减压器的构造及工作原理如图 6-13 所示。它基本上等于是由两个单级式减压器合并而成的。

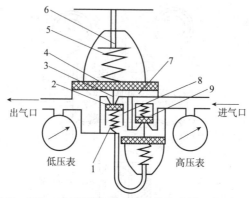

图 6-13　SJ7－10 型双级式减压器的构造及工作原理示意

1—承压弹簧；2—减压活门；3—活门顶杆；4—弹性薄膜装置；5—调节弹簧；6—调节螺钉；
7—低压气室；8—第二级减压系统；9—第一级减压系统

双级式减压器是经过两次降压的：第一级减压，把由气瓶内流入的高压气体变为中压气体，再经过第二级减压，把中压气体变为低压气体。最后输出的低压气体的压力也就等于工作所需的压力。

3. 乙炔减压器

YQE－213 型乙炔减压器是与乙炔瓶配套使用的减压器。其基本构造及工作原理和单级式减压器基本相同，区别是它与乙炔瓶的连接是靠专用卡环加以固定的，如图 6-14 所示。

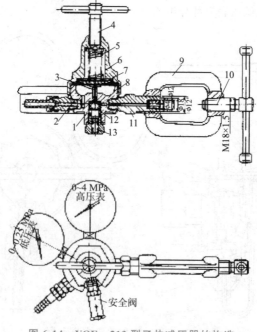

图 6-14　YQE－213 型乙炔减压器的构造

1—减压活门；2—低压气室；3—活门顶杆；4—调压螺钉；5—调压弹簧；6—罩壳；7—弹性薄膜装置；
8—本体；9—夹环；10—紧固螺钉；11—过滤接头；12—高压气室；13—副弹簧

乙炔减压器的本体上,装有 0~4 MPa 的高压乙炔表和 0~0.25 MPa 的低压乙炔表,在减压器的压力表上均有指示该压力表最大许可工作压力的红线,以便使用时严格控制。

4.氧气减压器的使用

安装减压器之前,要略打开氧气瓶阀门,吹走污物,以防带入减压器;打开氧气瓶阀门时要慢慢开启,以防气体损坏减压器及压力表;减压器不得附有油脂;减压器冻结时,可用热水或蒸汽解冻,不许用火烤;减压器停止使用时,必须把调节螺钉旋松,并把减压器内的气体全部放掉,直到低压表的指针指向零值为止。

5.减压器常见故障及原因

减压器在使用中会出现一些故障,见表 6-6。

表 6-6 减压器常见故障及排除(氧气减压器、乙炔减压器)

常见故障	产生原因	排除方法
减压器连接部分漏气	1.螺纹配合松动; 2.垫圈损坏	1.把螺母扳紧; 2.调换垫圈
安全阀漏气	活门垫料与弹簧产生变形	调整弹簧或更换活门垫料
减压器漏气	减压器上盖薄膜损坏或未拧紧、造成漏气	1.更换橡皮薄膜; 2.拧紧丝扣
调压螺钉虽已旋松,但低压气表有缓慢上升的自流现象(或称直风)	1.调压活门或活门座上有污物; 2.调压活门或活门座损坏; 3.调压弹簧破裂或失去弹性	1.去除污物; 2.调换调压活门; 3.调换调压弹簧
减压器使用时压力下降过大	1.调压活门密封垫损坏; 2.调压弹簧失去弹性; 3.气瓶阀未全打开	1.去除污物和调换密封垫; 2.更换调压弹簧; 3.全打开气瓶阀
工作过程中,发现气体供应不上或压力表指针有较大摆动	调压活门冻结	用热水或蒸汽加热排除
高、低压力表指针不回到零值	压力表损坏	修理或更换后再使用

(四)焊炬

焊炬又称焊枪,按照气体火焰的混合方式分为射吸式和等压式两类。

1.射吸式焊炬

射吸式焊炬主要由主体、乙炔调节阀、氧气调节阀、喷嘴、射吸管、焊嘴等部分组成,如图 6-15 所示。

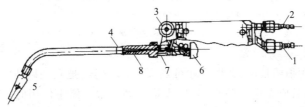

图 6-15 射吸式焊炬

1—氧气接头;2—乙炔接头;3—乙炔调节手轮;4—混合气管;

5—焊嘴;6—氧气调节手轮;7—氧喷嘴;8—射吸管

我国广泛使用的是射吸式焊炬,型号为 H01 型。它的工作原理是利用氧气从喷嘴喷出时产生的射吸力,将低压乙炔吸入射吸管,因此它可适用 0.001~0.1 MPa 的低压和中压乙炔。

我国焊炬型号的编制方法:"H"表示割炬,"0"表示手工,"1"表示射吸式,"2"表示等压式,"一"后的数字表示气焊低碳钢的最大厚度(mm)。

焊炬型号的表示方法如下:

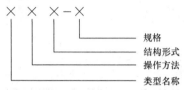

例如,H01—6 型焊炬的具体含义是 H 表示焊(Han)的第一个字母;01 表示手工射吸式;6 表示最大的焊接低碳钢厚度为 6 mm。射吸式焊炬的规格和性能见表 6-7。

表 6-7　射吸式焊炬的规格和性能

型号	焊接钢板厚度/mm	氧气工作压力/MPa					乙炔使用压力/MPa	喷嘴孔径/mm					焊炬总长度/mm
		焊嘴型号						焊嘴型号					
		1#	2#	3#	4#	5#		1#	2#	3#	4#	5#	
H01—2	0.5~2	0.1	0.125	0.15	0.2	0.25	0.001~0.1	0.5	0.6	0.7	0.8	0.9	300
H01—6	2~6	0.2	0.25	0.3	0.35	0.4		0.9	1.0	1.1	1.2	1.3	400
H01—12	6~12	0.4	0.45	0.5	0.6	0.7		1.4	1.6	1.8	2.0	2.2	500
H01—20	12~20	0.6	0.65	0.7	0.75	0.8		2.4	2.6	2.8	3.0	3.2	600

2. 等压式焊炬

等压式焊炬主要由主体、乙炔调节阀、氧气调节阀、焊嘴等部分组成,如图 6-16 所示。等压式焊炬的工作原理是压力相等或相近的氧气和乙炔同时进入混合室,自然混合后从喷嘴喷出,经过点燃后形成火焰。等压式焊炬结构简单,回火可能性小,但需要用中压乙炔。

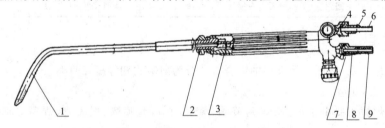

图 6-16　等压式焊炬原理示意

1—焊嘴;2—混合管螺母;3—混合管接头;4—氧气螺母;5—氧气接头螺母;
6—氧气软管接头;7—乙炔螺母;8—乙炔接头螺母;9—乙炔软管接头

3. 焊炬的使用

使用前检查焊炬射吸情况,合格后才可点火。点火时应把氧气调节阀稍微打开,然后打开乙炔调节阀,点火后应立即调整火焰,使火焰达到正常。停止使用时,应先关闭乙炔调节阀,然后关闭氧气调节阀,以防止火焰倒袭和产生烟灰。

在使用过程中若发生回火,应迅速关闭乙炔调节阀,同时关闭氧气调节阀。等回火熄灭后,再打开氧气调节阀,吹除残留在焊炬内的余焰和烟灰,并将焊炬的手柄前部放在水中冷却。

焊炬常见故障及排除方法详见表6-8。

表6-8　焊炬常见故障及排除方法

故障	原因	排除方法
放炮("叭叭"作响)和回火	1. 乙炔压力不足(阀门未开足、乙炔接近用完、乙炔导管受压); 2. 焊嘴温度太高; 3. 焊嘴堵塞; 4. 焊嘴及各接头处密封不良	1. 检查乙炔管路排除故障; 2. 将焊嘴放入水中冷却; 3. 清理焊嘴
阀门或焊嘴漏气	1. 焊嘴未拧紧; 2. 压紧螺母松动或垫圈损坏	1. 拧紧焊嘴; 2. 更换压紧螺母或垫圈
乙炔压力低,火焰调节不大	1. 导管被挤压或堵塞; 2. 焊炬被堵塞; 3. 乙炔阀手轮打滑	吹净导管及焊炬,修理乙炔阀
焊嘴孔径扩成椭圆形	1. 使用过久; 2. 焊嘴磨损; 3. 使用通针不当	用手锤轻砸焊嘴尖部,使孔径缩小,再按要求钻孔

(五)回火防止器

回火防止器是防止焊接中由于回火造成事故而设立的一个阻火专用设备。常见的回火防止器有水封式和干式两类,如图6-17、图6-18所示。

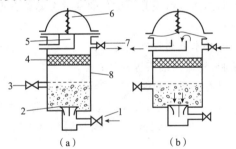

（a）　　　　　　　　（b）

图6-17　中压水封开启式回火防止器

(a)正常工作状态;(b)回火工作状态

1—乙炔进气阀;2—单向活门;3—水位显示装置;4—过滤层;5—燃烧气体放气口;6—泄压装置;7—乙炔出气口;8—壳体

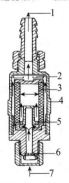

图6-18　陶瓷灭火管干式回火防止器

1—出气口;2—集气垫圈;3—灭火管;4—外六方;5—分气垫圈;6—过滤网;7—进气口

(六)辅助用具

1. 氧气、乙炔胶管

氧气胶管是由优质橡胶内、外胶层和中间棉麻纤维织物组成的。《气体焊接设备 焊接、切割和类似作业用橡胶软管》(GB/T 2550－2016)规定,氧气胶管表面呈蓝色(原标准为红色),内径为 8 mm。

乙炔胶管能承受 0.5 MPa 的气体压力,爆破压力为 0.9 MPa,其表面呈红色(原标准为黑色),内径为 10 mm。

氧气与乙炔胶管不得互相混用和代用;发生回火倒燃进入的胶管不可继续使用。

2. 点火枪

点火枪是气焊工作的点火用具。

3. 护目镜

气焊操作时,应佩戴护目镜,护目镜一般宜用 3～7 号的黄绿色镜片。

4. 其他辅助用具

其他常用的辅助用具有扳手、钢丝刷和通针等。

四、气焊焊接材料

1. 焊丝

在气焊过程中,焊丝不断地送入熔池并与熔化的基本金属熔合形成焊缝。一般气焊丝应符合下列要求:

(1)气焊丝的化学成分应基本上与焊件相符合;

(2)焊丝表面应没有油脂、锈斑及油漆等污物;

(3)焊丝应能保证焊缝具有必要的致密性;

(4)气焊丝的熔点应与焊件熔点相近,并在熔化时不应有强烈的飞溅或蒸发。

常用的气焊丝有熔化焊用钢丝、不锈钢焊丝、铜及铜合金焊丝、铝及铝合金焊丝、铸铁气焊丝等。

常用于锅炉、压力容器及管道的气焊丝详见表 6-9。

表 6-9　锅炉、压力容器及管道用气焊丝

焊丝牌号	适用焊接的钢材牌号
H08	Q235,Q235A
H08MnA	10,20,20g
H08MnRe	20,20g
H08Mn2SiA	15MnV,15MnVN
HI0CrMoA	16Mn,20g,25g
H08CrMoA	12CrMo,15CrMo
H08CrMoV	12CrMoV,10CrMo9
H08CrMnSiMoVA	20CrMoV
HICr18Ni9Ti	1Cr18Ni9Ti

2. 气焊熔剂

在焊接有色金属、铸铁、不锈钢等材料时,为了防止金属的氧化并消除已经形成的氧化物,必须采用气焊熔剂。

气焊熔剂必须符合下述要求:

(1)气焊熔剂能迅速熔解一些氧化物或与一些高熔点化合物作用后生成新的低熔点和容易挥发的化合物;

(2)熔剂溶化后黏度要小,产生的熔渣熔点低,易浮于熔池表面;

(3)能减少熔化金属的表面张力,使熔化的填充金属与焊件熔合;

(4)不应对焊件有腐蚀作用。

常用气焊熔剂的牌号、性能和用途见表 6-10。

表 6-10 常用气焊熔剂的牌号、性能和用途

熔剂牌号	代号	名　称	基本性能	用　途
气剂 101	CJ101	不锈钢及耐热钢	熔点为 900 ℃,有良好的湿润作用,能防止熔化金属被氧化,焊后熔渣易清除	不锈钢及耐热钢气焊助熔剂
气剂 201	CJ201	铸铁气焊熔剂	熔点为 650 ℃,呈碱性反应,富潮解性。能有效地去除铸铁在气焊时所产生的硅酸盐和氧化物,有加速金属熔化的功能	铸铁件气焊助熔剂
气剂 301	CJ301	铜气焊熔剂	系硼基盐类,易潮解,熔点约为 650 ℃,呈酸性反应,能有效地溶解氧化铜和助熔剂—氧化亚铜	铜及铜合金气焊助熔剂
气剂 401	CJ401	铝气焊熔剂	熔点约为 560 ℃,呈碱性反应,能有效地破坏氧化铝膜,因富有潮解性,在空气中能引起铝的腐蚀,焊后必须将熔渣清除干净	铝及铝合金气焊助熔剂

3. 气体

氧气是一种无色、无味、无毒、不可燃气体,在常温、常压下是气态,分子式为 O_2。当温度降至 -182.96 ℃时变成淡蓝色的液态,当温度降至 -218 ℃时,液态氧则变成雪花状的淡蓝色固体。

气焊必须选用高纯度氧气,见表 6-11。

表 6-11 气焊用氧气指标

名称	一级品	二级品
氧/%	≥99.2	≥98.5
水分/(mL·瓶$^{-1}$)	≤10	≤10

由于瓶装的气态氧含水分和杂质较多,企业大都采用液态氧。液态氧与气态氧的换算参考值见表 6-12。

表 6-12　液态氧与气态氧的换算值

液态氧		气态氧		
		不同温度和压力下的体积/m³		
体积/L	质量/kg	0 ℃,0.1 MPa	15 ℃,0.1 MPa	35 ℃,0.1 MPa
0.877	1.0	0.699 8	0.738	0.789
1.0	1.14	0.798	0.842	0.900
1.89	1.355	0.948	1.0	1.070
1.25	1.429	1.0	1.055	1.129

乙炔又称电石气,属于不饱和的碳氢化合物,化学式为 C_2H_2,纯乙炔为无色、无味气体。工业用乙炔,因混有硫化氢(H_2S)及磷化氢(PH_3)等杂质,故具有特殊的臭味。

乙炔能溶解于多种液体中,具体数值见表 6-13(表中温度为 15 ℃,压力为 0.1 MPa)。

表 6-13　乙炔在不同液体中的溶解度

溶剂	溶解度(单位体积乙炔/单位体积溶剂)	溶剂	溶解度(单位体积乙炔/单位体积溶剂)
水	1.15	汽油	5.7
松节油	2	酒精	6
苯	4	丙酮	23

石油气是炼油工业的副产品。其成分不稳定,主要由丙烷(C_3H_8,一般占 50%～80%)、丙烯(C_3H_6)、丁烷(C_4H_{10})和丁烯(C_4H_8)等气体混合组成。

虽然液化石油气比乙炔火焰的温度低,钢板预热时间稍长,但可以减少切口的过烧现象,提高切口的光洁度和精度。

氢是一种无色、无味的气体。它具有最大的扩散速度和很高的导热性,其导热效能比空气大 7 倍,极易泄漏,点火能力低,被公认为一种极危险的易燃易爆气体。

 项目实施

一、准备工作

(一)定位焊及定位焊缝

较薄焊件定位焊的焊接顺序如图 6-19(a)所示,由板的中间向两端焊接,定位焊缝长度为 5～7 mm,间距为 50～100 mm;较厚焊件定位焊的焊接顺序如图 6-19(b)所示,定位焊缝由两端向中间焊接,定位焊缝长度为 20～30 mm,间距为 200～300 mm。

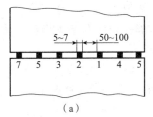
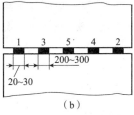

图 6-19 定位焊

(a)薄板焊件;(b)厚板焊件

管径小于 70 mm 时,定位焊缝的位置分布如图 6-20(a)所示;管径为 100～300 mm 时,定位焊缝的位置分布如图 6-20(b)所示;管径为 300～500 mm 时,定位焊缝的位置分布如图 6-20(c)所示。

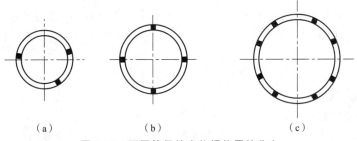

图 6-20 不同管径的定位焊位置的分布

(a)小管 φ＜70 mm;(b)中管 φ100～300 mm;(c)大管 φ300～500 mm

(二)劳动保护的准备

(1)应具备下列劳动保护用品:工作服、工作帽、手套、鞋、有色眼镜、口罩、毛巾等,以防止高温的火焰刺伤眼睛,飞溅的金属氧化物和炽热的工件烫伤人,避免扬起的灰尘及有害烟气吸进体内。

(2)场地要求有良好的通风条件,以减小在操作过程中产生的有害气体对人体的伤害。

(3)修理各种容器或管道时,应了解管道或容器内装的是什么液体或气体,残存的液体或气体应清除干净,并将所有的阀门全部打开,否则不能进行焊接操作。

(4)当焊接储存过原油、汽油、煤油或其他易燃物的容器时,需将容器孔、盖全部打开,用碱水将容器内壁清洗干净,并用压缩空气吹干后,方可进行焊接操作。

(5)在高空焊接操作时,必须使用安全带。工具要放在工具袋内,并设置接火盘,以防火花溅落引起火灾或切掉的余料落下砸伤人。

二、工艺参数的选择

(一)气焊工艺

气焊工艺是指气焊过程的一整套技术规定,一般包括以下内容:

(1)焊前清理。应根据被焊工件的材质和批量,确定清理方法。

(2)确定气焊工艺参数。主要有火焰成分及选择、火焰能率的选择、焊丝直径与熔剂的选择、焊嘴与焊件的倾斜角度、焊接速度等。

（3）焊前需要预热的焊件，应明确预热的温度范围。

（4）明确气焊的焊接方法（左焊法或右焊法），焊接顺序和基本操作方法及各种空间位置的焊接操作要点。

（5）焊后处理。在焊接工艺参数中说明加热、保温的温度、方法、时间、冷却方式等。

另外，气焊的工艺过程还应包括焊后对焊缝的检验、试验、验收等。

（二）气焊的工艺参数

1. 火焰成分及选择

气焊火焰的成分应该根据不同材料来正确地选择。各种不同材料的焊件焊接时应采用的火焰成分见表 6-2。

2. 火焰能率的选择

气焊火焰能率的选用取决于焊件的厚度和它的热物理性质（熔点与导热性）。焊接低碳钢、低合金钢、铸铁、黄铜和铝及铝合金时，乙炔的消耗量可按下列经验公式计算：

$$左向焊法： \quad v=(100\sim120)t$$
$$右向焊法： \quad v=(120\sim150)t$$

式中　　v——火焰能率（cm^3/h）；

　　　　t——钢板厚度（mm）。

开始焊接时，需要的热量较多，随着焊接的进行，需要的热量相应地减少。此时可通过把火焰调小、减小焊嘴与焊件的倾斜角度、间断焊接等方法，达到调整热量的目的。

3. 气焊焊丝与熔剂的选择

焊丝直径的选用，要根据焊件的厚度和坡口形式来决定。焊件厚度与焊丝直径的关系见表 6-14。

表 6-14　焊件厚度与焊丝直径的关系

焊件厚度/mm	1～2	2～3	3～5	5～10	10～15	>15
焊丝直径/mm	不用焊丝或1～2	2	2～3	3～5	4～6	6～8

4. 焊炬的倾斜角

焊炬的倾斜角就是指焊嘴与焊件之间的夹角，如图 6-21 所示。焊炬倾角的大小主要取决于焊件的厚度、材料的熔点及导热性。倾角 α 越大热量越大。

焊接碳素钢时，焊炬倾斜角与焊件厚度的关系如图 6-22 所示。

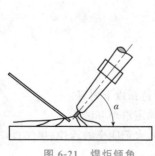

图 6-21　焊炬倾角

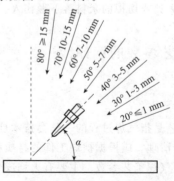

图 6-22　焊炬倾斜角与焊件厚度的关系

焊炬的倾斜角在焊接过程中是需要改变的。在焊接开始时,采用的焊炬倾斜角为80°~90°。当焊接将要结束时,可将焊炬的倾斜角减小。在焊接过程中,焊炬倾斜角的变化情况如图6-23所示。

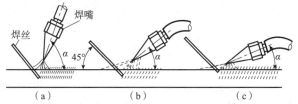

图6-23　焊接过程中焊炬倾斜角的变化情况示意

(a)焊前预热;(b)焊接过程中;(c)焊接结束

除保证焊炬倾斜角外,还要考虑焊丝与焊炬、焊丝与焊件之间的夹角,如图6-24所示。

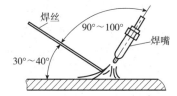

图6-24　焊嘴、焊丝、焊件的位置关系

5.焊接速度

焊接速度一般以每小时完成的焊缝长度(m/h)来表示。可用以下经验公式来计算:

$$v = k/t$$

式中　v——焊接速度(m/h);

　　　k——系数;

　　　t——焊件厚度(mm)。

k值是经验数据,不同的材料气焊时,其大小见表6-15。

表6-15　不同材料气焊时 k 值的大小

材料名称	碳素钢		铜	黄铜	铝	铸铁	不锈钢
	左向焊	右向焊					
k 值	12	15	24	12	30	10	10

三、基本操作技术

(一)预热

钢焊接时,应对起焊点预热。预热时焊嘴与试件的夹角为80°~90°,如图6-25所示。

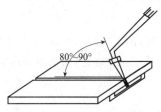

图6-25　预热时焊炬倾斜角

(二)气焊操作手法

气焊操作手法分为左焊法和右焊法两种。

(1)左焊法是焊炬和焊丝都从右端向左端移动,火焰指向焊件的未焊部分,适合薄板焊接,如图 6-26(a)所示。

(2)右焊法是焊炬和焊丝都从左端向右端移动,火焰指向焊丝及形成焊缝的方向,适合厚板焊接,如图 6-26(b)所示。

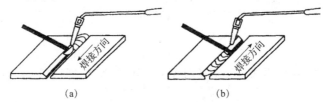

图 6-26 左焊法右焊法示意

(a)左焊法;(b)右焊法

(三)焊炬和焊丝的摆动

焊丝的运动主要有向熔池方向送进、向前移动,在需使用熔剂焊接时,焊丝还要做摆动,不断搅拌熔池,促使熔池中的氧化物和金属夹杂物浮出熔池表面。

平焊时,焊炬与焊丝常见的摆动方式如图 6-27 所示。图中(a)、(b)、(c)所示方法适用各种材料较厚大焊件的焊接和堆焊;图中(d)所示方法适用各种薄板的焊接。

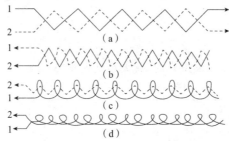

图 6-27 焊炬和焊丝的摆动方式

(a)~(c)适用厚板焊接;(d)适用薄板焊接

1—焊嘴;2—焊丝

(四)接头

当气焊接头时用火焰将原熔池金属重新熔化,重新形成熔池后再添加焊丝。为保证接头处焊接质量,视具体情况,接头处和前面的焊缝应有 8~10 mm 的重叠。

(五)收尾

焊接至焊缝的终端结束焊接时,由于焊件温度高、散热差等原因,应减小焊嘴与焊件之间的夹角,加快焊接速度,并适当多添加一些焊丝,熔池填满后将火焰缓缓移开。

四、气割原理及应用

(一)气割原理

气割是利用氧气混合可燃气体的燃烧火焰,将钢加热到燃烧点,然后开启割炬上的切割氧,使高压氧与红热金属发生剧烈燃烧,同时放出大量的热,并将氧化熔渣从切口中吹掉,将工件分开的加工过程。

(二)气割应用

气割技术的应用领域几乎覆盖了机械、矿山、船舶、石油化工等工业部门。在实际生产中,主要采用其进行下料和试件加工等。

但不是所有金属都能进行气割,只有满足以下条件的金属才能顺利地实现气割:金属的燃点低于它的熔点;金属的熔点高于其氧化物的熔点;金属燃烧时是放热反应;金属的导热性较小;金属中杂质较少。

低碳钢和低合金钢能满足以上条件,所以能顺利进行气割,其他金属见表 6-16。

表 6-16　某些金属及其氧化物的熔点、燃烧热及气割性

金属	熔点/℃	金属氧化物	氧化反应热/kJ	氧化物熔点/℃	气割性
Fe	1 535	FeO	267.8	1 380	良好
		Fe_2O_3	1 120.5	1 539	
		Fe_3O_4	823.4	1565	
Mn	1 260	MnO	389.5	1 785	良
Cr	1 615	Cr_2O_3	1 142.2	2 275	很差
Ni	1 455	NiO	244.3	1 950	很差
Mo	2 620	MoO_3	543.9	795	非常差
W	3 370	WO_3	546.0	1 470	差
Al	660	Al_2O_3	1 645.6	2 048	不可割
Cu	1 082	Cu_2O	156.9	1 021	不可割
		CuO	169.9	1 230	
Ti	1 727	TiO_2	912.1	1 775	良好

五、气割设备及工具

手工气割用的设备与工具如图 6-28 所示。除割炬外,其余器具与气焊相同。

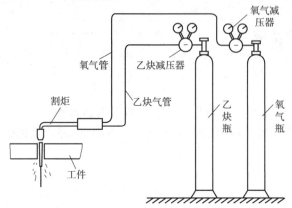

图 6-28 气割用的设备和器具示意

割炬又称割枪或割把,可分为射吸式和等压式两种。

(一)射吸式割炬

射吸式割炬由切割氧调节阀、切割氧通道和割嘴组成,如图 6-29 所示。

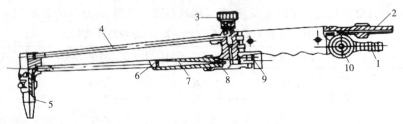

图 6-29 射吸式割炬

1—乙炔入口;2—氧气入口;3—高压氧阀;4—氧喷嘴;5—割嘴;

6—混合气通道;7—射吸管;8—混合室;9—低压氧阀;10—乙炔阀门

在进行气割工作时,待起割点的金属温度升到燃点时,即逆时针方向开启切割氧调节阀,切割氧气流高速射向割件将割缝处的金属氧化,并把氧化物吹除。随着割炬的不断移动即在割件上形成割缝。

我国割炬型号的编制方法如下:

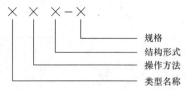

G 表示割炬,0 表示手工,1 表示射吸式,2 表示等压式,"—"后的数字表示气割的最大厚度(mm)。

如 G01—30 型割炬的含义:

G—割(Ge)的第一个拼音字母;

01—手工射吸式;

30—最大的切割低碳钢厚度为 30mm

国产射吸式手工割炬见表 6-17。

表 6-17　射吸式割炬型号及参数

| 型号 | 割嘴号码 | 割嘴形式 | 切割低碳钢板厚度/mm | 切割氧孔径/mm | 气体压力/MPa | | 气体消耗/(L·min⁻¹) | |
					氧气	乙炔	氧气	乙炔
G01—30	1#	环形	3~10	0.7	0.2		13.3	3.5
	2#		10~20	0.9	0.25		23.3	4.0
	3#		20~30	1.1	0.3	0.001~ 0.1	36.7	5.2
G01—100	1#	梅花形	10~25	1.0	0.3		36.7~45	5.8~6.7
	2#		25~50	1.3	0.4		58.2~71.7	7.7~8.3
	3#		50~100	1.6	0.5		91.7~121.7	9.2~10

(二)等压式割炬

等压式割炬的构造与射吸式割炬的构造有所不同,主要由主体、调节阀(预热、切割)氧气管、乙炔管、割嘴等组成,如图 6-30 所示。半自动切割机用氧—乙炔等压式割炬如图 6-31 所示。

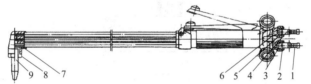

图 6-30　G02 型氧—乙炔等压式手工割炬

1—乙炔进口;2—乙炔螺母;3—乙炔接头螺纹;4—氧气进口;
5—氧气螺母;6—氧气接头螺母;7—割嘴接头;8—割嘴螺母;9—割嘴

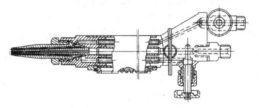

图 6-31　半自动切割机用氧—乙炔等压式割炬

常见的等压式割炬参数见表 6-18。

表 6-18　常见的等压式割炬参数

| 型号 | 割嘴号码 | 切割低碳钢板厚度/mm | 切割氧孔径/mm | 气体压力/MPa | | 气体消耗/(m³·h⁻¹) | |
				氧气	乙炔	氧气	乙炔
G02—100	3#	10~25	1.1	0.3	0.5	2.2~2.7	350~400
	4#	25~50	1.3	0.4	0.5	3.5~4.3	400~500
	5#	50~100	1.6	0.5	0.6	5.5~7.3	500~600
G02—300	7#	150~200	2.2	0.65	0.7	15~20	1 000~1 500
	8#	200~250	2.6	0.8	0.8	20~25	1 500~2 000
	9#	250~300	3.0	1.8	0.9	25~30	1 800~2 200

六、气割的工艺及操作技术

(一)气割过程

气割过程:预热—燃烧—吹渣,如图 6-32 所示。其中包括下列三个阶段:

(1)气割开始时,将起割处的金属预热至燃烧温度;

(2)喷射切割氧,使金属剧烈地燃烧;

(3)利用切割氧压力吹除金属熔渣,达到切割目的。

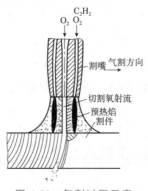

图 6-32　气割过程示意

(二)手工气割工艺参数及选择

手工气割的工艺参数主要包括切割氧压力、气割速度、火焰能率、割嘴与割件的倾斜角度,以及割嘴距离割件表面的距离等。

1.切割氧压力

切割氧压力与割件厚度、割嘴号码等因素有关。通常切割 100 mm 以下的板材时,采用 0.3～0.5 MPa 的氧气压力。

2.气割速度

气割速度与割件厚度和使用的割嘴的形状有关,主要根据割缝后拖量来判断,如图 6-33 所示。

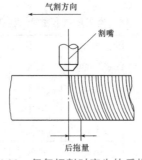

图 6-33　氧气切割时产生的后拖量

3.火焰能率

火焰能率过大,会使割缝上缘产生烧熔现象;火焰能率过小时,迫使气割速度减慢,使气割发生困难。

4.割嘴与割件的倾斜角

割嘴倾斜角的大小主要根据割件厚度而定,如图 6-34 所示。

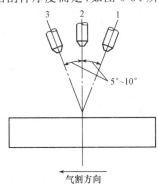

气割方向

图 6-34　割嘴的倾斜角与割件厚度的关系

1—厚度小于 6 mm 时;2—厚度为 6～30 mm 时;3—厚度大于 30 mm 时

5.割嘴离割件表面的距离

割嘴离割件表面的距离根据预热火焰的长度及割件的厚度而定,一般为 5～10 mm。另外,钢材质量状况、割缝形状、气体的种类及割嘴形式等因素,也会影响切割质量。

(三)气割基本操作技术

一般工件气割过程包括切割前的准备、确定气割工艺参数和气割操作。

(1)气割前的准备:主要内容包括工件清理、设备、工具检及现场安全检查等。

(2)确定气割工艺参数:根据工件的厚度正确选择气割工艺参数。

(3)操作姿势:初学者可按基本的"抱切法"练习。所谓"抱切法",即双脚成八字蹲在工件割线的后面,右臂靠住右膝盖,左臂空悬在两膝之间,保证移动割炬方便。右手握住割炬把手,并用右手拇指和食指靠住把手下面的预热氧调节阀,以便随时调节预热火焰。

(4)操作要点:开始气割时,将工件边缘预热达到燃烧温度,然后开启切割氧气,待确定工件割透后,再匀速切割。当熔渣的流动方向基本上与割件表面相垂直时,说明气割速度正常,如图 6-35 所示。

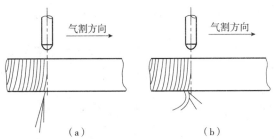

图 6-35　熔渣流动方向与气割速度的关系

(a)速度正常;(b)速度过快

在切割过程中,割嘴与工件保持 3～5 mm 距离。切割接头时动作要快,一般可在停火处后 10～20 mm 开始正常垂直行走。

气割要结束时,割嘴应向气割方向后倾一定角度,使钢板下部提前割开,并注意余料的下落位置,防止发生事故。

(5)常见的缺陷及防止措施:由于气割参数选择不当,会产生很多切割缺陷,见表 6-19。

表6-19　气割常见的缺陷、产生原因及防止措施

气割缺陷	产生原因	防止措施
切口过宽且表面粗糙	1.气割氧气压力过大； 2.氧气压力过低	调整切割氧气的压力
切口表面不齐或棱角熔化	1.预热火焰过强； 2.切割速度过慢	调整预热火焰能率大小要适宜
切口后拖量大	切割速度过快	调整切割速度

 知识拓展

实际生产中广泛使用的是自动化切割,如磁力氧气切割机(CG1－30型)、光电跟踪气割机(QE－2000型、GD－2000型)、数控切割机等。CG1－30型气割机主要由机身、割炬、横移架、升降架、气体分配器及控制板等部分组成。

气割机

 项目小结

采用氧－乙炔气焊可以焊接碳钢、低合金钢、铸铁、铝合金、铜合金等,采用氧－氢、氧－丙烷气焊可以焊接一些低熔点的金属(如铝、镁、锌、铅等)。高熔点的金属(如铌、钼、钨)及活性金属(如钛和锆等)不宜采用气焊焊接。

现代焊接生产中钢材的切割主要采用热切割。气割技术的应用领域覆盖了机械、矿山、船舶、石油化工、交通、电力等许多工业部门。

 综合训练

一、填空题

1.气焊是利用可燃气体与助燃气体_____后,产生的热量熔化焊缝处的金属和焊丝,使焊件达到牢固接头的一种_____方法。

2.根据氧气与乙炔体积的混合比值,可得到三种火焰:_____、_____、_____。

3.气焊、气割时应用的设备有气瓶、_____、_____及_____等。

4.氧气瓶内的额定氧气压力为_____MPa,并用黑漆标注"氧气"字样。

5.常用的减压器主要有_____和_____两类。

6.气焊工艺包括焊前准备、_____、_____、_____等。

7.焊炬又称焊枪,按照气体火焰的混合方式分为_____和_____两类。

8.焊丝的作用是不断地送入_____并与熔化的_____形成焊缝。

9.气焊的工艺参数包括氧气压力、_____、_____、_____等。

10.气割过程主要是预热、_____、_____,其中预热必须达到材料的_____温度。

11.气割的工艺参数包括_____、_____、_____、_____等。

二、选择题

1.低碳钢气焊焊接时,采用(　　)火焰。

　　A.中性　　　　　　B.氧化　　　　　　C.碳化　　　　　　D.所有

2.氧气瓶上部用钢印标明不包含（　　）。

　　A.瓶号　　　　　　　B.工作压力　　　　　C.技术检验　　　　　D.制造者

3.氧气瓶使用时留有余气,压力为（　　）MPa。

　　A.0.01～0.03　　　B.0.1～0.3　　　　　C.1～3　　　　　　　D.10～30

4.焊炬 H01－6 型号,其中"01"表示（　　）。

　　A.焊炬名称　　　　　B.焊接厚度　　　　　C.工作原理　　　　　D.制造标准

5.焊丝是非合金钢焊丝的是（　　）。

　　A.HS201　　　　　　B.H08A　　　　　　　C.HS301　　　　　　D.H00Cr21Ni10

6.气割过程中,金属在氧气中的燃点应（　　）熔点。

　　A.高于　　　　　　　B.低于　　　　　　　C.等于　　　　　　　D.没有影响

7.焊接时不采用气焊焊剂的是（　　）。

　　A.铜　　　　　　　　B.铝　　　　　　　　C.不锈钢　　　　　　D.低合金钢

8.在气焊过程中,除要保证焊炬倾斜角外,还要考虑焊丝与焊件之间的夹角,该夹角一般为（　　）。

　　A.10°～20°　　　　　B.30°～40°　　　　　C.70°～80°　　　　　D.90°～100°

9.割嘴距割件表面的距离根据预热火焰的长度及割件的厚度而定,一般为（　　）mm。

　　A.2～3　　　　　　　B.3～5　　　　　　　C.5～8　　　　　　　D.8～10

三、判断题（正确的画"√",错误的画"×"）

1.氧－乙炔气焊是熔化焊的一种。　　　　　　　　　　　　　　　　　　　（　　）

2.气瓶经过 3 年使用期后,应进行水压试验。　　　　　　　　　　　　　　（　　）

3.乙炔瓶内装有大量的乙炔气体,所以很危险。　　　　　　　　　　　　　（　　）

4.乙炔瓶必须直立使用且瓶体表面的温度不应超过 40 ℃。　　　　　　　　（　　）

5.减压器的作用主要是减压,而没有稳压作用。　　　　　　　　　　　　　（　　）

6.我国广泛使用的是射吸式焊炬和割炬,其优点是可以使用中压乙炔。　　　（　　）

7.GB/T 2550－2016 规定,氧气胶管表面呈蓝色。　　　　　　　　　　　（　　）

8.焊丝应根据焊接材料的焊接位置来选择。　　　　　　　　　　　　　　　（　　）

9.右向焊法火焰指向熔池,适合焊接低熔点材料。　　　　　　　　　　　　（　　）

10.手工氧气割时,为确保焊缝质量,选用的氧气压力越大越好。　　　　　　（　　）

四、问答题

1.简述气焊的原理及特点。

2.简述气焊材料的选择。

3.简述气焊、气割设备、工具的使用注意事项。

4.气焊焊接工艺参数选择要点有哪些?

5.气割工艺参数的选择要点有哪些?

6.举例简述气焊、气割的操作要点。

五、操作实训

1.熟悉气焊、气割设备的结构,掌握气焊、气割设备使用方法。

2.掌握气焊、气割的基本操作技能。

项目七 电阻焊

项目导入

　　汽车车身壳体是一个复杂的结构件,为便于制造,设计时通常将车身划分为若干个分总成,各分总成又划分为若干个合件,合件由若干个零件组成。车身制作时先将若干个零件装焊成合件,再将若干个合件和零件装焊成分总成,最后将分总成和合件、零件焊成车身总成,如图 7-1 所示。

图 7-1　汽车车身

项目分析

　　车身零件大多是薄壁板件,材料大多是具有良好焊接性能的低碳钢,车身制造中应用最多的是电阻焊,一般占整个焊接工作量的 60% 以上,有的车身绝大多数采用电阻焊。

　　本项目主要学习:

　　电阻焊的分类、特点及应用;电阻焊设备;点焊、缝焊、对焊工艺;电阻焊的基本操作方法。

电阻焊场景

知识目标

1.掌握电阻焊的基本原理,点焊、缝焊、对焊工艺参数的选择;
2.熟悉电阻焊设备的组成、操作使用和维护保养;
3.了解常用金属材料的电阻焊及悬挂式点焊机;
4.掌握电阻焊的基本操作要点。

能力目标

1.能够根据焊接材料和技术要求,合理选择电阻焊设备;
2.能够正确安装调试、操作使用和维护保养电阻焊设备;

3.能够根据实际生产条件和具体的焊接结构及其技术要求,正确选择电阻焊工艺参数;

4.能够分析焊接过程中常见缺陷的产生原因,提出解决问题的方法;

5.能够进行电阻焊基本操作。

 素质目标

1.利用现代化手段对信息进行学习、收集、整理的能力;

2.良好的表达能力和较强的沟通与团队合作能力;

3.良好的质量意识和劳模精神、劳动精神、工匠精神。

 相关知识

欧清莲—焊
花人生

电阻焊是指将被焊工件组合后通过电极施加压力,利用电流通过接头的接触面及邻近区域产生的电阻热进行焊接的方法。

电阻焊发明于 19 世纪末期,随着航空航天、电子、汽车、家用电器等工业的发展,电阻焊越来越受到重视。同时,对电阻焊的质量也提出了更高的要求。电子技术的发展和大功率半导体器件的研制成功,给电阻焊技术提供了坚实的技术基础。目前,我国已生产了性能优良的次级整流焊机,由集成元件和微型计算机制成的控制箱已用于新焊机的配套与老焊机的改造。恒流、动态电阻、热膨胀等先进的闭环控制技术已在电阻焊机中广泛应用,这一切都将有利于提高电阻焊的质量。因此,可以预测。电阻焊在工业生产中将会获得越来越广泛的应用。

一、电阻焊的分类

电阻焊的种类很多,分类的方法也很多。应用最多的是按工艺方法分类,如图 7-2 所示。

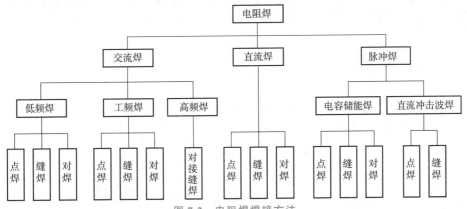

图 7-2 电阻焊焊接方法

1.点焊

点焊是将被焊工件装配成搭接接头,并压紧在两柱状电极之间,利用电阻热熔化母材金属形成焊点的电阻焊方法。

凸焊是点焊的一种变形形式,在一个工件上有预制的凸点。凸焊时,一次可在接头处形成一个或多个熔核。

点焊过程

点焊适用焊接 4 mm 以下的薄板(搭接)和钢筋,适用制造可装配成搭接接头、接头无密封性要求的薄板构件,如汽车驾驶室、轿车车身、飞机机翼、仪表壳体,也可用于焊接建筑用钢筋、电器元件。

2.缝焊

缝焊即连续点焊,缝焊的过程与点焊相似,它实际上是点焊的延伸,是以旋转的圆盘状滚轮电极代替柱状电极,将被焊工件装配成搭接或对接接头,并置于两滚轮电极之间,滚轮加压被焊工件并转动,连续或断续送电,形成一条连续焊缝的电阻焊方法。

缝焊过程

按熔核重叠度不同,缝焊可分为滚点焊和气密缝焊。后者应用较为广泛。主要用于焊接焊缝较为规则、要求密封的结构,板厚一般在 3 mm 以下。如汽车油箱、消声器等。

3.对焊

对焊是使被焊工件沿整个接触面焊合的电阻焊方法。对焊按加压和通电方式不同可分为电阻对焊、闪光对焊。电阻对焊是将被焊工件装配成对接接头,使其端面紧密接触,利用电阻热加热至塑性状态,然后断电并迅速施加顶锻力完成焊接的方法;闪光对焊是将被焊工件装配成对接接头,接通电源,使其端面逐渐移近达到局部接触,利用电阻热加热这些接触点,在大电流作用下,产生闪光,使端面金属熔化,直至端部在一定深度范围内达到预定温度时,断电并迅速施加顶锻力完成焊接的方法。

电阻对焊过程

对焊的生产率高、易于实现自动化,因而获得广泛应用。其应用范围可归纳如下:

(1)工件的接长。如带钢、型材、线材、钢筋、钢轨、锅炉钢管、石油和天然气输送等管道的对焊。

(2)环形工件的对焊。如汽车轮圈和自行车、摩托车轮圈的对焊、各种链环的对焊等。

闪光对焊过程

(3)部件的组焊。将简单轧制、锻造、冲压或机加工件对焊成复杂的零件,以降低成本。如汽车方向轴外壳和后桥壳体的对焊,各种连杆、拉杆的对焊,以及特殊零件的对焊等。

(4)异种金属的对焊。可以节约贵重金属,提高产品性能。例如,刀具的工作部分(高速钢)与尾部(中碳钢)的对焊,内燃机排气阀的头部(耐热钢)与尾部(结构钢)的对焊,铝铜导电接头的对焊等。

二、电阻焊的特点

电阻焊利用的是热能集中的内部热源(电阻热)且焊接接头是在压力作用下形成的,分析归纳,电阻焊具有下列特点。

(一)电阻焊的优点

1.焊接生产率高

点焊时通用点焊机每分钟可焊 60 点,若用快速点焊机则每分钟可达 500 点以上;对焊直径为 40 mm 的棒材每分钟可焊一个接头;缝焊厚度为 1~3 mm 的薄板时,其焊速可达每分钟 0.5~1 m。因此,电阻焊非常适于大批量生产。

2.焊缝质量好

从焊接接头来说,由于采用内部热源,冶金过程简单,熔点在压力作用下结晶,不易受空气的有害作用,所以焊接接头的化学成分均匀,并且与母材基本一致。从整体结构来看,由于热量集中,受热范围小,热影响区也很小,所以焊接变形不大,并且易于控制。另外,点焊、缝焊时由于焊点处于被焊工件内部,焊缝表面平整光滑,因而被焊工件表面质量也较好。

3.焊接成本低

电阻焊时无须填充材料,一般也不用保护气体,所以,在正常情况下除必需的电力消耗外,几乎没有什么消耗,因而使用成本低。

4.劳动条件较好

电阻焊既不会产生有害气体,也没有强光辐射,所以劳动条件比较好。另外,电阻焊焊接过程简单,易于实现机械化、自动化,因而工人的劳动强度较低。

(二)电阻焊的缺点

电阻焊的优点突出,但同时还存在以下缺点,正是这些缺点限制了电阻焊更广泛的应用:

(1)检测困难。目前尚缺乏可靠、易行的无损检测方法来检测焊接接头质量,焊接质量只能靠工艺试样和焊件的破坏性检验来检查;由于焊接过程进行得很快,若焊接时因某些工艺因素发生波动,对焊接质量的稳定性产生影响时,往往来不及进行调整,所以在重要的承力结构中使用电阻焊时应该慎重。

(2)设备价格高。设备比较复杂,除需要大功率的供电系统外,还需精度高、刚度较大的机械系统,因而设备成本较高。

(3)焊件的厚度、形状和接头形式受限制。电阻焊只适用薄板搭接成紧凑截面的对接。

(4)闪光对焊时有飞溅。

三、电阻焊设备

电阻焊设备是利用电流通过工件及焊接接触面的电阻产生热量来焊接的一种设备。

(一)电阻焊机的分类

电阻焊机的种类很多,可按下列特征进行分类:

(1)按用途分为通用型、专用型和特殊型。

通用焊机可焊接各种不同厚度和形状的工件,专用焊机则用于焊接形状、尺寸、厚度、材质接近的一定类型的工件。中大功率焊机质量重,一般都固定安装。焊接外形复杂或尺寸较大的薄壁工件时,工件通常不动而使焊机(焊钳)相对工件移动。绝大多数通用电阻焊机采用双面馈电,可用于焊接各种尺寸和形状、各类金属材料的工件,通常一次焊接循环获得一个焊点。单面电阻焊可提高生产率,减小焊接变形,并可从单面接近某些可达性差的焊件。

(2)按安装方式分为固定式、移动式或悬挂式(轻便式)。

(3)按焊接电流波形分为交流型、低频型、电容储能型和直流型。

(4)按加压机构传动方式分为脚踏式、电动凸轮式、气压式、液压式和复合式。

(5)按活动电极移动方式分为垂直行程式、圆弧行程式。

(6)按焊点数目分为单点式、双点式和多点式。

(7)按工艺特点分为点焊机、缝焊机和对焊机三大类。每一类又可根据其用途和特征等分为若干小类。

(二)电阻焊设备的型号

电阻焊设备的型号按《电焊机型号编制方法》(GB/T 10249—2010)统一编制,可查阅相关手册。各种电阻焊设备的代号及含义见表7-1。型号中前三位用汉语拼音字母表示,第4位和第5位用阿拉伯数字表示,两者之间用"—"隔开。第3位和第4位常常省略。如DN—100、FR—63。

表 7-1　电阻焊设备代号含义

第 1 字位		第 2 字位		第 3 字位		第 4 字位		第 5 字位	
代表字母	大类名称	代表字母	小类名称	代表字母	附注特征	数字序号	系列序号	单位	基本规格
D	点焊机	N	工频	省略	一般点焊	省略	垂直运动式	kV·A	额定容量
		R	电容储能	K	快速点焊	1	圆弧运动式	J	最大储能量
		J	直流冲击波	W	网状点焊	2	手提式	kV·A	额定容量
		Z	次级整流			3	悬挂式	kV·A	额定容量
		D	低频					kV·A	额定容量
		B	变频			6	焊接机器人	kV·A	额定容量
T	凸焊机	N	工频			省略	垂直运动式	kV·A	额定容量
		R	电容储能			1		J	最大储能量
		J	直流冲击波			2		kV·A	额定容量
		Z	次级整流			3		kV·A	额定容量
		D	低频					kV·A	额定容量
		B	变频			6	焊接机器人	kV·A	额定容量
F	缝焊机	N	工频	省略	一般缝焊	省略	垂直运动式	kV·A	额定容量
		R	电容储能	Y	挤压缝焊	1	圆弧运动式	J	最大储能量
		J	直流冲击波	P	垫片缝焊	2	手提式	kV·A	额定容量
		Z	次级整流			3	悬挂式	kV·A	额定容量
		D	低频					kV·A	额定容量
		B	变频			6	焊接机器人	kV·A	额定容量
U	对焊机	N	工频	省略	一般对焊	省略	垂直运动式	kV·A	额定容量
		R	电容储能	B	薄板对焊	1	圆弧运动式	J	最大储能量
		J	直流冲击波	Y	异型截面	2	手提式	kV·A	额定容量
		Z	次级整流	G	钢窗闪光对焊	3	悬挂式	kV·A	额定容量
		D	低频	C	自行车轮圈对焊			kV·A	额定容量
		B	变频	T	链条对焊	6		kV·A	额定容量

续表

第1字位		第2字位		第3字位		第4字位		第5字位	
K	控制器	D	点焊	省略	同步控制	1	分立元件	kV·A	额定容量
		F	缝焊						
		T	凸焊	F	非同步控制	2	集成电路		
		U	对焊	Z	质量控制	3	微机		

(三)电阻焊机的组成

由于各类电阻焊机的功能不同,其结构也不同,如图7-3所示,但通常电阻焊机都包括机械装置、电源与控制装置三个主要部分。

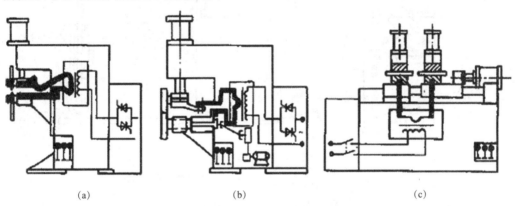

图 7-3 电阻焊机组成示意

(a)点焊焊机;(b)缝焊焊机;(c)对焊焊机

1.机械装置

电阻焊机的机械装置包括机架、加压机构[点(凸)焊机、缝焊机]、夹紧和送进机构(对焊机)等。

目前机架多采用钢板或钢管焊接结构。机架应有足够的刚性、稳定性并能满足安装要求。加压机构能使电极做圆弧或直线运动,并向工件施加一定的压力。加压机构应有良好的随动性,焊接前应能调节压力和施焊位置,焊接过程中应能保持电极压力稳定。夹紧机构应有足够的夹紧力和接触面积,夹紧过程应快速而平稳,顶锻时被焊工件不得有滑动,钳口的距离和对中位置应可调节。

点(凸)焊机的机械装置应使电极以规定的压力和时间压紧工件,并按规定的时刻抬起或放下。

固定式焊机机械装置主要有摇臂式和直压式两种。前者仅适用点焊。后者适用点焊和凸焊。

(1)摇臂式焊机加压机构。摇臂式焊机加压机构的特点是上电极臂固定轴转动,上电极做圆弧运动。根据加压方式,摇臂式焊机可分为脚踏杠杆式、电动凸轮式和气动式等多种。

脚踏杠杆式焊机加压机构结构简单、操作灵活,但生产率和控制精度较低,适用焊接质量要求不高的单件、小批量、多品种生产;电动凸轮式焊机加压机构比较少见,主要用于压缩空气不易得到的场合;气动式焊机加压机构动作迅速、调节容易、生产率高,因而应用较多。典型的脚踏杠杆式和气动式搭管焊机如图 7-4 所示。其中压力弹簧[图 7-4(a)]和气缸[图 7-4(b)]部分既可放于机身内,也可放于机架背面。摇管式焊机的容量一般在 75 kV·A 以下,臂伸长度为 200~900 mm。

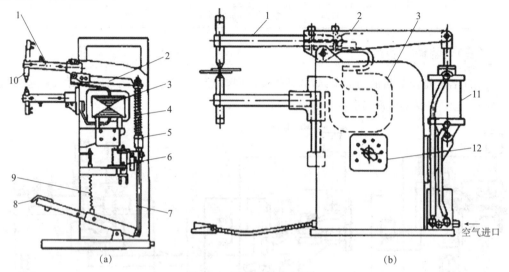

图 7-4　典型摇臂式点焊机

(a)脚踏杠杆式;(b)气动式

1—上电极臂;2—摇臂;3—阻焊变压器;4—压力弹簧;5—调节螺母;6—开关;
7—顶杆;8—脚踏板;9—复位弹簧;10—上电极;11—气缸;12—功率调节器

摇臂焊机的电极压力与电极臂的伸出长度有关。随着臂伸长度的增加,电极压力减小。同时,焊接回路阻抗增大,焊接电流降低。另外,由于电极的运动轨迹是圆弧形的,所以摇臂式焊机不适用凸焊。

气压传动加压机构可以应用于绝大多数场合,其特点是动作快、便于操纵,容易获得多种压力变化曲线。但在压力要求较大时,所需气缸尺寸很大,并且动作减慢、耗气量增多。液压传动主要用于机构尺寸要求小或电极压力要求大的场合。

气动式点(凸)焊机加压机构一般采用活塞式气缸,而快速行程点(凸)焊机加压机构常采用薄膜式气缸。这种气缸由两块连接同一活塞杆的薄膜隔为四个气室,一块薄膜所隔的两个气室决定焊接压力;另一块薄膜所隔的两个气室决定锻压压力。在不同时间对各个气室提供不同压强的压缩空气,便可得到变化的电极压力。图 7-5 所示是点(凸)焊机加压机构广泛采用的双行程气动加压机构气路系统。气缸带动执行机构(电极臂、电极握杆、电极)对被焊工件施加电极压力,并实现工作行程(短行程)和长行程;二位四通电磁气阀用以切换气路,控制活塞位置。气缸的结构特点是小活塞与活塞杆刚性连接,大活塞与活塞杆滑动配合,其凸缘部分始终处于小气缸中。

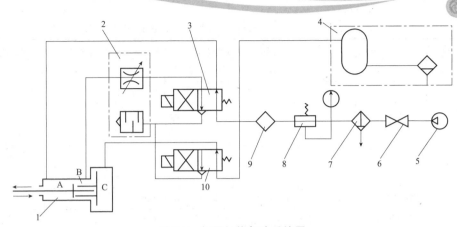

图 7-5　加压机构气路系统图

1—气缸;2—节流阀;3、10—二位四通电磁气阀;4—储气筒;

5—气源;6—截止阀;7—滤清器;8—减压阀;9—油雾器

(2)直压式焊机加压机构。直压式焊机加压机构的下电极通常固定不动,而上电极沿垂直方向做直线运动。电极压力通过气缸或油缸带动电极施加于工件。通用直压式焊机大多数采用气动加压系统,既能用于点焊也能用于凸焊。点焊机的臂伸长度一般较大,而凸焊机的臂伸长度都很小(因刚度要求高)。此外,凸焊机要求加压机构的随动性要好,因而均采用滚动导轨、小质量活塞和蝶形弹簧缓冲等措施,以提高电极运动部分的跟随性。

2.电源

目前使用的主要电阻焊机的电源有单相工频交流电源、次级整流电源、逆变式电阻焊电源。点(凸)焊机、缝焊机和电阻对焊机主电源均使用陡降外特性。这是因为点(凸)焊、缝焊和电阻对焊过程中要求保证电流稳定,从而保证电阻热量足够加热工件。闪光对焊机主电源则使用缓降外特性,因为缓降外特性可使闪光过程稳定且具有较强的自调节能力。

3.控制装置

电阻焊机控制装置用以实现焊接电流、电极压力、夹紧力、顶锻力等工艺参数的调节与控制,保证焊接循环中各阶段工艺参数的动态波形相互匹配。对要求严格控制焊接质量的焊机还可实现规范的自动调整和焊接质量的监控。

常用的控制装置一般包括定时和程序转换器、热量控制器、触发器和断续器等。定时器和程序转换器用以实现焊接工艺所要求的程序(如预压、压紧、焊接、维持等)控制。热量控制器用来改变晶闸管的导通角,从而实现焊接电流的均匀调节。触发器的作用是将触发脉冲信号输出到受控制的晶闸管,保证电路之间的匹配及控制电路与主电路之间可靠的隔离。断续器用于接通或切断阻焊变压器与电网之间的连接,目前多采用晶闸管组成的电子断续器。

电阻焊控制装置有同步和非同步之分。同步控制装置可使电阻焊自动控制程序与电网同步,主要由晶体管分离元件和集成电路组成。近年来,采用微机控制的同步控制装置越来越多。这种控制装置除具有电网电压补偿、电流斜率控制、功率因数自适应、恒电流等控制功能外,还可方便地设置多套焊接规范,并能对设定规范进行监控和记录及实现多台焊机的群控。

四、焊接设备参数

不同的焊接方法应选用与之相对应的焊接设备,选取的焊接设备应满足焊接工艺要求。表 7-2 列举了典型点焊机和凸焊机主要技术参数,表 7-3 列举了典型缝焊机主要技术参数,表 7-4 列举了典型电阻对焊机主要技术参数,表 7-5 列举了典型闪光对焊机主要技术参数。

表 7-2 典型点焊机和凸焊机主要技术参数

焊机类型	型号	特性	额定功率/(kV·A)	负载持续率/%	二次空载电压/V	电极臂长/mm	焊件厚度/mm
摇臂点焊机	DN2－75	工频	75	20	3.16～6.24	500	钢 2.5+2.5
	SO432－5A		31	50	2.5～4.6	250～500	钢 2.5+2.5
直压点焊机	SOD－16		16	50	1.86～3.65	240	钢 3+3
	DN－63		63	50	3.22～6.67	600	钢 4+4
	DN2－100		100	20	3.65～7.30	500	钢 4+4
	DN2－200		200	20	4.42～8.85	500	钢 6+6
移动点焊机	C130S－A2		150	50	14～19	200	钢 3+3
	KT－826		26	50	4.7	170	钢 3.5+3.5
	KT－218		2.5	50	2.3	115	钢 2.5+3
凸焊机	TN－63		63	50	3.22～6.67	250	—
	TN1－200		200	20	4.42～8.85	500	—
摇臂点焊机	DZ－63	整流	63	50	3.65～7.31	500	钢 3+3 铝 1+1
直压点焊机	P260CC －10A		152	50	4.52～9.04	1 000	钢 6+6 铝 3+3
凸焊机	E2012T6－A		260	50	2.75～7.60	400	—
三相点焊机	P300DT1－A	低频	247	50	1.82～7.29	1 200	铝合金 3.2+3.2
储能点焊机	DR－100－1	储能	输出 100J	20	充电电压 430	120	不锈钢 0.5+0.5
储能凸焊机	TR－3000		输出 3 000J	20	充电电压 420	250	铝点焊 1.5+1.5

表 7-3 典型缝焊机主要技术参数

焊机类型	型号	特性	额定功率/(kV·A)	负载持续率/%	二次空载电压/V	电极臂长/mm	焊接板厚度/mm
横向缝焊机	FN1－150－1	工频	150	50	3.88～7.76	800	钢 2+2
	FN1－150－8		150	50	4.52～9.04	1 000	钢 2+2
	M272－6A		110	50	4.75～6.35	670	钢 1.5+1.5
	M230－4A		290	50	5.85～9.80	400	镀层钢板 1.5+1.5
纵向缝焊机	FN1－150－2		150	50	3.88～7.76	800	钢 2+2
	FN1－150－5		150	50	4.80～9.58	1 100	钢 1.5+1.5
	M272－10A		170	50	4.2～8.4	1 000	钢 1.25+1.25
横向缝焊机	FZ－100	整流	100	50	3.52～7.04	610	钢 2+2
通用缝焊机	M300ST1－A	低频	350	50	2.85～5.70	800	铝合金 2.5+2.5

表 7-4 典型电阻对焊机主要技术参数

焊机型号	类型	额定功率/(kV·A)	负载持续率/%	二次空载电压/V	夹紧力/N	顶锻力/N	碳钢焊接截面面积/mm²
UN−1	弹簧压力	1	8	0.5~1.5	80	40	1.1
UN−3		3	15	1~2	450	130	5.0
UN−10		10	15	1.6~3.2	900	350	50
UN1−25	人力—杠杆	25	20	1.75~3.52	偏心轮	—	300

表 7-5 典型闪光对焊机主要技术参数

焊机型号	类型	送进机构	额定功率/(kV·A)	负载持续率/%	二次空载电压/V	夹紧力/N	顶锻力/N	碳钢焊接截面面积/mm²
UN1−75	通用	杠杆	75	20	3.52~7.4	螺旋	30	600
UN2−150−2		电动机—凸轮	150	20	4.05~8.10	100	65	1 000
UN−40		气压—液压	40	50	3.7~6.3	45	14	320
UN17−150−1			150	50	3.3~7.6	160	80	1 000
UN7−400	轮圈专用		400	50	6.55~11.18	680	340	2 000
UY−125	钢窗专用		125	50	5.51~10.85	75	45	400
UN5−300	薄板专用	凸轮烧化气—液压顶锻	300	20	2.84~9.05	350	250	2 500
YN6−500	钢轨专用	液压	500	40	6.8~13.6	600	350	8 500

 项目实施

一、焊前准备

焊前准备工作主要包括设备检查、焊件表面的清理及劳动保护等。

(一)设备检查

一般应先检查焊接设备外部有无明显受伤的痕迹、设备部件有无缺损,观察使用场所环境和焊接工艺,初次使用还要了解其使用记录、维修记录和使用年限等,再对设备进行检查。检查设备的电源开关、接线、接地、配电容量及使用的焊接工艺是否正确,当确定设备没有问题之后,才可以进行试焊接。

(二)焊件表面清理

1.点焊、缝焊被焊工件表面清理

点焊机、缝焊机电流大,阻抗小,故二次侧电压低,一般不大于 10 V,个别达到 20 V 左右。

工件表面的氧化物、污垢、油和其他杂质增大了接触电阻。过厚的氧化物层甚至会使电流不能通过。由于电流密度过大，局部的导通会产生飞溅和表面烧损。氧化物层的存在还会影响各个焊点加热的不均匀性，引起焊接质量波动。因此，彻底清理工件表面是保证获得优质接头的必要条件。

目前常用的清理方法有机械清理与化学清理。各种清理方法的选择，应按产量、材料、厚度、结构形式及对表面状态的要求而定，参考表 7-6 进行选择。

表 7-6　清理方法的选择举例

材料	状态	清理方法							备注
		砂纸	钢丝轮	毡轮	喷砂并吹净	酸洗	电解抛光	不清理	
冷轧结构钢	无氧化皮	√	√	√					
冷轧结构钢	有氧化皮		√		√	√			
镀锌铁板	—							√	
镀铝铁板	—					√			
冷轧不锈钢、耐热钢及其合金	无氧化皮	√	√	√			√		按外表检验
热轧不锈钢、耐热钢及其合金	有氧化皮		√		√	√	√		
钛及钛合金	有氧化皮				√	√			
黄铜、青铜及其他铜合金	覆氧化膜	√	√			√			
各类铝合金及镁合金	覆有自然或人工氧化膜	√	√ 细丝软刷						按外表检验

注：薄件（小于 0.2 mm）建议采用电解抛光。

任何方法清理过的被焊工件，其存放时间都有一定限制，否则会重新生成氧化膜，失去表面清理的意义，因此应严格规定存放时间。

2. 对焊被焊工件表面清理

工件端面的氧化物和脏物会直接影响接头的质量。与夹钳接触的工件表面的氧化物和脏物将会增大接触电阻，使工件表面烧伤、钳口磨损加剧、功率损耗增大。工件的端面及与夹钳接触的表面必须进行严格清理。

清理工件可以用砂轮、钢丝刷等机械手段，也可以用酸洗。

（三）劳动保护

作业人员工作前要穿戴好合适的劳动保护用品，如口罩、防护手套、防护鞋、帆布工作服；在操作时戴好护目镜；在潮湿的地方或雨天作业时应穿上胶鞋。要注意防尘、防电、防烫、防火和防辐射等。

二、电阻焊工艺参数的选择

(一)点焊工艺参数的选择

点焊工艺参数主要取决于金属材料的性质、板厚、结构形式等。它主要包括接头形式、焊接电流、通电时间、电极压力、电极工作端面的形状和尺寸。

点焊工艺参数的选择首先确定电极的端面形状和尺寸,然后初步选定电极压力和焊接时间,再调节焊接电流,以不同的电流焊接试样,直至熔核直径符合要求。在适当的范围内调节电极压力、焊接时间和电流,进行试样的焊接和检验,直到焊点质量完全符合技术条件所规定的要求为止。选择工艺参数时,还要充分考虑试样和工件受分流、铁磁性物质及装配间隙差异方面的影响,适当加以调整。

1. 点焊通常采用搭接接头和折边接头(图 7-6)

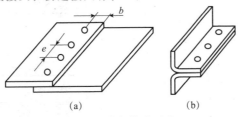

图 7-6　点焊接头形式

(a)搭接接头;(b)折边接头

e—点距;b—边距

接头可由两个或两个以上等厚或不等厚的被焊工件组成。在设计点焊接头和结构时,应遵循如下原则:

(1)焊点到焊件边缘距离不宜过小。边距的最小值取决于被焊金属的种类、焊件厚度和焊接规范,对于屈服强度较高的金属、薄板或用强规范焊接时可取较小值。

(2)应有足够的搭接量,一般搭接量是可取边距的两倍。

(3)为限制分流,应有合适的点距,其最小值与焊件厚度、金属的导电率、表面清洁度及熔核的直径有关。表 7-7 所示为推荐的焊点的最小点距。

表 7-7　焊点的最小点距　　　　　　　　　　　　　　　　mm

最薄板件厚度	点距		
	结构钢	不锈钢及高温合金	轻合金
0.5	10	8	15
0.8	12	10	15
1.0	12	10	15
1.2	14	12	15
1.5	14	12	20
2.0	16	14	25
3.0	20	18	30
3.5	22	20	35
4.0	24	22	35

（4）装配间隙必须尽可能小。因为靠压力消除间隙将消耗一部分电极压力，使接触面电极压力降低。同时，电极必须方便地抵达焊接部位，即电极的可达性要好。

2. 焊接电流

焊接电流是点焊最主要的焊接参数。焊接电流的大小对接头力学性能的影响如图7-7所示。AB段曲线是陡峭形。由于焊接电流小，不能形成熔核或熔核尺寸过小，因此焊点抗剪荷载较低且很不稳定。BC段曲线平稳上升。随着焊接电流的增加，熔核尺寸稳定增大，抗剪荷载不断提高；临近C点，由于板间翘离限制了熔核直径扩大，因而抗剪荷载变化不大，C点以后，由于焊接电流过大，使加热过于强烈，引起金属过热、喷溅、压痕过深等缺陷，接头性能反而降低，图7-7还表明，焊件越厚，BC段越陡峭，即焊接电流的变化对焊点抗剪荷载的影响越敏感。

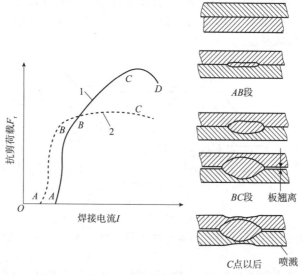

图 7-7　接头抗剪荷载与焊接电流的一般关系

1—板厚 1.6 mm 以上；2—板厚 1.6 mm 以下

3. 通电时间

通电时间对接头力学性能的影响与焊接电流相似，如图7-8所示。但应注意两点：第一，C点以后曲线并不立即下降。这是因为尽管熔核尺寸已达到饱和，但塑性环还可有一定扩大，因此一般不会产生喷溅；第二，通电时间对接头塑性指标影响较大，尤其是承受动荷载或有脆性倾向的材料（可淬硬钢、铝合金等），较长的通电时间将产生较大的不良影响。

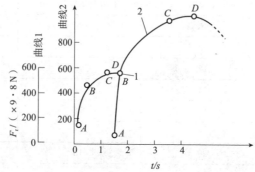

图 7-8　接头抗剪荷载与通电时间的关系

1—板厚 1 mm；2—板厚 5 mm

4.电极压力

点焊时电极压力一般为数千牛,电极压力过大或过小都会使焊点强度降低和分散性变大,如图 7-9 所示。当电极压力过小时,由于焊接区金属的塑性变形不足,造成因电流密度过大而引起加热速度增大,而塑性环又来不及扩展,从而产生严重喷溅。这不仅使熔核形状和尺寸发生变化,而且会污染环境和留下安全隐患。电极压力过大将使焊接区接触面积增大,总电阻和电流密度均减小,因此熔核尺寸变小,严重时会产生未焊透缺陷。一般认为在增大电极压力的同时,适当加大焊接电流和延长通电时间,可使焊点强度维持不变,稳定性也可大大提高。

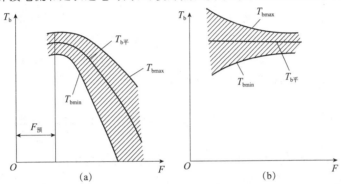

图 7-9 焊点抗剪强度与电极压力之间的关系

(a) 增大电极压力;(b)增大电极压力时延长通电时间或增大焊接电流

5.电极工作端面形状和尺寸

图 7-10 所示为锥台形电极端面直径 d_e 对熔透率 A 和熔核直径 d_s 的影响。d_e 增大时,由于电极与焊件接触面积增大,使电流密度减小,散热效果增强,焊接区加热程度减弱,因而熔核尺寸小,焊点强度低。

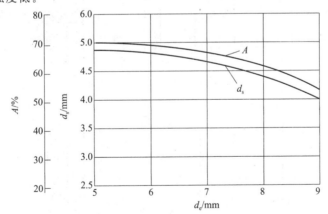

图 7-10 电极端面直径 d_e 对熔透率 A 和熔核直径 d_s 的影响

上述讨论的是单一点焊参数对焊点强度的影响。点焊时,应考虑点焊焊接参数(主要是焊接电流、通电时间及电极压力)相互之间的制约关系,从而合理选择焊接参数,以求获得最佳的焊接质量。

(二)缝焊工艺参数的选择

工频交流断续缝焊应用最广,缝焊的主要工艺参数有焊接电流、电流脉冲时间和脉冲间隔时间、电极压力、焊接速度和滚轮电极端面尺寸等。

1. 焊接电流

考虑缝焊时的分流,焊接电流应比点焊时增加 $15\%\sim40\%$,具体数值视材料的导电性、厚度和重叠量而定。

一般随着焊接电流的增大,焊透率及重叠量增加。但应注意,当焊接电流值满足接头强度要求后,继续增大虽可获得更大的焊透率和重叠量,却不能提高接头强度(因为接头强度受板厚限制),因而是不经济的;同时焊接电流过大,可能产生过深的压痕甚至烧穿,接头质量反而降低。

2. 电流脉冲时间和脉冲间隔时间

缝焊时,可通过电流脉冲时间和脉冲间隔时间来控制熔核的尺寸和重叠量。因此,两者应有适当的配合。一般在用较低焊接速度焊接时,两时间之比为 $1.25\sim2$ 可获得良好的结果。随着焊接速度增加,将引起点距加大、重叠量降低。为保证焊缝的密封性,两时间之比为3 或更高。随着脉冲间隔时间的增加,焊透率及重叠量将下降。

3. 电极压力

缝焊时电极压力应比点焊时增加 $20\%\sim50\%$,具体数值视材料的高温塑性而定。

4. 焊接速度

焊接速度是影响缝焊过程的重要参数之一。随着焊接速度的增加,接头强度降低。同时,为了使焊接区获得足够热量而提高焊接电流时,将很快出现焊件表面过烧和电极粘损现象。因此,缝焊时利用加大焊接电流来提高焊接速度以达到提高焊接生产率的目的是困难的。一般随着板厚的增加,缝焊速度必须减慢。

5. 滚轮电极端面尺寸

常用滚轮电极形式如图 7-11 所示。

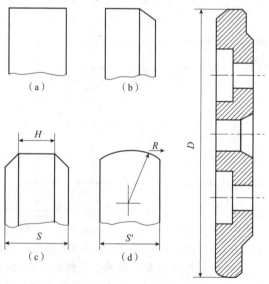

图 7-11　常用滚轮电极形式

(a)扁平形(F 型);(b)单倒角形(SB 型);(c)双倒角形(PB 型);(d)球面形(R 型)

滚轮电极端面是缝焊与焊件表面相接触的部分,滚轮尺寸的选择与点焊电极尺寸的选择一致。滚轮电极直径 D 一般为 $50\sim600$ mm,常用尺寸 $D=180\sim250$ mm;为减小搭边尺寸,减轻结构质量,提高热效率,减少焊机功率,近年来多采用接触面积宽度为 $3\sim5$ mm 的窄边滚轮。

滚轮的直径和板件的曲率半径均影响滚轮与板件的接触面积,从而影响电流场的分布与散热,并导致熔核位置的偏移。当滚轮直径不同而板件厚度相同时,熔核将偏向小直径滚轮一边。滚轮直径和板件厚度均相同,而板件呈弯曲形状时,熔核偏向板件凸向电极的一边。

由于缝焊接头质量要求主要体现在接头应具有良好的密封性和耐蚀性上,因此在选择焊接参数时应注意焊接参数对熔透率和重叠量的影响。上述讨论一个参数时均假定其他参数不变,而实际上各参数间是互相影响的,因此焊接时,各参数必须予以适当配合,才能获得满意的接头质量。

(三)对焊工艺参数的选择

1.电阻对焊参数的选择

电阻对焊的主要工艺参数有伸出长度、焊接电流密度(或焊接电流)、通电时间、焊接压力和预锻压力。

(1)伸出长度。伸出长度即焊件伸在卡具外的长度,又称调伸长度。伸出长度的作用是保证必要的留量(焊件缩短量)和调节焊件的加热温度梯度。伸出长度过小,则散热快,塑性变形困难,需增大焊接压力和预锻压力;伸出长度过大,则焊件易过热,结果使加热区变宽,塑性变形不易在接触面集中,因而导致排除氧化物夹杂困难及顶锻时可能失稳而使焊件弯曲。焊接低碳钢圆钢时伸出长度取直径的 $0.7\sim1.0$ 倍。

(2)电流密度和通电时间。在电阻对焊中,电流密度和通电时间是决定焊件加热的两个重要参数,可适当相互配合,为达到同样的温度可用大电流短时间的强规范,也可用小电流长时间的弱规范。前者可提高生产率,但加热区窄且温度分布不均匀,并应配以较大的压力;后者使焊缝晶粒粗大和氧化程度增加,生产率低。

(3)焊接压力和顶锻压力。加热过程中的压力称为焊接压力;顶锻过程中所施加的压力称为顶锻压力。顶锻压力可以等于焊接压力,也可以大于焊接压力。压力过低易使接触不良,发生氧化或使接触处的金属局部熔化外溢,还可能使塑性变形量不够,以致接头的晶粒粗大,接头质量下降;压力过大,有利于挤出氧化物,但会使变形量过大,冲击性能下降。通常,低碳钢焊接时,压力一般取 $10\sim30$ MPa。常用金属材料电阻对焊参数见表 7-8。

表 7-8 电阻对焊参数

焊件材料	截面面积 S/mm^2	伸出长度 $2l_0/mm$	电流密度 $I/(A \cdot mm^{-2})$	焊接时间 t/s	顶锻量/mm		压力 P/MPa
					有电	无电	
低碳钢	25	12	200	0.6	0.5	0.9	10~20
	50	16	160	0.8	0.5	0.9	
	100	20	140	1.0	0.5	1.0	
	250	24	90	1.5	1.0	1.8	
钢	25	15	70~200	—	1	1	30
	100	25			1.5	1.5	
	500	60			2.0	2.0	

续表

焊件材料	截面面积 S/mm^2	伸出长度 $2l_0/mm$	电流密度 $I/(A \cdot mm^{-2})$	焊接时间 t/s	顶锻量/mm		压力 P/MPa
					有电	无电	
黄铜	25	10	$50 \sim 150$	—	1	1	—
	100	15			1.5	1.5	
	500	30			2.0	2.0	
铝	25	10	$40 \sim 120$	—	2	2	15
	100	15			2.5	2.5	
	500	30			4	4	

2. 闪光对焊参数的选择

闪光对焊的主要焊接参数有伸出长度、闪光留量、闪光速度、闪光电流密度、顶锻力等。

(1) 伸出长度 (L)。伸出长度不仅保证了各种留量，而且起到调节温度场的作用。随着伸出长度的增加，焊接回路(包括焊件)的阻抗及需用容量均增大，使闪光稳定性也下降。另外，伸出长度太大，顶锻时易失稳而旁弯。伸出长度太短，焊接区温度梯度太大，塑件温度区变窄，顶锻时变形困难。

一般情况下，棒材和厚壁管材: $L = (0.7 \sim 1.0)d$, d 为圆棒料的直径或方棒料的边长。对于薄板 ($\delta = 1 \sim 4$ mm)，为了顶锻不失稳，一般取 $L = (4 \sim 5)\delta$。不同金属对焊时，为了使两工件上的温度分布一致，通常是导电性和导热性差的金属 L 应较小。

(2) 闪光留量。闪光留量即在闪光过程中两被焊工件总的烧化量。它必须保证在闪光结束时焊件整个端面有一金属熔化层，同时，在一定深度内达到塑性变形温度。如果闪光留量过小，则不能满足上述要求，会影响接头质量；闪光留量过大，又会浪费金属材料，降低生产率。在选择闪光留量时还应考虑是否有预热，预热闪光留量可比连续闪光小 $30\% \sim 50\%$。闪光留量主要依据焊件断面的大小选取。

(3) 闪光速度。闪光速度即在稳定闪光条件下，动夹具的进给速度，又称烧化速度。闪光速度大可保证闪光强烈稳定，并可使保护作用增强。但过大的闪光速度会使温度分布变陡，加热区变窄，增加塑性变形的困难，同时，由于需要的焊接电流大，因此也会降低接头的质量。

(4) 闪光电流密度。闪光电流密度对焊接区的加热有重要影响，它与焊接方法、材料性质和焊件断面尺寸等有关，通常在较宽的范围内变化。连续闪光对焊、导热和导电性好的金属材料、展开形断面的焊件，闪光电流密度应取高值；预热闪光对焊、大断面的焊件，应取低值。例如，在额定功率情况下，低碳钢闪光时电流密度的平均值为 $5 \sim 15$ A/mm^2，最大值为 $20 \sim 30$ A/mm^2；顶锻时(顶锻电流密度)为 $40 \sim 60$ A/mm^2。

(5) 顶锻力。闪光对焊时，顶锻阶段施加给被焊工件端面上的力称为顶锻力，其大小应保证能挤出接口内的液态金属，并在接头处产生一定的塑性变形。顶锻力过小，则塑性变形不足，接头强度下降；顶锻力过大，则变形量过大，使接头冲击韧度明显下降。金属材料闪光对焊在单位面积上所需最小顶锻力：低碳钢 70 MPa、铝合金 $120 \sim 150$ MPa、奥氏体不锈钢 140 MPa、耐热金属 $280 \sim 350$ MPa。

闪光对焊工艺参数的选择应从技术条件出发，结合材料性质、断面形状和尺寸、设备条件和生产规模等因素综合考虑，一般可先确定工艺方法，然后参考推荐的有关数据及试验资料初步确定焊接参数，最后由工艺试验并结合接头性能分析予以确定。

三、焊接操作

(一)点焊操作

普通的点焊操作过程包括预压、通电加热、锻压和休止四个相互衔接的阶段。

1.预压阶段

通电前的加压为预压阶段。预压的目的是使焊件紧密接触,并使接触面上凸点处产生塑性变形,破坏表面的氧化膜,以获得稳定的接触电阻。若预压力不足,可能只有少数凸点接触,形成较大的接触电阻,产生较大的电阻热,接触处的金属很快熔化,并以火花的形式飞溅出来,严重时甚至可能烧坏焊件或电极。当焊件较厚、结构刚性较大或焊件表面质量较差时,为使被焊工件紧密接触,稳定焊接区电阻,可以加大预压力或在预压阶段施加辅助电流。此时的预压力通常为正常压力的 0.5~1.5 倍,而辅助电流为焊接电流的 0.25~1 倍。

2.通电加热阶段

当预压力使焊件紧密接触后,即可通电焊接。当焊接参数正确时,金属总是在电极夹持处的两被焊工件接触面开始熔化,并不断扩展而逐步形成熔核。熔核在电极压力作用下结晶(断电),结晶后在两被焊工件间形成牢固的结合。

通电加热阶段最易发生的问题是熔核金属的飞溅。产生飞溅时,溢出了熔化金属,削弱了焊点强度,从而降低了接头的力学性能;同时,还会使焊件表面产生凹坑、污染工作环境,所以应力求避免飞溅的产生。

3.锻压阶段

锻压阶段也称为冷却结晶阶段。当熔核达到合适的形状与尺寸后,切断焊接电流,熔核在电极压力作用下冷却结晶。熔核结晶是在封闭的金属膜内进行的,结晶时不能自由收缩,用电极挤压就可使正在结晶的金属变得紧密,使之不会产生缩孔和裂纹。因此,电极压力要在焊接电流断开、熔核金属全部结晶后才能停止作用。板厚为 1~8 mm,锻压时间应为 0.1~2.5 s。

4.休止阶段

休止阶段是指电极开始提升到电极再次下降,并准备在下一个焊点处压紧的过程。休止阶段只在焊接循环重复进行过程中出现。

(二)对焊操作

1.电阻对焊操作

电阻对焊操作过程包括预压、通电加热、顶锻等阶段。

(1)预压阶段。预压阶段的作用与点焊时的预压相同,只是由于被焊工件对接触表面的压强小,清除表面不平和氧化膜、形成接触点的作用远不如点焊时充分。

(2)通电加热阶段。通电加热阶段是电阻焊过程中的主要阶段。通电加热开始时,首先是一些接触点被迅速加热、温度升高、压溃而使接触表面紧密贴合。随着通电加热的进行,接触面温度急剧升高,在压力作用下焊件发生塑性变形。

(3)顶锻阶段。顶锻有两种方式:一是顶锻力等于焊接压力,二是顶锻力不等于焊接压力。等压力方式加压机构简单,便于实现,但顶锻效果不如变压力效果好;变压力方式主要用于合金钢、有色金属及其合金的电阻对焊。电阻对焊的焊接过程如图 7-12 所示。

187

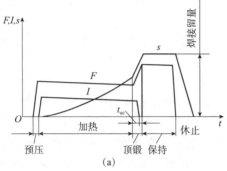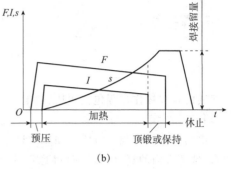

图 7-12　电阻对焊焊接循环图

(a)变压力式电阻对焊;(b)等压力式电阻对焊

F—压力;I—电流;S—位移

2.闪光对焊操作过程

连续闪光对焊操作过程有闪光和预锻两个主要阶段。预热闪光对焊有预热、闪光和顶锻三个主要阶段,如图 7-13 所示。

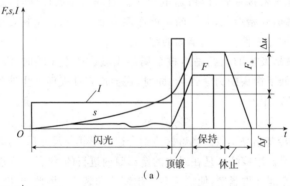

(a)

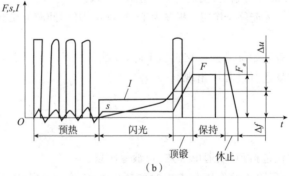

(b)

图 7-13　闪光对焊式全过程

(a)连续闪光焊;(b)预热闪光焊

I—电流;F—压力;s—位移;

Δu—顶锻留量;Δf—压力;F_a—顶锻力

(1)预热阶段。预热是在对焊机上,通过预热而将焊件端面温度提高到一合适值后,再进行闪光和顶锻。这是预热闪光对焊所特有的阶段。预热方式有以下两种:

①电阻预热。多次将两被焊工件端面紧密接触、分开,接触时施加较小的挤出压力并通以预热电流。

②闪光预热。接通电源后,多次将两被焊工件端面轻微接触、分开,在每次接触过程中都要激起短暂的闪光。

预热具有减少需用功率、缩短闪光加热时间等优点,但也存在不足之处,即生产效率低、过程控制复杂,过热区宽和接头质量稳定性较差等。

(2)闪光阶段。接通电源,并使两被焊工件端面轻微接触时,两端面间形成许多具有较大电阻的小触点,在很大电流密度的加热下瞬间熔化,在两被焊工件端面间形成液态金属过梁。在电磁力等作用下液体过梁截面积将减小,因而,使液体过梁的电流密度进一步提高,同时由于温度上升,液态金属的电阻率也相应提高,这样在液体过梁上产生很大的电阻热,使液态金属达到蒸发状态,液态金属微滴以很大的速度从被焊工件间隙处喷射出来,形成火花急流——闪光。过梁爆裂后,被焊工件端面上的凸点被烧平,并在此处留下一薄层液态金属(也称火口),临近火口处也被加热到一定的温度。随着焊件的连续送进,又会在其他凸点处发生新的闪光过程。经过一定时间的闪光之后,就会把焊件端部加热到一定的温度,并在端面处留下一层液态金属和氧化物,它们的流动性很好,为顶锻时挤出杂质,获得优质的焊接接头提供了条件。

(3)顶锻阶段。闪光结束后,被焊工件快速靠拢,并在顶锻力的作用下把液态金属和氧化物在凝固前挤出焊口,局部产生较大的塑性变形,使结合面形成共同晶粒,从而获得牢固的焊接接头。

 知识拓展

一、常用金属材料的电阻焊

(一)常用金属材料的点焊

1. 低碳钢的点焊

低碳钢的电阻率适中,塑性温度区宽,易于获得所需的塑性变形而不必使用很大的电极压力;这类钢具有良好的点焊工艺性能,板厚<6 mm时,通常采用普通的工频交流焊机,焊接电流、电极压力和通电时间具有较大的调节范围。

2. 不锈钢的点焊

不锈钢的电导率比较低,仅为低碳钢的 $1/5\sim1/6$;热导率也低,为低碳钢的 $1/3$,故可采用小电流和短时间来焊接。不锈钢具有较高的高温强度,必须采用较大的电极压力,以防止产生缩孔、裂纹等缺陷。

常用金属材料的电阻焊及悬挂式点焊机

3. 铝合金的点焊

铝合金分为冷作强化型铝合金和热处理强化型铝合金两大类。铝合金点焊焊接性较差,尤其是热处理强化型铝合金。因此,点焊时应采取如下措施:

(1)焊前必须严格清理,存放时间不宜过长,否则易易引起飞溅和熔核成形不良。

(2)选用强规范进行焊接,选用容量大的焊机。因为铝合金的电导率和热导率较大,只有采用强规范才能产生足够的热量形成熔核。

(3)应选用电导率和热导率均高的电极,加强电极对焊点的冷却作用,电极应经常修整。

(4)焊机应能提供形成马鞍形电极压力和缓升缓降的焊接电流,电极的随动性应好。

(二)常用金属材料的缝焊

1. 低碳钢板的缝焊

由于低碳钢具有适度的塑性和良好导电性,因此它比其他金属更易得到优质的缝焊接头,对于没有油污和铁锈的冷轧低碳钢板,焊前可以不进行特殊清理,热轧钢板必须在焊接前清理。

2. 不锈钢的缝焊

不锈钢的电导率和热导率都比较低,焊接时宜采用较小的焊接电流和短的通电时间。但不锈钢的高温强度高,须采用较大的电极压力和中等的焊接速度进行缝焊。不锈钢的线膨胀系数比低碳钢大,焊接时应注意防止焊件变形。

3. 铝合金的缝焊

铝合金的缝焊与点焊相似,但由于铝合金电导率高、分流严重,焊接电流要比点焊时提高15%~50%,电极压力提高5%~10%,因此滚轮电极粘连更严重,应增加拆修次数;又因为缝焊时电极压力的压实作用比点焊时差,易造成裂纹、缩孔等缺陷,应降低焊接速度。重要焊件宜使用步进式缝焊,以提高焊缝的强度。

(三)常用金属材料的对焊

1. 非合金钢的闪光对焊

这类材料电阻率较高,加热时碳元素的氧化为接口提供保护性气氛,不含有生成高熔点氧化物的元素,焊接性较好。

随着钢中含碳量的增加,电阻率增大,结晶温度区间、高温强度及变硬倾向都随之增大,因而需要相应顶锻力和顶锻留量。为了减轻淬火的影响,可采用预热闪光对焊,并进行焊后热处理。碳素钢闪光对焊时,因为氧化物熔点低于母材,顶锻时易被挤出。但在接头中会出现白带(脱碳层)而使接口软化,在采用长时间热处理后可以改善或消除脱碳区。

2. 合金钢的闪光对焊

由于合金钢中合金元素易生成高熔点的氧化物,因此焊接时应增大闪光和预锻速度,以减少其氧化。随着合金元素含量增加,合金钢的高温强度提高,焊接时应增大顶锻力。对于珠光体钢,合金元素增加,其淬火倾向也增大,一般均需提高顶锻力和有电顶锻时间,有时也需后热处理。

3. 铝合金的闪光对焊

铝及其合金具有导热性好、易氧化和氧化物熔点高等特点,闪光对焊焊接性较差。当焊接参数不合适时,接头中易形成氧化物夹杂、残留铸态组织、疏松和层状撕裂等缺陷,将使接头的塑性急剧降低。一般冷作强化型铝合金、退火态的热处理强化铝合金,焊接性较差,必须采用较高的闪光速度和强制成形顶锻模式,并且焊后要进行淬火和时效处理。铝合金推荐选用矩形波交流电源闪光对焊。

闪光对焊不仅可用于棒材、管材、环形件对焊,也广泛用于焊接板材、钢轨等零件。同时,一些高效低耗的闪光对焊新方法,如程控降低电压闪光法、脉冲闪光法、瞬时送进速度自动控制连续闪光法、矩形波电源闪光对焊等正在得到推广,必将使闪光对焊在工业生产中发挥更大的作用。

二、悬挂式点焊机

悬挂式点焊机简称悬挂焊机,是电阻焊点焊的一种。悬挂式点焊机按结构形式分为一体式和分体式。所谓一体式是指变压器与焊臂在一起;当焊接变压器与焊臂不在一起时,称为分体式;按电源类型分为工频交流、逆变直流。

悬挂式点焊机焊接时,首先让工件位于焊钳电极间,然后按下焊接开关,"加压"程序段开始,电磁气阀动作,压缩空气进入焊机气缸,使焊钳电极动作,将工件压紧,经过适当延时,"焊接"程序段开始,此时,焊接变压器初级线圈通过可控硅的控制与电源接通,次级产生焊接电流,对工件进行焊接,"焊接"程序段结束后,变压器初级线圈断电,焊机进入"维持"程序,待压力维持一段时间后,电磁气阀断开,焊钳释放工件,焊机进入"休止"程序。此时已完成一个焊接周期。

悬挂式点焊机操作过程中"加压""焊接""维持""休止"等各个程序段的时间控制是由点焊机控制器中的时间调节器来完成的。各个程序所需时间长短及焊接电流的大小(焊接规范)应按焊接工艺事先设定。

项目小结

要想利用电阻焊形成一个牢固的永久性焊接接头,两被焊工件间就必须有足够量的共同晶粒。电阻焊利用本身的电阻热及大量塑性变形能量,形成结合面的共同晶粒而得到焊点、焊缝或对接接头。从连接的物理本质来看,是靠被焊工件金属原子之间的结合力结合在一起的。虽然电阻焊被焊工件接头形式受到一定限制,但适用电阻焊的结构和零件仍然非常广泛。如汽车车身、飞机机身、自行车钢圈、锅炉钢管接头、轮船的锚链、洗衣机和电冰箱的壳体等。电阻焊所适用的材料也非常广泛,不但可以焊接非合金钢、低合金钢,还可以焊接铝、铜等有色金属及其合金。

综合训练

一、填空题

1. 电阻焊按工艺方法分为_____、_____、_____。

2. 普通点焊循环包括_____、_____、_____和_____四个阶段。

3. 点焊焊接参数通常根据_____和_____来选择。

4. 对焊有_____及_____两种。

5. 连续闪光对焊有_____、_____两个过程;预热闪光对焊则有_____、_____、_____三个过程。

6. 电阻焊利用_____及_____能量,形成结合面的_____而得到焊点、焊缝或对接接头。

二、选择题

1. 闪光对焊焊件伸出长度(棒材和厚壁管材)一般为直径的(　　)倍。

    A. 0.5　　　　　　　B. 0.7~1　　　　　　C. 1.5　　　　　　　　D. 2

2. 点焊适用焊接（　　）的薄板（搭接）和钢筋,适用制造可装配成搭接接头、接头无密封性要求的薄板构件。

    A. 2 mm 以上   B. 4 mm 以下   C. 4 mm 以上   D. 10 mm 以上

3. 电阻焊设备的代号 DN—100,"D"的含义是（　　）。

    A. 点焊机   B. 凸焊机   C. 缝焊机   D. 对焊机

4. 电阻焊设备的代号 FR—63,"F"的含义是（　　）。

    A. 点焊机   B. 凸焊机   C. 缝焊机   D. 对焊机

5. 点（凸）焊机、缝焊机和电阻对焊机主电源均使用（　　）外特性的电源。

    A. 上升   B. 陡降   C. 缓降   D. 多种

6. 型号为 DN2—75 摇臂点焊机,"75"表示（　　）。

    A. 额定功率   B. 额定电压   C. 额定电流   D. 负载率

7. 不适合使用电阻焊焊接的材料为（　　）。

    A. 碳素钢   B. 低合金   C. 铜   D. 塑料

8. 不适合使用对焊焊接的部件为（　　）。

    A. 线材   B. 钢筋   C. 轮船甲板   D. 钢轨

三、判断题（正确的画"√",错误的画"×"）

1. 电阻点焊时,焊接电流对发热量的影响较大,熔核尺寸及焊点强度随焊接电流增大而迅速增加。　　　　　　　　　　　　　　　　　　　　　　　　　　　　（　　）

2. 电阻焊焊件与电极之间的接触电阻对电阻焊过程是有利的。　　　　　　（　　）

3. 电阻焊中电阻对焊是对焊的主要形式。　　　　　　　　　　　　　　　（　　）

4. 闪光对焊焊接过程主要由闪光（加热）和随后的顶锻两个阶段组成。　　（　　）

5. 闪光对焊的顶锻速度越快越好。　　　　　　　　　　　　　　　　　　（　　）

6. 电阻焊非常适合大批量生产。　　　　　　　　　　　　　　　　　　　（　　）

7. 点、缝焊一般只适用薄板搭接接头的焊接。　　　　　　　　　　　　　（　　）

8. DR—100 代表储能电焊机,额定功率为 100 kV·A。　　　　　　　　　（　　）

四、简答题

1. 什么是电阻焊? 电阻焊有哪些特点?

2. 金属材料电阻焊的焊接件的好坏与哪些因素有关?

3. 点焊过程分几个阶段?

五、操作实训

1. 熟悉电阻点焊设备的结构、使用及焊接参数的调节方法。

2. 掌握点焊、缝焊、对焊的基本操作技能。

项目八　等离子弧焊接与切割

 项目导入

承压不锈钢管件,材质为奥氏体不锈钢,厚度≥6 mm,直径≥133 mm,焊缝质量要求外观成型美观,X射线探伤二级合格,如图8-1所示。

图8-1　承压不锈钢管件

 项目分析

不锈钢管以其广泛的耐腐蚀性、优异的焊接性能,在石油、化工、电建等行业被大量用于锅炉热交换器制造及流体输送。早先厂家采用焊条电弧焊和手工氩弧焊完成不锈钢管件焊接,这两种焊接方法焊接不锈钢管有很多缺点:焊前坡口制备成本高;焊接效率低;手工操作,焊接质量得不到保证,产品合格率低;热输入量大,工件变形大。采用等离子自动焊焊接取代焊条电弧焊和手工氩弧焊,由于等离子焊接能量集中,不开坡口,一次可实现8 mm不锈钢单面焊双面成形,大大减少了焊前准备工作,保证了质量,提高了效率。

等离子弧
焊接场景

本项目主要学习:

等离子弧的形成、类型、双弧现象及防止措施;等离子弧焊接与切割的原理、特点及应用;等离子弧焊接与切割工艺;等离子弧焊接与切割设备;等离子弧焊接与切割的基本操作方法;等离子弧堆焊;等离子弧喷涂。

 知识目标

1.掌握等离子弧的形成、类型、双弧现象及防止措施,等离子弧焊接与切割的原理、特点及应用,等离子弧焊接与切割工艺参数的选择;

2.熟悉等离子弧焊接与切割设备的组成、操作使用和维护保养;

3.了解等离子弧堆焊、等离子弧喷涂;

4.掌握等离子弧焊接与切割的基本操作要点。

 能力目标

1.能够根据等离子弧焊接与切割的使用要求,合理选择等离子弧焊接与切割设备;

2.能够正确安装调试、操作使用和维护保养等离子弧焊接与切割设备;

3.能够根据实际生产条件和具体的焊接结构及其技术要求,正确选择等离子弧焊接与切割焊工艺参数及工艺措施;

4.能够分析焊接与切割过程中常见工艺缺陷的产生原因,提出解决问题的方法;

5.能够进行等离子弧焊接与切割基本操作。

 素质目标

1.利用现代化手段对信息进行学习、收集、整理的能力;

2.良好的表达能力和较强的沟通与团队合作能力;

3.良好的质量意识和劳模精神、劳动精神、工匠精神。

 相关知识

高凤林—技艺高超,创造传奇

一、等离子弧的形成

等离子弧焊是利用高温、高能量密度的等离子弧进行焊接的工艺方法。

一般的焊接电弧未受到外界的压缩,称为自由电弧。自由电弧中的气体电离是不充分的,能量不能高度集中。如果对自由电弧强迫压缩(压缩效应),使弧柱中的气体达到几乎全部电离状态的电弧,称为等离子弧。等离子弧的产生原理如图 8-2 所示,即先通过高频振荡器激发气体电离形成电弧,然后在压缩效应作用下,形成等离子弧。等离子弧通过下列三种压缩作用获得:

等离子弧焊接过程

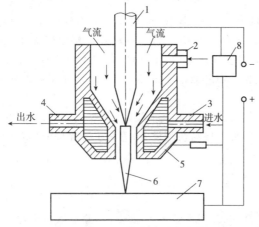

图 8-2 等离子弧产生装置原理示意

1—钨极;2—进气管;3—进水管;4—出水管;
5—喷嘴;6—等离子弧;7—焊件;8—高频振荡器

(1)机械压缩。电离了的离子气从喷嘴流出时,水冷铜喷嘴孔径限制弧柱截面面积的自由扩大,使弧柱截面变小,这种拘束作用就是机械压缩。

(2)热压缩。喷嘴中的冷却水使喷嘴内壁附近形成一层冷气膜,进一步减小了弧柱的有效导电面积,从而进一步提高了电弧弧柱的能量密度及温度,这种依靠水冷使弧柱温度及能量密度进一步提高的作用就是热压缩。

（3）电磁压缩。由于以上两种压缩效应，使得电弧电流密度增大，电弧电流自身磁场产生的电磁收缩力增大，使电弧受到进一步的压缩，这就是电磁压缩。

二、等离子弧的类型

等离子弧按接线方式和工作方式不同，可分为非转移型、转移型及混合型三种类型。

1. 非转移型等离子弧

非转移型等离子弧燃烧在钨极与喷嘴之间，焊接时电源正极接水冷铜喷嘴，负极接钨极，工件不接到焊接回路上，依靠高速喷出的等离子弧气将电弧带出，这种等离子弧主要在等离子弧喷涂、焊接和切割较薄的金属及非金属时采用。

2. 转移型等离子弧

钨极接电源的正极，焊件接电源的负极，等离子弧直接燃烧在钨极与工件之间，焊接时首先引燃钨极与喷嘴间的非转移弧，然后将电弧转移到钨极与工件之间，在工作状态下，喷嘴不接到焊接回路中，这种等离子弧常用于等离子弧切割、等离子弧焊和等离子弧堆焊等工艺方法中。

3. 混合型等离子弧

转移弧及非转移弧同时存在称为混合型等离子弧。混合型等离子弧稳定性好，电流很小时也能保持电弧稳定，主要用在微束等离子弧焊和粉末等离子弧堆焊等工艺方法中。

三、等离子弧的双弧现象及防止

1. 双弧现象及危害

在使用转移型等离子弧进行焊接或切割过程中，正常的等离子弧应稳定地在钨极与焊件之间燃烧，但由于某些原因往往还会在钨极和喷嘴及喷嘴和工件之间产生与主弧并列的电弧，如图 8-3 所示，这种现象就称为等离子弧的双弧现象。

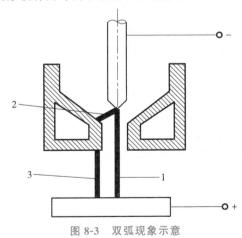

图 8-3　双弧现象示意

1—主弧；2、3—并列弧

在等离子弧焊或切割过程中，双弧带来的危害主要表现在下列几个方面：

（1）破坏等离子弧的稳定性，使焊接或切割过程不能稳定地进行，恶化焊缝成形和切口质量。

（2）产生双弧时，在钨极和焊件之间同时形成两条并列的导电通路，减小了主弧电流，降低了主弧的电功率。因而，使焊接时熔透能力和切割时的切割厚度都减小。

（3）双弧一旦产生，喷嘴就成为并列弧的电极，就有并列弧的电流通过。此时等离子弧和喷嘴内孔壁之间的冷气膜受到破坏，因而使喷嘴受到强烈加热，容易烧坏喷嘴，使焊接或切割工作无法进行。

2.形成双弧的原因

关于双弧的形成原因有多种不同的论点。一般认为，在等离子弧焊或切割时，等离子弧柱与喷嘴孔壁之间存在着由离子气所形成的冷气膜。这层冷气膜对铜喷嘴有冷却作用，使其具有比较低的温度和电离度，对弧柱向喷嘴的传热和导电都具有较强的阻滞作用。因此，冷气膜的存在一方面起到绝热作用，可防止喷嘴因过热而烧坏。另一方面，冷气膜的存在相当于在弧柱和喷嘴孔壁之间有一绝缘套筒存在，它隔断了喷嘴与弧柱间电的联系，因此等离子弧能稳定燃烧，不会产生双弧。当冷气膜的阻滞作用被击穿时，绝热和绝缘作用消失，就会产生双弧现象。

3.防止双弧的措施

双弧的形成主要是喷嘴结构设计不合理或工艺参数选择不当造成的。因此，防止等离子弧产生双弧的措施如下：

（1）正确选择电流。在其他条件不变时，增大电流，等离子弧柱直径也增大，使冷气膜厚度减小，故容易产生双弧。因此对一定尺寸的喷嘴，在使用时电流应小于其许用电流值，特别注意减少转移弧时的冲击电流。

（2）选择合适的离子气成分和流量。当离子气成分不同时对电弧的冷却作用不同，产生双弧的倾向也不同。例如，采用 Ar＋H$_2$ 作为离子气时，由于氢的冷却作用强，弧柱直径缩小，使冷气膜的厚度增大，因此不易产生双弧。同理，增大离子气流量也会增强对电弧的冷却作用，从而减小产生双弧的可能。

（3）喷嘴结构设计应合理。喷嘴结构参数对形成双弧起决定性作用。减小喷嘴孔径或增大孔道长度，会使冷气膜厚度减小而容易被击穿，故容易产生双弧。同理，钨极的内缩长度增加时，也容易引起双弧。因此，设计时应注意喷嘴孔道不能太长；电极和喷嘴应尽可能对中；电极内缩量也不能太大。

（4）喷嘴的冷却效果。如果喷嘴的水冷效果不良，必然会使冷气膜的厚度减小而容易引起双弧现象。因此，喷嘴应具有良好的冷却效果。

（5）喷嘴端面至焊件表面距离不能过小。如果此距离过小，则会造成等离子弧的热量从焊件表面反射到喷嘴端面，使喷嘴温度升高而导致冷气膜厚度减小，容易产生双弧。

四、等离子弧焊的基本方法

等离子弧焊有三种成形方法，即穿孔型等离子弧焊、熔入型等离子弧焊及微束等离子弧焊。根据不同的工件选取适当的方法。

1.穿孔型等离子弧焊

穿孔型焊又称锁孔或穿透焊。利用等离子弧能量密度大和等离子弧流力强的特点，将工件完全熔透并产生一个贯穿工件的小孔,被熔化的金属在电弧吸力、液体金属重力与表面张力相互作用下保持平衡。随着等离子弧在焊接方向移动,熔化金属沿电弧周围熔池壁向熔池后方移动并结晶成焊缝,而小孔随着等离子弧向前移动。这种小孔焊接工艺特别适用单面焊双面成形,并且也只能进行单面焊双面成形。焊接较薄的工件时,可不开坡口、不加垫板、不加填充金属,一次实现双面成形。

小孔的产生依赖于等离子弧的能量密度,板厚越大,要求的能量密度越大。由于等离子弧的能量密度是有限的,因此穿孔型等离子弧焊的焊接厚度也是有限的,见表8-1。

表8-1 穿孔型等离子弧焊的焊接厚度限值

材料	不锈钢	钛及钛合金	镍及镍合金	低合金钢	低碳钢
焊接厚度限值/mm	8	12	6	7	8

对于厚度更大的板材,穿孔型等离子弧焊只能进行第一道焊缝的焊接。

2. 熔入型等离子弧焊

采用较小的等离子弧气流量焊接时,电弧的等离子弧流力减小,电弧的穿透能力降低,只能熔化工件,形不成小孔,焊缝成形过程与TIG焊相似。这种方法称为熔入型等离子弧焊,适用薄板、多层焊的盖面焊及角焊缝的焊接。

3. 微束等离子弧焊

微束等离子弧焊是一种小电流(通常小于30 A)熔入型焊接工艺,为了保持小电流电弧的稳定,一般采用小孔径压缩喷嘴(0.6～1.2 mm)及联合型电弧。焊接时存在两个电弧:一个是燃烧于电极与喷嘴之间的非转移弧;另一个是燃烧于电极与焊件之间的转移弧。前者起着引弧和维弧作用,使转移弧在电流小至0.5 A时仍非常稳定;后者用于熔化工件。与钨极氩弧焊相比,微束等离子弧焊的优点如下:

(1)可焊更薄的金属,最小可焊厚度为0.01 mm;

(2)弧长在很大的范围内变化时,也不会断弧,并且电弧保持柱状;

(3)焊接速度快、焊缝窄、热影响区小、焊接变形小。

五、等离子弧焊的特点

由于等离子弧电弧具有较高的能量密度、温度及刚直性,因此与一般电弧焊相比具有以下特点。

(1)等离子弧电弧的优点:

①等离子弧的导电性高,承受的电流密度大,因此温度极高(弧柱中心温度为18 000～24 000 K),并且截面很小,能量密度高度集中。熔透能力强,在不开坡口、不加填充焊丝的情况下可一次焊透8～10 mm厚的不锈钢板。

②电弧挺度好、燃烧稳定,自由电弧的扩散角度约为45°,而等离子弧由于电离程度高,放电过程稳定,在"压缩效应"作用下,其扩散角仅为5°,电弧的形态接近圆柱形,电弧挺度好,燃烧稳定,弧长变化对加热斑点面积的影响很小。故焊缝质量对弧长的变化不敏感,易获得均匀的焊缝形状。

③钨极缩在水冷铜喷嘴内部，不会与工件接触，因此可避免焊缝金属产生夹钨现象。

④等离子弧电弧的电离度较高，等离子弧的电离度较钨极氩弧更高，因此稳定性好。外界气流和磁场对等离子弧的影响较小，不易发生电弧偏吹和漂移现象。焊接电流在 10 A 以下时，一般的钨极氩弧很难稳定，常产生电弧漂移，指向性也常受到破坏。而采用微束等离子弧，当电流小至 0.1 A 时，等离子弧仍可稳定燃烧，指向性和挺度均好。这些特性在用小电流焊接极薄焊件时特别有利，可焊接微型精密零件。

⑤可产生稳定的小孔效应，通过小孔效应，正面施焊时可获得良好的单面焊双面成形。

(2)等离子弧焊的缺点：

①可焊厚度有限，一般在 25 mm 以下；

②焊枪及控制线路较复杂，喷嘴的使用寿命很低；

③焊接参数较多，对焊接操作人员的技术水平要求较高。

六、等离子弧焊设备

等离子弧焊设备按照所适用的焊接工艺，可分为强流式(大电流)等离子弧焊机、微束等离子弧焊机、熔化极等离子弧焊机及脉冲等离子弧焊机等几种。按操作方式，等离子弧焊设备可分为手工焊和自动焊两类。手工焊设备由焊接电源、焊枪、控制电路、气路和水路等部分组成；自动焊设备则由焊接电源、焊枪、焊接小车(或转动夹具)、控制电路、气路及水路等部分组成。图 8-4 所示为典型手工等离子弧焊设备的组成。

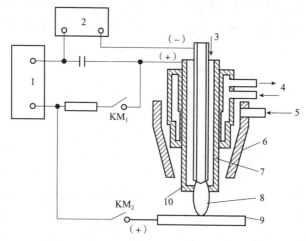

图 8-4　典型手工等离子弧焊接设备的组成

1—焊接电源；2—高频振荡器；3—离子气；4—冷却气；5—保护气；

6—保护气罩；7—钨极；8—等离子弧；9—工件；10—喷嘴；KM_1/KM_2—接触器

(一)焊接电源

等离子弧焊设备一般采用具有垂直外特性或陡降外特性的电源。以防止焊接电流因弧长的变化而变化，获得均匀稳定的熔深及焊缝外形尺寸。一般不采用交流电源，只采用直流电源，并采用正极性接法。与钨极氩弧焊相比，等离子弧焊所需的电源空载电压较高。用纯氩作为离子气时,电源空载电压只需 65～80 V;用氢、氩混合气时,空载电压需 110～120 V。大电流等离子弧焊接都采用转接型等离子弧,利用转移型电弧焊接时,可以采用一套电源,也可以采用两套电源。30 A 以下的小电流微束等离子弧焊采用混合型等离子弧,此时,由于转移型等离子弧与非转移型等离子弧同时存在,因此,需要两套独立的电源供电。

(二)气路系统

等离子弧焊机供气系统应能分别供给可调节离子气、保护气、背面保护气。为保证引弧和熄弧处的焊接质量,离子气可分两路供给,其中一路可经气阀放空,以实现离子气流衰减控制。图 8-5 所示为采用混合气体做等离子弧气时等离子弧焊的气路系统实例。

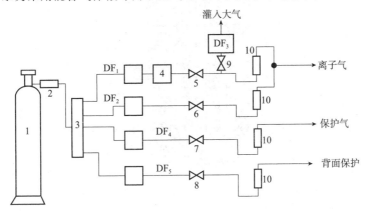

图 8-5　等离子弧焊机供气系统实例

1—氩气瓶;2—减压表;3—气体汇流排;4—储气筒;
5～9—调节阀;10—流量计;DF₁～DF₅—电磁气阀

(三)控制系统

手工等离子弧焊机的控制系统比较简单,只要能保证先通离子气和保护气,然后引弧即可。自动化等离子弧焊机控制系统通常由高频发生器控制电路、送丝电机拖动电路、焊接小车或专用工装控制电路及程控电路等组成。程控电路应能满足提前送气、高频引弧和转弧、离子气递增、延迟行走、电流和气流衰减熄弧、延迟停气等控制要求。

(四)等离子弧焊枪

等离子弧焊枪是等离子弧发生器,如图 8-6 所示。对等离子弧的性能及焊接过程的稳定性起着决定性作用,主要由电极、电极夹头、压缩喷嘴、中间绝缘体、上枪体、下枪体及冷却套等组成。最关键的部件为喷嘴及电极。

1.喷嘴

等离子弧焊设备的典型喷嘴结构如图 8-7 所示。根据喷嘴孔道的数量,等离子弧焊喷嘴可分为单孔型和三孔型两种。根据孔道的形状,喷嘴可分为圆柱形及收敛扩散型两种。大部分焊枪采用圆柱形压缩孔道,而收敛扩散型压缩孔道有利于电弧的稳定。三孔型喷嘴除中心主孔外,主孔左右还有两个小孔,从这两个小孔中喷出的等离子弧气对等离子弧有一附加压缩作用,使等离子弧的截面变为椭圆形。当椭圆的长轴平行于焊接方向时,可显著提高焊接速度,减小焊接热影响区的宽度。最重要的喷嘴形状参数为压缩孔径及压缩孔道长度。

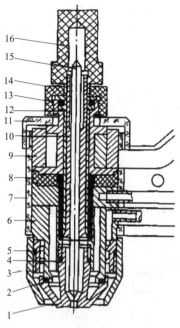

图 8-6　等离子弧焊枪示意

1—喷嘴;2、4、5、13—密封胶圈;3—保护罩;6—下枪体;7—绝缘外壳;8—绝缘柱;

9—上枪体;10—钨极卡;11—外壳帽;12—钨极卡套;14—锁紧螺母;15—钨极;16—钨极帽

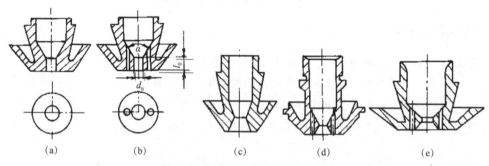

图 8-7　等离子弧焊接喷嘴的结构

(a)圆柱单孔型;(b)圆柱三孔型;(c)收敛扩散单孔型;

(d)收敛扩散三孔型;(e)带压缩段的收敛扩散三孔型

(1)喷嘴孔径 d_n。d_n 决定了等离子弧的直径及能量密度。通常应根据焊接电流大小及等离子弧气种类及流量来选择。直径越小,对电弧的压缩作用越大,但太小时,等离子弧的稳定性下降,甚至导致双弧现象,烧坏喷嘴。

(2)喷嘴孔道长度 l_0。在一定的压缩孔径下,l_0 越大,对等离子弧的压缩作用越强,但 l_0 太大时,等离子弧不稳定。通常要求孔道比 l_0/d_n 在一定的范围之内。

（3）锥角 α。对等离子弧的压缩角影响不大，30°～180°范围内均可，但最好与电极的端部形状配合，保证将阳极斑点稳定在电极的顶端。

2. 电极

等离子弧焊一般采用钍钨极或铈钨极，有时也采用锆钨极或锆电极。钨极一般需要进行水冷，小电流时，采用间接水冷方式，钨极为棒状电极；大电流时，采用直接水冷，钨极为镶嵌式结构。

棒状电极端头一般磨成尖锥形或尖锥平台形，电流较大时还可磨成球形，以减少烧损。

与 TIG 焊不同，等离子弧焊时，钨极一般内缩到压缩喷嘴之内，从喷嘴外表面至钨极尖端的距离被称为内缩长度 l_r。为了保证电弧稳定，不产生双弧，钨极应与喷嘴保持同心，而且钨极的内缩长度 l_r 要合适。

（五）水路系统

由于等离子弧的温度在 10 000 ℃以上，为了防止烧坏喷嘴并增加对电弧的压缩作用，必须对电极及喷嘴进行有效的水冷却。冷却水的流量不得小于 3 L/min，水压不小于 0.15 MPa。水路中应设有水压开关，在水压达不到要求时，切断供电回路。

 项目实施

一、焊前准备

焊前准备工作主要包括设备检查、焊件和焊丝表面的清理及劳动保护等。

1. 设备检查

一般应先检查焊接设备外部有无明显受伤的痕迹、设备各部件有无缺损，并了解其维修史、使用年限、观察使用场所环境和焊接工艺等，再对设备进行检查。先检查设备的电源、接线、接地、配电容量及使用的焊接工艺是否正确，当确定设备无问题之后，才可以进行试焊接。

2. 焊前清理

惰性气体没有脱氧和去氢作用，所以等离子弧焊对焊件和焊丝表面的污物非常敏感，焊前清理是等离子弧焊焊前准备的重点。常用的清理方法有机械清理和化学清理两类。

（1）机械清理。机械清理有打磨、刮削及喷砂等，用以清理焊件表面的氧化膜。对于不锈钢或高温合金焊件，常用砂纸打磨或用抛光法将焊件接头两侧 30～50 mm 宽度内的氧化膜清除掉。

（2）化学清理。化学清理方式随材质不同而异。不同金属材料所采用的化学清理剂与清理程序是不同的，可按焊接生产说明书的规定进行。

3. 劳动保护

作业人员工作前要穿戴好合适的劳动保护用品，如口罩、防护手套、防护鞋、帆布工作服；在操作时戴好护目镜或面罩；在潮湿的地方或雨天作业时应穿上胶鞋。要注意防尘、防电、防烫、防火和防辐射等。

二、确定焊接工艺及参数

穿孔型等离子弧焊时，焊接过程中确保小孔的稳定，是获得优质焊缝的前提。穿孔型等离子弧焊的工艺参数主要有等离子弧气和保护气种类、等离子弧气流量、保护气流量、焊接电流、电弧电压、焊接速度等。焊接时总是根据板厚或熔透要求首先选定焊接电流。为了形成稳定的穿孔效应，等离子弧气应有足够的流量，并且要与焊接电流、焊接速度适当匹配。可参照表 8-2 选择穿孔型等离子弧焊焊接规范。

表 8-2　穿孔型等离子弧焊焊接规范

焊接材料	板厚/mm	焊接速度/(mm·min⁻¹)	电流/A	电压/V	气体流量/(L·h⁻¹)			破口形式
					种类	离子气	保护气	
低碳钢	3.175	304	185	28	Ar	364	1 680	I
低合金钢	4.175	254	200	29	Ar	336	1 680	I
	6.35	354	275	33	Ar	420	1 680	I
不锈钢	2.46	608	115	30	Ar+5%H₂	168	980	I
	3.175	712	145	32	Ar+5%H₂	280	980	I
	4.218	358	165	36	Ar+5%H₂	364	1 260	I
	6.35	354	240	38	Ar+5%H₂	504	1 400	I
	12.7	270	320	26	Ar			
钛合金	3.175	608	185	21	Ar	224	1 680	I
	4.218	329	175	25	Ar	504	1 680	I
	10.0	254	225	38	75%He+Ar	896	1 680	I
	12.7	254	270	36	50%He+Ar	756	1 680	I
	14.2	178	250	39	50%He+Ar	840	1 680	I
铜	2.26	254	180	28	Ar	280	1 680	I
黄铜	2.0	508	140	25	Ar	224	1 680	I
	3.175	358	200	27	Ar	280	1 680	I
镍	3.175		200	30	50%He+Ar	280	1 200	I
	6.35		250	30	50%He+Ar	280	1 200	I
锆	6.4	250	195	30	Ar	228	1 320	I

熔透型等离子弧焊的工艺参数项目和穿孔型等离子弧焊基本相同。工件熔化和焊缝成形过程则和钨极氩弧焊相似。中、小电流（0.2～100 A）熔透型等离子弧焊通常采用联合型弧。由于非转移弧（维弧）的存在，主弧在很小电流下（1 A 以下）也能稳定燃烧。维弧的阳极斑点位于喷嘴孔壁上，维弧电流过大易损坏喷嘴，一般选用 2～5 A。

小孔型、熔透型等离子弧焊也可以采用脉冲电流焊接，借以控制全位置焊接时的焊缝成形、减小热影响区宽度和焊接变形，脉冲频率在 15 Hz 以下。脉冲电源结构形式和钨极脉冲氩弧焊相似。

1. 接头及坡口形式

接头形式根据板厚来选择，厚度为 0.05～1.6 mm 时，通常采用图 8-8 中的接头形式，利用微束等离子弧进行焊接。当板厚大于 1.6 mm 而小于表 8-1 中的限值时，通常不开坡口，利用穿孔法进行焊接。当板厚大于表 8-1 中的限值时，需要开 V 形或 U 形坡口，进行多层焊。

与 TIG 焊相比,可采用较大的坡口角度及钝边。钝边的最大允许值等于穿孔法的最大焊接厚度。第一层用穿孔法进行焊接,其他各层用熔入法或其他焊接方法焊接。

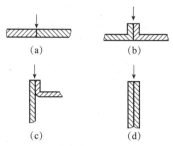

图 8-8　微束等离子弧焊接头形式

(a)I 形对接接头;(b)卷边对接接头;(c)卷边角接接头;(d)端接接头

2. 焊接电流

焊接电流总是根据板厚或熔透要求来选定。焊接电流增大,等离子弧穿透能力增大。但电流过大会引起双弧,损伤喷嘴并破坏焊接过程的稳定性,而且熔池金属会因小孔直径过大而坠落。因此,在喷嘴结构确定后,为了获得稳定的小孔焊接过程,焊接电流只能在某一个合适的范围内选择,而且这个范围与离子气的流量有关。

3. 等离子弧气及保护气体

等离子弧气及保护气体通常根据被焊金属及电流大小来选择。大电流等离子弧焊时,等离子弧气及保护气体通常采用相同的气体,否则电弧的稳定性将变差。表 8-3 列出了大电流等离子弧焊焊接各种金属时所采用的典型气体,表 8-4 列出了小电流等离子弧焊时常采用的保护气体。小电流等离子弧焊通常采用纯氩气作为等离子弧气。这是因为氩气的电离电压较低,可保证电弧引燃。

表 8-3　大电流等离子弧焊常用等离子弧气及保护气体

金属	厚度/mm	等离子弧气及保护气体	
		穿孔法	熔透法
碳钢	<3.2	Ar	Ar
(铝镇静钢)	>3.2	Ar	25%Ar+75%He
低合金钢	<3.2	Ar	Ar
	>3.2	Ar	25%Ar+75%He
不锈钢	<3.2	Ar 或 92.5%Ar+7.5%H$_2$	Ar
	>3.2	Ar 或 95%Ar+5%H$_2$	25%Ar+75%He
铜	<2.4	Ar	He 或 25%Ar+75%He
	>2.4	不推荐	He
镍合金	<3.2	Ar 或 92.5%Ar+7.5%H$_2$	Ar
	>3.2	Ar 或 95%Ar+5%H$_2$	25%Ar+75%He
活性金属	<6.4	Ar	Ar
	>6.4	Ar+(50% 70%)He	25%Ar+75%He

表 8-4 小电流等离子弧焊时常采用的保护气体(等离子弧气为氩气)

金属	厚度/mm	保护气体	
		穿孔法	熔透法
铝	<1.6	不推荐	Ar 或 He
	>1.6	He	He
碳钢 (铝镇静钢)	<1.6	不推荐	Ar 或 75%Ar+25%He
	>1.6	Ar 或 25%Ar+75%He	Ar 或 25%Ar+75%He
低合金钢	<1.6	不推荐	Ar,He 或 Ar+(1%~5%)H₂
	>1.6	25%Ar+75%He 或 Ar+(1%~5%)H₂	Ar,He 或 Ar+(1%~5%)H₂
不锈钢	所有厚度	Ar,25%Ar+75%He 或 Ar+(1%~5%)H₂	Ar,He 或 Ar+(1%~5%)H₂
铜	<1.6	不推荐	75%Ar+25%He 或 He 或 75% H₂+25%Ar
	>1.6	He 或 25%Ar+75%He	He
镍合金	所有厚度	Ar,25%Ar+75%He 或 Ar+(1%~5%)H₂	Ar,He 或 Ar+(1%~5%)H₂
活性金属	<1.6	Ar,He 或 25%Ar+75%He	Ar
	>1.6	Ar,He 或 25%Ar+75%He	Ar 或 25%Ar+75%He

4. 离子气流量

离子气流量增加,可使等离子弧流力和熔透能力增大。在其他条件不变时,为了形成小孔,必须要有足够的离子气流量。但是离子气流量过大也不好,会使小孔直径过大而不能保证焊缝成形。喷嘴孔径确定后,离子气流量大小视焊接电流和焊接速度而定,即离子气流量、焊接电流和焊接速度三者之间要有适当匹配。利用熔入法焊接时,应适当降低等离子弧气流量,以减小等离子弧流力。

5. 保护气体流量

保护气体流量应根据焊接电流及等离子弧气流量来选择。在一定的离子气流量下,保护气体流量太大会导致气流的紊乱,影响电弧稳定性和保护效果。而保护气流量太小,保护效果也不好,因此,保护气体流量应与等离子弧气流量保持适当的比例。小孔型焊接保护气体流量一般为 15~30 L/min。

6. 焊接速度

焊接速度也是影响小孔效应的一个重要参数,焊接速度应根据等离子弧气流量及焊接电流来选择。当其他条件一定时,如果焊速增大,焊接热输入减小,小孔直径随之减小,直至消失。如果焊速太低,母材过热,熔池金属容易坠落。因此,焊接速度、离子气流量及焊接电流这三个工艺参数应相互匹配。

7.喷嘴离工件的距离

喷嘴离工件的距离过大,熔透能力降低;距离过小则造成喷嘴堵塞,一般取 3～8 mm。与钨极氩弧焊相比,喷嘴距离变化对焊接质量的影响不太敏感。

三、等离子弧焊操作

1.引弧

利用穿孔法焊接厚板时,引弧及熄弧处容易产生气孔、下凹等缺陷。对于直缝,可采用引弧板及熄弧板来解决这个问题,先在引弧板上形成小孔,然后过渡到工件。

2.收弧

收弧时将小孔闭合在熄弧板上。但环缝无法用引弧板及熄弧板,必须采用焊接电流、离子气流量递增控制法在工件上起弧,利用电流和离子气流量衰减法来闭合小孔。

四、等离子弧切割

(一)等离子弧切割特点

利用等离子弧的热能实现切割的方法称为等离子弧切割。它利用高速、高温和高能的等离子弧气流来加热和熔化被切割材料,并借助内部的或者外部的高速气流或水流将已熔化的金属或非金属吹走而形成狭窄切口。

等离子弧切割方法除一般型外,派生的形式有水再压缩等离子弧切割、空气等离子弧切割或水再压缩空气等离子弧切割方法。

等离子弧切割使用的工作气体是氮、氩、氢及它们的混合气体,由于氮气价格低,故常用的是氮气,且氮气纯度不低于 99.5％。另外,在碳素钢和低合金钢切割中,常使用的压缩空气作为工作气体的空气等离子弧切割。等离子弧坑的温度高,远远超过所有金属以及非金属的熔点,等离子弧切割过程不是依靠氧化反应,而是靠熔化来切割材料,等离子弧切割的切口细窄、光洁而平直,质量与精密气割质量相似。同样条件下,等离子弧的切割速度大于气割,且切割材料范围也比气割更广,能够切割绝大部分金属和非金属材料。

1.等离子弧切割的优点

(1)可以切割任何黑色和有色金属。等离子弧可以切割各种高熔点金属及其他切割方法不能切割的金属,如不锈钢、耐热钢、钛、钼、钨、铸铁、铜、铝及其合金。切割不锈钢、铝等厚度可达 200 mm 以上。

(2)可切割各种非金属材料。采用非转移型电弧时,由于工件不接电,所以在这种情况下能切割各种非导电材料,如耐火砖、混凝土、花岗石、碳化硅等。

(3)切割速度快、生产率高。在目前采用的各种切割方法中,等离子弧切割的速度比较快,生产率也比较高。例如,切 10 mm 的铝板,速度可达 200～300 m/h;切 12 mm 厚的不锈钢,速度可达 100～130 m/h。

(4)切割质量高。等离子弧切割时,能得到比较狭窄、光洁、整齐、无粘渣、接近于垂直的切口,而且切口的变形和热影响区较小,其硬度变化也不大,切割质量好。

2.等离子弧切割的不足之处

(1)设备比氧乙炔气割复杂、投资较大；

(2)电源的空载电压较高；

(3)切割时产生的气体、弧光辐射、噪声、高频会影响人体健康。

(二)等离子弧切割用设备

等离子弧切割用设备包括电源、割枪、控制系统、供气系统、冷却系统、切割机和切割工作台。

1.等离子弧切割电源

等离子弧切割与等离子弧焊一样，一般都采用陡降外特性电源。但切割用电源空载电压一般大于 150 V，水再压缩空气等离子弧切割电源空载电压可高达 600 V，根据不同电流等级和工件气体而选定空载电压。电流等级越大，则选用切割电源空载的电压越高。双原子气体和空气作为工件气体及高压喷射水作为工件介质时，切割电流的空载电压要高一些，才能使引弧可靠和切割电弧稳定。等离子弧切割采用转移型电弧时，电极与喷嘴之间和电极与工件之间可以共用一套电源，也可以分别采用独立电源。切割起始阶段，为了易于引燃电弧，先选入小流量的非转移弧用的等离子弧主体，引燃电弧后，再送入大流量的切割气体。如果是水再压缩等离子弧切割或空气等离子弧切割，则引燃电弧后，送入的分别是大流量高压水或压缩空气。

2.割枪

等离子弧切割割枪基本上与等离子弧焊的焊枪相同。图 8-9 所示为等离子弧割枪示意，一般由电极、导电夹头、喷嘴、冷却水套、中间绝缘体、气室、水路、气路、馈电体等组成。割枪中工作气体的通入可以是轴向通入，切线旋转吸入或者是轴向和切线旋转组合吸入。切线旋转吸入或送气对等离子弧的压缩效果更好，是最为常用的两种。割枪的设计要充分考虑水冷却作用和电极更换便捷性。

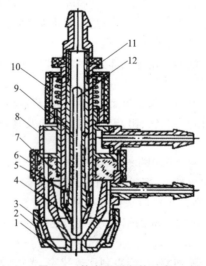

图 8-9 等离子弧割枪示意

1、4—导电夹头；2—喷嘴压盖；3—下枪体；5—电极杆外套；6—绝缘螺母；

7—绝缘柱；8—上枪体；9—水冷极杆；10—弹簧；11—调整螺母；12—电极

3. 控制系统

等离子弧切割控制系统控制等离子弧切割时应保证：能提前送气和滞后停气，以免电极氧化；采用高频引弧，在等离子弧引燃后高频振荡器能自动断开；离子气流量有递增过程；无冷却水时切割机应不能启动，若切割过程中断水，切割机能自动停止工作；在切割结束或切割过程断弧时，控制线路能自动断开。等离子弧切割过程的程序由控制系统完成。其典型程序控制循环图如图 8-10 所示。

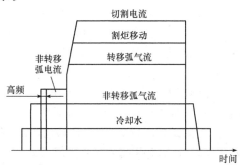

图 8-10　等离子弧切割典型程序控制循环图

4. 气路和水路系统

等离子弧切割设备的供气系统比等离子弧焊的供气系统简单，不用保护气体和气流衰减回路。在割枪中通入离子气除起压缩电弧和产生电弧冲力作用外，还可减少钨极的氧化烧损，因此，切割时必须保证气路畅通。为防止割枪的喷嘴被烧坏，切割时必须对割炬进行通水强制冷却。供水系统与等离子弧焊的供水系统相同。水路系统一般装有水压开关，以保证在没有冷却水时不能引弧；切割过程中断水或水压不足时，能立即自动停止工作。冷却水一般可采用自来水，但当水压小于 0.098 MPa 时，必须安装专用液压泵供水，以提高水压，保证冷却效果。表 8-5 列出了国产等离子弧切割机的型号及技术数据。

表 8-5　国产等离子弧切割机的型号及技术数据

技术数据	型号				
	LG－400－2	LG－250	LG－100	LGK－90	LGK－30
空载电压/V	300	250	350	240	230
切割电流/A	100～500	80～320	10～100	45～90	30
负载持续率/%	60	60	60	60	45
电极直径/mm	6	5	2.5	—	—
备注	自动型	手工型	微束型	压缩空气型	压缩空气型

五、安全防护技术

1. 防电击

等离子弧焊和切割用电源的空载电压较高，尤其在手工操作时，有电击的危险。因此，电源在使用时必须可靠接地，焊枪枪体或割枪枪体与手触摸部分必须可靠绝缘。可以采用较低电压引燃非转移弧后再接通较高电压的转移弧回路。如果启动开关安装在手把上，必须对外露开关套上绝缘橡胶套管，避免手直接接触开关。尽可能采用自动操作方法。

2. 防电弧光辐射

电弧光辐射强度大,它主要由紫外线辐射、可见光辐射与红外线辐射组成。等离子弧较其他电弧的光辐射强度更大,尤其是紫外线强度,故对皮肤损伤严重,操作者在焊接或切割时必须带上良好的面罩、手套,最好加上吸收紫外线的镜片。自动操作时,可在操作者与操作区设置防护屏。等离子弧切割时,可采用水中切割方法,利用水来吸收光辐射。

3. 防灰尘与烟气

等离子弧焊与切割过程中伴随有大量汽化的金属蒸气、臭氧、氮化物等。尤其切割时,由于气体流量大,致使工作场地上的灰尘大量扬起,这些烟气与灰尘对操作工人的呼吸道、肺等产生严重影响。切割时,在栅格工作台下方可以安置排风装置,也可以采取水中切割方法。

4. 防噪声

等离子弧会产生高强度、高频率的噪声,尤其采用大功率等离子弧切割时,其噪声更大,这对操作者的听觉系统和神经系统非常有害。其噪声能量集中在 2 000～8 000 Hz 范围内。要求操作者必须戴耳塞。在可能的条件下,尽量采用自动化切割,使操作者在隔音良好的操作室内工作,也可以采取水中切割方法,利用水来吸收噪声。

5. 防高频

等离子弧焊和切割采用高频振荡器引弧,高频对人体有一定的危害。引弧频率选择在 20～60 kHz 较为合适。还要求工件接地可靠,转移弧引燃后,立即可靠地切断高频振荡器电源。

六、等离子弧切割工艺参数选择

等离子弧切割的工艺参数包括切割电流、电弧电压、切割速度、工作气体的种类及流量、喷嘴孔径、钨极内缩量、喷嘴到割件的距离等。表 8-6 列出常用金属材料等离子弧切割参数。

表 8-6　常用金属材料等离子弧切割参数

材料	厚度 /mm	喷嘴孔径 /mm	空载电压 /V	切割电流 /A	切割电压 /V	氮气流量 /(L·h⁻¹)	切割速度 /(m·h⁻¹)
不锈钢	8	3	160	185	120	2 100～2 300	45～50
	20	3	160	220	120～125	1 900～2 200	32～40
	30	3	230	280	135～140	2 700	35～40
	45	3.5	240	340	145	2 500	20～25
铝及铝合金	12	2.8	215	250	125	4 400	78
	21	3.0	230	300	130		75～80
	34	3.2	340	350	140		35
	80	3.5	245	350	150		10
纯铜	5			310	70	1 420	94
	18	3.2	180	340	84	1 660	30
	38	3.2	252	304	106	1 570	11.3
碳钢	50	10	252	300	110	1 230	10
	85	7				1 050	5

在进行等离子弧切割时应综合选择上述各项工艺参数。工艺参数的选择方法:首先根据割件厚度和材料性质选择合适的功率,按功率选择切割电流和工作电压的大小;其次选择喷嘴的孔径和电极直径,最后选择恰当的气体流量和切割速度。

(1)切割电流。切割电流过大,易烧损电极和喷嘴,且易产生双弧,因此相应于一定的电极和喷嘴有一合适的电流。

(2)空载电压。空载电压高,易于引弧。切割大厚度板材和采用双原子气体时,空载电压相应要高。空载电压还与割枪结构、喷嘴至工件距离、气体流量等有关。

(3)切割速度。切割速度主要取决于材质板厚、切割电流、切割电压、气流种类及流量、喷嘴结构和合适的后拖量等。

(4)工作气体的种类及流量。等离子弧切割最常用的气体为氩气、氧气、氮加氩混合气体、氮加氢混合气体、氩加氢混合气体等,依被切割材料及各种工艺条件而选用。空气等离子弧切割采用压缩空气或常用气体为工作气体,而外喷射为压缩空气。水再压缩等离子弧切割采用常用气体为工作气体,外喷射为高压水。氮气是双原子气体,热压缩效应好,动能大,但引弧与稳弧性差,且使用安全要求高,常用作切割大厚度板材辅助气体。氩气为单原子气体,引弧性和稳弧性好,但切割气体流量大,不经济,一般与双原子气体混合使用。

气体流量要与喷嘴孔径相适应。气体流量大,利于压缩电弧,使等离子弧的能量更为集中,提高了工作电压,有利于提高切割速度和及时吹除熔化金属。但气体流过大,从电弧中带走过多的热量,降低了切割能力,不利于电弧稳定。

(5)喷嘴到割件的距离。在电极内缩量一定时(通常 2~4 mm),喷嘴距离工件的高度一般为 6~8 mm,空气等离子弧切割和水再压缩等离子弧切割的喷嘴距离工件高度可略小。

七、离子弧切割操作

(1)接通电源、气源,打开机器主令开关,割炬喷嘴应有气体喷出。

(2)根据切割材料板厚设定电流等工艺参数。

(3)安放好待切割工件并把切割地线夹子夹紧在工件上或接触良好的工作台上,待切割工件割缝下必须悬空 100 mm 以上。

(4)将割炬喷嘴对准切割工件起点位置(板材边缘),按下割炬开关引燃电弧切割;切透工件后匀速移动割炬。

(5)割炬在板材边缘起弧后,停顿数秒待工件完全切透后,方可匀速移动割炬。千万不要移动过早,否则会造成翻浆切割不透。

(6)结束切割时松开割炬开关,停止移动割炬,电弧熄灭;由线路板控制继续延时供气,冷却电极喷嘴及割炬直至停气。

 知识拓展

一、等离子弧堆焊

等离子弧堆焊是利用等离子弧做热源将堆焊材料熔敷在基体金属表面上,从而获得与母材相同或不同成分、性能堆焊层的工艺方法。等离子弧堆

等离子弧堆焊、等离子弧喷涂

209

焊方法具有熔敷速度高、易于自动作业,稀释率低、焊层平整光滑、堆焊材料的钢种适应性极好(尤其是粉末等离子弧堆焊),与基体金属为冶金结合,焊层冶金连续且致密等特点。目前广泛用于轴承、轴颈、阀门、挖掘机和推土机等产业机械零部件的制造与修复场合,尤其适用焊层材料难以制成丝材但易于制成粉末的硬质耐磨合金。

二、等离子弧喷涂

等离子弧喷涂(图 8-11)是利用等离子弧的高温、高速焰流,将粉末喷涂材料加热和加速后再喷射、沉积到工件表面上形成特殊涂层的一种热喷涂方法。目前应用的热喷涂方法有火焰喷涂、电弧喷涂、爆炸喷涂等多种,等离子弧喷涂是其中应用最广泛的方法。

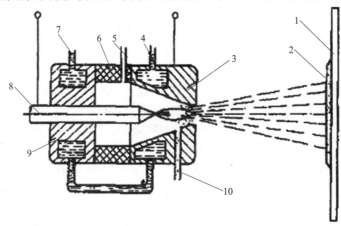

图 8-11　等离子弧喷涂示意

1—工件;2—喷涂层;3—前枪体;4—冷却水出口;5—等离子进气口;
6—绝缘套;7—冷却水进气口;8—钨电极;9—后枪体;10—送粉

 项目小结

等离子弧焊是利用等离子弧作为热源的焊接方法。等离子弧的稳定性、发热量和温度都高于一般电弧,因而具有较大的熔透力和焊接速度。等离子弧焊接属于高质量焊接方法。焊缝的深/宽比大,热影响区窄,工件变形小,可焊材料种类多。特别是脉冲电流等离子弧焊和熔化极等离子弧焊的发展,更扩大了等离子弧焊的使用范围。

等离子弧切割用等离子弧作为热源,借助高速热离子气体熔化和吹除熔化金属而形成切口。等离子弧可切割不锈钢、高合金钢、铸铁、铝及其合金等,还可切割非金属材料,如矿石、水泥板和陶瓷等。等离子弧切割的切口细窄、光洁而平直,质量与精密气割质量相似。同样条件下,等离子弧的切割速度大于气割,且切割材料范围也比气割更广。

 综合训练

一、填空题

1.等离子弧电弧又称为_____。等离子弧按电源供电方式不同可分为_____、
_____、_____。

2.等离子弧电源绝大多数为具有_____的直流电源。

3. 等离子弧焊有下列三种基本方法：_____、_____、_____。

4. 等离子弧堆焊主要分为_____和_____两种。

5. 等离子弧切割的气体全部是_____，不需要_____。

6. 等离子弧切割的工艺参数主要为_____、_____、_____、_____、_____及_____等。

7. 如果钨极与等离子弧喷嘴不同心，造成冷空气膜厚度不均匀，局部冷气膜减小时，易被击穿而产生_____。等离子弧割枪喷嘴内腔压缩角 α 减小，电弧的压缩程度相应_____。

8. 自由电弧在_____、_____、_____的作用下形成等离子弧。

二、选择题

1. 微束等离子弧焊采用（　　）等离子弧。

　　A. 直接型　　　　　B. 转移型　　　　　C. 非转移型　　　　D. 联合型

2. 等离子弧切割要求电源具有（　　）外特性。

　　A. 水平　　　　　　B. 陡降　　　　　　C. 上升　　　　　　D. 多种

3. 等离子弧切割电源空载电压要求（　　）V。

　　A. 60～80　　　　　B. 80～100　　　　　C. 100～150　　　　D. 150～400

4. 等离子弧切割时工作气体应用最广的是（　　）。

　　A. 氩气　　　　　　B. 氦气　　　　　　C. 氮气　　　　　　D. 氢气

5. 等离子弧切割不锈钢、铝等厚度可达（　　）mm 以上。

　　A. 50　　　　　　　B. 100　　　　　　　C. 200　　　　　　　D. 300

6. 穿透型等离子弧焊采用（　　）。

　　A. 正接型弧　　　　B. 转移型弧　　　　C. 非转移型弧　　　D. 联合型弧

7. 等离子弧焊，大多数情况下都是采用（　　）作为电极。

　　A. 纯钨　　　　　　B. 铈钨　　　　　　C. 锆钨　　　　　　D. 钍钨

8. （　　）喷嘴能减小或避免双弧现象。

　　A. 单孔　　　　　　B. 多孔　　　　　　C. 双锥度　　　　　D. 多孔和双锥度

9. 等离子弧切割要求具有（　　）外特性的（　　）电源。

　　A. 陡降　直流　　　　　　　　　　　　B. 陡降　交流

　　C. 上升　直流　　　　　　　　　　　　D. 缓降　交流

10. 提高等离子弧切割厚度，采用（　　）方法效果最好。

　　A. 增加切割电压　　　　　　　　　　　B. 增加切割电流

　　C. 减小切割速度　　　　　　　　　　　D. 增加空载电压

三、判断题（正确的画"√"，错误的画"×"）

1. 转移型等离子弧，电极接电源正极，焊件接电源负极。（　　）

2. 转移型等离子弧主要用于喷涂以及焊接、切割较薄金属或用于非导电材料切割。

（　　）

3. 等离子弧双弧的产生与等离子弧工艺参数有关，与喷嘴的结构尺寸以及传热条件等因素无关。（　　）

4. 等离子弧切割需要陡降外特性的直流电源。（　　）

5. 等离子弧切割电源的空载电压一般为 150～400 V。（　　）

6. 等离子弧切割时，用增加等离子弧工作电压的方法来增加功率，往往比提高电流有更

好的效果。 （　　）

7. 等离子弧切割时,毛刺的形式主要与气体流量和切割速度有关。 （　　）

8. 等离子弧切割时,气体流量过大反而会使切割能力减弱。 （　　）

9. 等离子弧切割时,等离子弧的紫外线辐射强度比一般电弧强烈得多。 （　　）

10. 等离子弧切割时,会产生大量的金属蒸气及有害气体。 （　　）

11. 凡较长期使用等离子弧切割的工作场地,必须设置强迫抽风或设水工作台。 （　　）

12. 等离子弧切割的离子气一般是纯氩或加入少量氢气。 （　　）

13. 穿透型等离子弧焊最适用焊接 3～8 mm 厚的不锈钢、2～6 mm 厚的低碳钢或低合金钢的不开坡口一次焊透或多层焊第一道焊缝。 （　　）

14. 微束等离子弧焊的两个电弧分别由两个电源来供电。 （　　）

15. 等离子弧焊喷嘴孔径和孔道长度的选定,应根据焊件金属材料的种类和厚度以及需用的焊接电流值来决定。 （　　）

16. 穿透型等离子弧焊时,离子气流量主要影响电弧的穿透能力,焊接电流和焊接速度主要影响焊缝的成型。 （　　）

17. 穿透型等离子弧焊在焊接电流一定时,要增加等离子弧气流量就要相应地减小焊接速度。 （　　）

18. 等离子弧都是压缩电弧。 （　　）

19. 转移弧可以直接加热焊件,常用于中等厚度以上焊件的焊接。 （　　）

20. 等离子弧切割,应根据切割厚度来选择气体的种类。 （　　）

四、简答题

1. 等离子弧有哪些特点?

2. 等离子弧的三种类型是什么? 各应用在哪些方面?

3. 什么是等离子弧切割? 等离子弧切割的特点有哪些?

4. 等离子弧焊设备包括哪些?

五、操作实训

1. 熟悉等离子弧焊与切割设备的结构,掌握等离子弧焊接与切割的工艺参数的调节方法。

2. 掌握等离子弧焊与切割的基本操作技能。

项目九 其他焊接方法

 项目导入

随着工业生产的发展,对焊接技术提出了多种多样的要求,焊接方法也在不断地发展之中。目前,在工业生产中应用的焊接方法很多,除常用的焊条电弧焊、埋弧焊、气体保护焊、等离子弧焊接与切割、电阻焊外,还有一些焊接方法,如钎焊、激光焊等。本项目主要讲述一些使用较广的独特的焊接方法,包括钎焊、电渣焊、螺柱焊、电子束焊、激光焊和摩擦焊等,如图 9-1 所示。

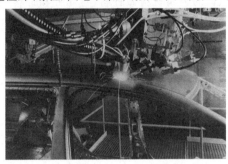

图 9-1 激光焊

 项目分析

随着焊接领域的发展与进步,焊接新工艺、新技术和新方法不断出现并应用到生产实际中。不同的焊接方法具有不尽相同的焊接设备和焊接工艺。

本项目主要学习:

钎焊的原理、分类、特点及应用,钎焊材料,钎焊方法及工艺;电渣焊、螺柱焊、电子束焊、激光焊、摩擦焊的原理、分类、特点及应用。

钎焊场景

 知识目标

1.掌握钎焊、电渣焊、螺柱焊、电子束焊、激光焊和摩擦焊的原理、分类、特点及应用;

2.熟悉钎焊工艺参数和工艺措施。

 能力目标

1.能够根据钎焊、电渣焊、螺柱焊、电子束焊、激光焊、摩擦焊的使用要求,合理选择焊接设备;

2.能够根据实际生产条件和具体的焊接结构及其技术要求,正确选择焊接方法。

素质目标

1. 利用现代化手段对信息进行学习、收集、整理的能力；
2. 良好的表达能力和较强的沟通与团队合作能力；
3. 良好的质量意识和劳模精神、劳动精神、工匠精神。

孙红梅—大国工匠，"焊接"人生

相关知识

一、钎焊

(一)钎焊的原理

钎焊是采用比焊件熔点低的金属材料做钎料，将焊件和钎料加热到高于钎料熔点，低于焊件熔点的温度，利用液态钎料润湿母材，填充接头间隙并与母材相互扩散实现连接的方法。其过程如图 9-2 所示。

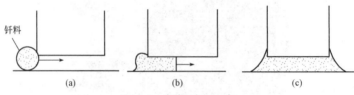

图 9-2　钎焊过程示意

(a)在接头处安置钎料，并对焊件和钎料进行加热；

(b)钎料熔化并开始流入钎缝间隙；

(c)钎料填满整个钎缝间隙，凝固后形成钎焊接头

要获得牢固的钎接接头，首先必须使熔化的钎料能很好地流入并填满接头间隙，其次钎料与焊件金属相互作用形成金属结合。

1. 液态钎料的填隙原理

要使熔化的钎料能很好地流入并填满间隙，就必须具备润湿作用和毛细作用两个条件。

(1)润湿作用。钎焊时，液态钎料对焊件浸润和附着的作用称为润湿作用。液态钎料对焊件的润湿作用越强，焊件金属对液态钎料的吸附力就越大，液态钎料也就越易在焊件上铺展，顺利地填满缝隙。一般来说，钎料与焊件金属能相互形成固溶体或者化合物时润湿作用较好。液态钎料对焊件的润湿情况如图 9-3 所示。

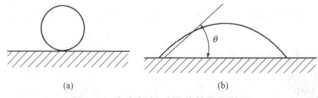

图 9-3　液态钎料对焊件的润湿情况

(a)不润湿；(b)润湿作用强

必须注意的是，当钎料和钎焊工件表面存在氧化膜时，润湿作用较差，因此焊前必须做好清理工作。

（2）毛细作用。通常钎焊间隙很小，如同毛细管。钎焊时，钎料依靠毛细作用在钎焊间隙内流动。熔化钎料在接头间隙中的毛细作用越强，熔化钎料的填缝作用也就越好。一般来说，熔化钎料对固态焊件润湿作用好的，毛细作用也强。间隙大小对毛细作用影响也较大，间隙越小，毛细作用越强，填缝也充分。但是间隙过小，钎焊时焊件金属受热膨胀，反而使填缝困难。

2. 钎料与焊件金属的相互作用

液态钎料在填缝过程中还会与焊件金属发生相互物理化学作用。一是固态焊件溶解于液态钎料；二是液态钎料向焊件扩散，这两个作用对钎焊接头的性能影响很大。当溶解与扩散的结果使它们形成固溶体时，接头的强度与塑性都变高。如果溶解与扩散的结果使它们形成化合物时，接头的塑性就会降低。

（二）钎焊的分类

随着钎焊技术的发展，钎焊的种类越来越多，可按以下方法分类：

（1）按钎焊温度的高低，钎焊通常分为低温钎焊（450 ℃以下）、中温钎焊（450 ℃～950 ℃）及高温钎焊（950 ℃以上）。也可将 450 ℃以下的钎焊称为软钎焊；450 ℃以上的钎焊称为硬钎焊。

（2）按加热方法不同，钎焊还可分为烙铁钎焊、火焰钎焊、炉中钎焊、电阻钎焊、感应钎焊及浸渍钎焊等。近年来，在钎焊蜂窝型零件时，已采用了新的加热技术，如石英加热钎焊、红外线加热钎焊及保证钎焊零件外形精度的陶瓷膜钎焊等。

（三）钎焊的特点

与熔焊方法相比，钎焊具有以下优点：

（1）钎焊接头平整光滑，外观美观。

（2）工件变形较小，尤其是对工件采用整体均匀加热的钎焊方法。

（3）钎焊加热温度较低，对母材组织性能影响较小。

（4）某些钎焊方法一次可焊成几十条或成百条焊缝，生产率高。

（5）可以实现异种金属或合金及金属与非金属的连接。

然而，钎焊也有明显的缺点：钎焊接头强度较低，耐高温能力差；接头形式以搭接为主，增加了结构质量；钎焊的装配要求比熔化焊高，要严格保证间隙。

（四）钎焊材料

钎焊材料包括钎料和钎剂。合理选择钎焊材料对钎焊接头质量有着重要的作用。

1. 钎料

钎料是钎焊时使用的填充金属。由于钎焊工件是依靠熔化的钎料凝固而被连接起来的，因此，钎焊接头的质量与性能在很大程度上取决于钎料。

（1）钎料的分类。按钎料的熔点不同，钎料可分为软钎料（熔点低于 450 ℃）和硬钎料（熔点高于 450 ℃）两大类。按钎料的化学成分，根据组成钎料的主要元素，把钎料分成各种金属基的钎料。软钎料包括锡基、铅基、铋基、铟基、锌基、镉基等，其中锡铅钎料是应用最广的一类软钎料。硬钎料包括铝基、银基、铜基、镁基、锰基、镍基、金基、钯基、钼基、钛基等，其中银基钎料是应用最广的一类硬钎料。

（2）钎料的编号。国内钎料的编号有多种,这里只介绍国家标准。

相关国家标准规定的钎料编号表示方法如下:

钎料型号由两部分组成,两部分用隔线"—"分开;钎料型号第一部分用一个大写英文字母表示钎料的类型,"S"表示软钎料,"B"表示硬钎料;钎料型号的第二部分由主要合金组分的化学元素符号组成。例如,S—Sn60Pb40Sb 表示锡 60％、铅 39％、锑 0.4％（均为质量分数）的软钎料;B—Ag72Cu 表示为银 72％、铜 28％（均为质量分数）的硬钎料。

（3）钎料的选择。从使用要求出发,对钎焊接头强度和工作温度要求不高的,可用软钎料钎焊,钢结构中应用最广的是锡铅钎料;对钎焊接头强度要求比较高的,则应用硬钎料钎焊,主要是铜基钎料和银基钎料;对在低温下工作的接头,应使用含锡量低的钎料;要求高温强度和抗氧化性好的接头,宜用镍基钎料。

选择钎料时,必须考虑钎料与母材的相互作用,加热方法对钎料选择也有一定的影响。除了在工艺上采取相应措施外,在确定钎料上应采用熔点低的钎料。另外,从经济观点出发,应选用价格低的钎料。

2. 钎剂

钎剂的主要作用是去除母材和液态钎料表面上的氧化物,保护母材和钎料在加热过程中不致进一步氧化,并改善钎料对母材表面的润湿能力。

（1）钎剂的分类。钎剂的组分按功能可划分为三类:一是基质;二是去膜剂;三是界面活性剂。基质是钎剂的主要成分,它控制着钎剂的熔点,并且又是钎剂中其他组分的溶剂;去膜剂主要起去除母材和钎料表面氧化膜的作用;界面活性剂的作用是进一步降低熔化钎料与母材的界面张力,加速清除氧化膜并改善钎料的铺展。应该指出,上述每种组分的作用往往不是单一的,而是共同起着三个方面的功能。

从不同角度出发,钎剂可分为多种类型。例如,按使用温度不同,分为软钎剂和硬钎剂;按用途不同,分为普通钎剂和专用钎剂。另外,考虑到作用状态的特征不同,还可分出一类气体钎剂。钎剂的分类如图 9-4 所示。

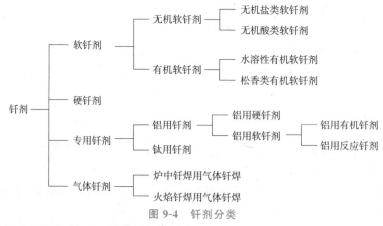

图 9-4　钎剂分类

软钎剂主要是指在 450 ℃以下钎焊用钎剂。它主要分为非腐蚀性钎剂和腐蚀性钎剂两大类。硬钎剂是指在 450 ℃以上钎焊用钎剂。专用钎剂主要是指铝用钎剂。由于铝的氧化膜致密稳定,钎焊铝及铝合金时必须采用专用的钎剂。气体钎剂是炉中钎焊和气体火焰钎焊过程中起钎剂作用的一种气体,它们的最大优点是钎焊后没有固体残渣,工件不需清洗。

（2）钎剂和钎料的匹配。当钎焊采用钎剂去膜时，不能仅从钎剂的去膜能力来做选择，还必须与钎料的特点和具体加热方法结合起来。首先要保证钎剂的活性温度范围(钎剂稳定有效发挥去膜能力的温度区间)覆盖整个钎焊温度；其次是钎剂与钎料的流动、铺展进程要协调。

(五)钎焊方法

钎焊方法通常以实现钎焊加热所使用的热源来命名。钎焊方法有很多，特别是近几年来，又陆续出现了不少新的钎焊方法，如红外线钎焊、激光钎焊、光束钎焊等。以下介绍目前生产中广泛采用的几种钎焊方法。

1.烙铁钎焊

烙铁钎焊是利用烙铁头积聚的热量来熔化钎料，并加热钎焊处的母材从而完成钎焊的方法。烙铁钎焊时，选用的烙铁的电功率应与焊件的质量相适应，才能保证必要的加热速度和钎焊质量。由于手工操作，烙铁的质量不能太大，通常限制在 1 kg 以下，否则使用不便。但是，这就使烙铁所能积聚的热量受到限制。因此，烙铁只能适用以软钎料钎焊薄件和小件，多应用于电子、仪表等工业领域。

烙铁钎焊

2.火焰钎焊

火焰钎焊用可燃气体与氧气或压缩空气混合燃烧的火焰作为热源进行焊接。火焰钎焊设备简单、操作方便，根据工件形状可用多火焰同时加热焊接。此方法主要用于铜基钎料、银基钎料钎焊碳钢、低合金钢、不锈钢、铜及铜合金、硬质合金等，特别适用截面不相同的组件，还可用作钎焊铝及铝合金等的小型薄壁工件。

火焰钎焊

3.浸渍钎焊

浸渍钎焊是将工件局部或整体浸入熔态的盐混合物（称盐液）或液态钎料中而实现加热和钎焊的方法。它的优点是加热迅速，生产率高，液态介质保护零件不受氧化，有时还能同时完成淬火和热处理过程，特别适用大批量生产。浸渍钎焊可分为盐浴钎焊和金属浴钎焊。

4.电阻钎焊

电阻钎焊和电阻焊相似，它是依靠电流通过钎焊处由电阻产生的热量来加热工件和熔化钎料的。电阻钎焊加热快，生产率高，但只能适用焊接接头尺寸不大，形状不太复杂的工件，目前主要用于刀具、带锯、导线端头等的钎焊。

5.感应钎焊

感应钎焊时，零件的钎焊部分被置于交变磁场中，这部分母材的加热是通过它在交变磁场中产生的感应电流的电阻热来实现的。感应钎焊加热快，质量好；但温度不易精确控制，工件形状受限，适用批量钎焊钢、高温合金、铜及铜合金等。既可用于软钎焊，又可用于硬钎焊，主要用于钎焊较小的工件，特别适用对称形状的工件，如管件套接、管子与法兰、轴与轴套之类的接头。

6.炉中钎焊

将装配好钎料的工件放在炉中进行加热焊接，常需要加钎剂，也可用还原性气体或惰性气体保护，加热比较均匀。按钎焊过程中钎焊区气氛组成可分为四类，即空气炉中钎焊、中性气氛炉中钎焊、活性气氛炉中钎焊和真空炉中钎焊，大批量生产时可采用连续式炉。空气炉中钎焊一般可钎焊碳钢、合金钢、铜及铜合金、铝及铝合金等材料。真空炉中钎焊常用于含有铬、铝、钛等元素的不锈钢和高温合金，以及活性金属钛、锆，难熔金属钨、钼、钽、铌及其合金的钎焊。

各种钎焊方法的优缺点及适用范围见表 9-1。

表 9-1　各种钎焊方法的优缺点及适用范围

钎焊方法	主要特点		用途
烙铁钎焊	设备简单、灵活性好,适用微细钎焊	需使用钎剂	只能用于软钎焊,钎焊小件
火焰钎焊	设备简单、灵活性好	控制温度困难,操作技术要求高	钎焊小件
盐浴钎焊	加热快,能精确控制温度	设备费用高,焊后需仔细清洗	用于批量生产
电阻钎焊	加热快,生产率高,成本低	控制温度困难,工件形状、尺寸受限制	钎焊小件
感应钎焊	加热快,钎焊质量好	温度不能精确控制,工件形状受限制	批量钎焊小件
保护气体炉中钎焊	能精确控制温度,加热均匀,变形小,一般不用钎剂,钎焊质量高	设备费用较高,加热慢,钎焊的工件不宜含大量挥发元素	大小件的批量生产,多钎缝工件的钎焊
真空炉中钎焊	能精确控制温度,加热均匀,变形小,能钎焊难焊的高温合金,不用钎剂。钎焊质量好	设备费用高,钎料和工件不宜含较多的易挥发元素	重要工件

(六)钎焊接头设计

设计钎焊接头时,首先应考虑接头的强度,其次要考虑如何保证组件的尺寸精度、零件的装配和定位、钎料的放置、钎焊接头间隙等问题。

1.钎焊接头的基本形式

钎焊接头形式很多,但经常使用的有搭接、对接、斜接及 T 形接四种基本形式,如图 9-5 所示。

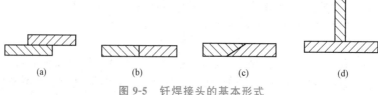

(a)　　　　　　(b)　　　　　　(c)　　　　　　(d)

图 9-5　钎焊接头的基本形式

(a)搭接;(b)对接;(c)斜接;(d)T 形接

用钎焊连接时,由于钎料及钎缝强度一般比母材低,若采用对接的钎焊接头,则接头强度比母材低,故对接接头只有在承载能力要求不高的场合才可使用。

搭接接头的强度最高,其次是斜接,最差的是对接,所以承受荷载的零件,一般用搭接。采用搭接可通过改变搭接长度使接头与母材等强度,如果搭接长度太长,就会耗费材料,增加构件质量;但搭接长度太短,不能满足强度要求。在生产实践中,搭接长度通常为钎焊金属厚度 3 倍以上,但很少超过 15 mm。因为搭接长度超过 15 mm 时,在钎焊操作时很难获得完美的钎缝。

薄壁零件钎焊时,可采用锁边接头,以提高接头强度及密封性,如图 9-6 所示。

图 9-6 锁边接头

2. 接头的装配间隙

接头装配间隙大小是影响钎缝致密性和接头强度的关键因素之一。间隙过小,会妨碍钎料的流入;间隙过大,则破坏钎料的毛细作用,钎料不能填满接头的间隙,致使接头强度降低。

装配间隙的大小与钎料和母材有无合金化、钎焊温度、钎焊时间、钎料的安置等有直接关系。一般来说,钎料与母材相互作用较弱,则要求较小的间隙;钎料与母材的相互作用较强,间隙就要求较大。应该指出,这里所要求的间隙是指在钎焊温度下的间隙,与室温时不一定相同。质量相同的同种金属接头,在钎焊温度下的间隙与室温差别不大;但质量相差悬殊的同种金属,以及异种金属的接头,由于加热膨胀量不同,在钎焊温度下的间隙就与室温不同,在这种情况下,设计时必须考虑在钎焊温度下的接头间隙。

间隙大小可通过实践确定,表 9-2 所示为部分金属的搭接接头的间隙。

表 9-2 钎焊接头推荐的间隙

母材的种类	钎料的种类	钎焊接头间隙/mm	母材的种类	钎料的种类	钎焊接头间隙/mm
碳钢	铜钎料	0.01~0.05	铜及铜合金	黄铜钎料	0.07~0.25
	黄铜钎料	0.05~0.20		银基钎料	0.05~0.25
	银基钎料	0.02~0.15		锡铅钎料	0.05~0.20
	锡铅钎料	0.05~0.20		锡磷钎料	0.05~0.25
不锈钢	铜钎料	0.02~0.07	铝及铝合金	铝基钎料	0.10~0.30
	镍基钎料	0.05~0.10			
	银基钎料	0.07~0.25		锡锌钎料	0.10~0.30
	锡铅钎料	0.05~0.20			

(七)工件表面准备

钎焊前必须仔细地清除工件表面的油脂、氧化物等。因为液态钎料不能润湿未经清理的工件表面,也无法填充接头间隙;有时,为了改善母材的钎焊性,提高接头的耐蚀性,焊前还必须将工件预先镀覆某种金属;为限制液态钎料随意流动,可在工件非焊表面涂覆阻流剂。

(八)零件的装配和固定

经过表面准备处理的零件在实施钎焊前必须先按图样进行装配。尺寸小、结构简单的零件,可采用较简易的固定方法,如依靠自重、紧配合、滚花、翻边、扩口、旋压、模锻、收口、咬边、开槽和弯边、夹紧、定位销、螺钉、铆接、定位焊等。结构复杂、生产量较大的工件,主要装配固定方法是使用夹具。

(九)钎料的放置

钎料既可在钎焊过程中送给,也可在钎焊前预先放置。在各种钎焊方法中,除火焰钎焊和烙铁钎焊外,大多数是将钎料预先放置在接头上的。钎料的放置方式主要取决于钎焊方法、工件结构、生产类型及钎料的形态等。

(十)钎焊工艺参数的确定

钎焊过程的主要工艺参数有钎焊温度和保温时间。钎焊温度通常选高于钎料液相线温度 25 ℃～60 ℃,对某些结晶温度间隔宽的钎料,钎焊温度可以高于液相线温度 100 ℃以上。保温时间视工件大小、钎料与母材相互作用的剧烈程度而定。大件保温时间应长些,以保证均匀加热。钎料与母材作用强的,保温时间要短。

(十一)钎焊后的清洗

对使用钎剂的钎焊方法,除使用气体钎剂外,大多数钎剂残渣对钎焊接头都有腐蚀作用,也会妨碍对钎缝质量的检查,钎焊后必须将其清除干净。有机类软钎剂的残渣可用汽油、酒精、丙酮等有机溶剂擦拭或清洗;氧化锌和氯化铵等的残渣腐蚀性很强,应在 10%NaOH 的溶液中清洗,然后用热水或冷水洗净,硼砂和硼酸钎剂的残渣一般用机械方法或在沸水中长时间浸煮来解决。

二、电渣焊

(一)电渣焊的原理

电渣焊原理如图 9-7 所示。焊前先把工件垂直放置,两工件之间预留一定间隙(一般为 20～40 mm)。并在工件上、下两端分别安装好引弧槽和引出板,在工件两侧表面安装好强迫成形装置。由于高温的液态熔渣具有一定的导电性,焊接电流流经渣池时在渣池内产生大量电阻热将工件边缘和焊丝熔化,熔化的金属沉积到渣池下面形成金属熔池。随着焊丝的不断送进,熔池不断上升并冷却凝固形成焊缝。由于熔渣始终浮于金属熔池的上部,不但保证了电渣焊过程的顺利进行,而且对金属熔

电渣焊

池起到了良好的保护作用。随着熔池不断上升,焊丝送进装置和强迫成形装置也随之不断提升,焊接过程得以连续进行。

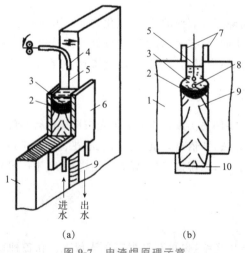

图 9-7　电渣焊原理示意

(a)立体示意;(b)断面图

1—工件;2—金属熔池;3—渣池;4—导电嘴;5—焊丝;6—强迫成形装置;

7—引出板;8—金属熔滴;9—焊缝;10—引弧板(槽形)

(二)电渣焊的特点

(1)生产率高。对于大厚度的焊件,可以一次焊好,且不必开坡口。还可以一次焊接焊缝截面变化大的焊件。因此,电渣焊要比电弧焊的生产效率高得多。

(2)焊接成本低。焊件不需要进行坡口加工,即可进行焊接,因而可以节约大量金属和加工时间。另外,焊剂的消耗量也比埋弧焊少得多,故焊接成本较低。

(3)宜在垂直位置焊接。当焊缝中心线处于垂直位置时,电渣焊形成熔池及焊缝成形条件最好,一般适合于垂直位置焊缝的焊接。

(4)焊缝缺陷少。电渣焊时,渣池在整个焊接过程中总是覆盖在焊缝上面,一定深度的渣池使液态金属得到良好的保护,避免空气的有害作用,并对焊件进行预热,使冷却速度减慢,有利于熔池中气体、杂质析出,所以焊缝不易产生气孔及夹渣等缺陷。

(5)焊接接头晶粒粗大。电渣焊时焊接热输入比其他熔焊方法大得多,焊缝和热影响区在高温停留时间长,造成焊缝和热影响区的晶粒粗大,使焊接接头的塑性和冲击韧性降低,但是通过焊后热处理,能够细化晶粒,满足对力学性能的要求。

(三)电渣焊的分类

电渣焊根据所用的电极形状不同可分为丝极电渣焊、板极电渣焊和熔嘴电渣焊(包括管极电渣焊)。

(1)丝极电渣焊。用焊丝作为熔化电极的电渣焊,根据焊件的厚度不同可以用一根焊丝或多根焊丝焊接。焊丝还可做横向摆动,此方法一般适用 40 mm 以上厚度焊件及较长焊缝的焊接,如图 9-8 所示。

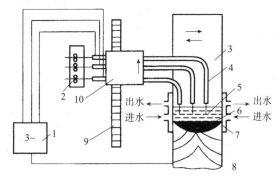

图 9-8　丝极电渣焊示意

1—焊接电源;2—送丝机构;3—工件;4—焊丝;5—渣池;6—金属熔池;

7—水冷滑块;8—焊缝;9—导轨;10—垂直行走机构

(2)板极电渣焊。用金属板条作为电极的电渣焊,如图 9-9 所示。其特点是设备简单,不需要电极横向摆动,可利用边料做电极。此法要求板极长度为焊缝长度的 3～4 倍,由于板极太长而造成操作不方便,因而使焊缝长度受到限制。故多用于大断面而长度小于 1.5 m 的短焊缝及堆焊等。

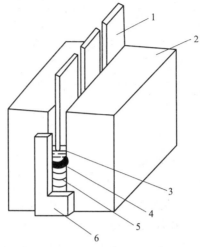

图 9-9　板极电渣焊示意

1—板极;2—工件;3—渣池;4—金属熔池;5—焊缝;6—强迫成形装置

（3）熔嘴电渣焊。熔嘴电渣焊如图 9-10 所示。其电极由固定在接头间隙中的熔嘴（由钢板和钢管定位焊而成）和焊丝构成。熔嘴起着导电、填充金属和送丝的导向作用。熔嘴电渣焊的特点是设备简单，可焊接大断面的长焊缝和变断面的焊缝，目前可焊焊件厚度达 2 m，焊缝长度达 10 m 以上。

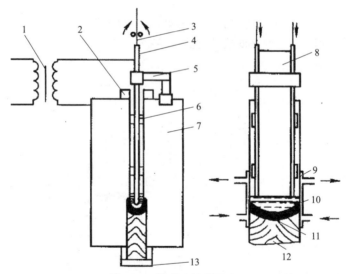

图 9-10　熔嘴电渣焊示意

1—电源;2—引出板;3—焊丝;4—熔嘴钢管;5—熔嘴夹持架;6—绝缘块;7—工件;
8—熔嘴;9—水冷成形滑块;10—渣池;11—金属熔池;12—焊缝;13—引弧槽

当被焊工件较薄时，熔嘴可简化为涂有涂料的一根或两根管子，因此也可称为管极电渣焊，它是熔嘴电渣焊的特例，如图 9-11 所示。在焊接过程中，药皮除可起绝缘作用和使装配间隙减小的作用外，还可以起到随时补充熔渣及向焊缝过渡合金元素的作用。这种方法适用焊接厚度为 20～60 mm 的焊件。

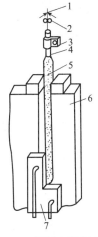

图 9-11 管极电渣焊示意

1—焊丝；2—送丝滚轮；3—管极夹持机构；4—管极钢管；5—管极涂料；6—工件；7—水冷成形滑块

除上述的电渣焊方法外，生产中应用较多的还有一种被称为电渣压力焊的方法，如图 9-12 所示。电渣压力焊主要用于钢筋混凝土建筑工程中竖向钢筋的连接，所以也称钢筋电渣压力焊，它具有电弧焊、电渣焊和压力焊的特点，在焊接方法的分类上属于熔化压力焊的范畴。钢筋电渣压力焊是将两钢筋安放在竖直位置，采用对接形式，利用焊接电流通过端面间隙，在焊剂层下形成电弧过程和电渣过程，产生电弧热和电阻热熔化钢筋端部，最后加压完成连接的一种焊接方法。

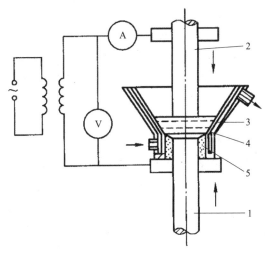

图 9-12 电渣压力焊示意

1—工件；2—顶压机构；3—渣池；4—水冷套；5—金属熔池

(四)电渣焊的应用

电渣焊适用焊接厚度较大的工件（最大厚度达 300 mm）、难以采用埋弧焊或气电焊的某些曲线或曲面焊缝、由于现场施工或起重设备的限制必须在垂直位置焊接的焊缝及大面积的堆焊等。

电渣焊不仅是一种优质、高效、低成本的焊接方法,而且它还为生产、制造大型构件和重型设备开辟了新途径。一些外形尺寸和质量受到生产条件限制的大型铸造和锻造结构,借助于电渣焊方法,可用铸－焊或锻－焊结构来代替,从而使企业的生产能力得到显著提高。

三、螺柱焊

螺柱焊是将螺柱一端与板件(或管件)表面接触,通电引弧,待接触面熔化后,给螺柱一定压力完成焊接的方法。

螺柱焊

(一)螺柱焊的特点

(1)与普通的电弧焊相比,螺柱焊焊接时间短(通常小于 1s)、对母材热输入小,因此焊缝和热影响区小,焊件变形小,生产率高。

(2)熔深浅,焊接过程不会对焊件背面造成损害,焊后无须清理。

(3)与螺纹拧入的螺柱相比所需母材厚度小,因而节省材料,还可减少连接部件所需的机械加工工序,成本低。

(4)易于将螺柱与薄件连接,且焊接带(镀)涂层的焊件时易于保证质量。

(5)与其他焊接方法相比,可使紧固件之间的间距达到最小,对于需防渗漏的螺柱连接,容易保证密封性要求。

(6)与焊条电弧焊相比,所用设备轻便且便于操作,焊接过程简单。

(7)易于全位置焊接。

(8)对于易淬硬金属,容易在焊缝和热影响区形成淬硬组织,接头延性较差。

(二)螺柱焊的分类

螺柱焊根据所用电源和接头形成过程的不同通常可分为电弧螺柱焊、电容储能螺柱焊和短周期螺柱焊三种基本形式。它们的主要区别在于供电电源和燃弧时间长短的不同。电弧螺柱焊由弧焊电源供电,燃弧时间为 0.1~1 s;电容储能螺柱焊由电容储能电源供电,燃弧时间非常短,1~15 ms。短周期螺柱焊是电弧螺柱焊的一种特殊形式,焊接时间只有电弧螺柱焊的十分之一到几十分之一,在焊接过程中与电容储能螺柱焊一样,不用采取像普通电弧螺柱焊所用的陶瓷环、焊剂及保护气体等保护措施。

(三)螺柱焊的应用

螺柱焊是焊接紧固件的一种快速方法,不仅效率高,而且可以通过专用设备对接头质量进行有效的控制,能够得到全断面熔合的焊接接头,保证接头良好的导电性、导热性和接头强度,在紧固焊件上可以代替铆接或钻孔螺钉紧固、焊条电弧焊、电阻焊、钎焊等,它可以焊接低碳钢、低合金钢、不锈钢、有色金属及带镀(涂)层的金属等,广泛应用于汽车、仪表、造船、机车、航空、机械、锅炉、化工设备、变压器及大型建筑结构等行业。

(四)螺柱焊的原理

1.电弧螺柱焊

电弧螺柱焊是电弧焊方法的一种特殊应用。电弧螺柱焊的焊接过程大致如下:先将螺柱放入焊枪夹头,在螺柱与焊件间引燃电弧,使螺柱端面和相应的焊件表面被加热到熔化状态,达到适宜的温度时,将螺柱挤压到熔池,使两者熔合形成焊缝。靠预加在螺柱引弧端的焊剂或陶瓷保护圈来保护熔融金属。电弧螺柱焊的焊接过程如图 9-13 所示。

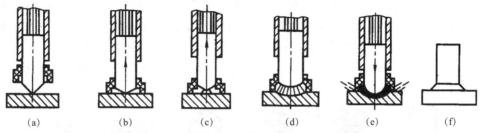

图 9-13　电弧螺柱焊过程(箭头表示螺柱运动方向)

(1)将焊枪置于焊件上[图 9-13(a)]。

(2)预加压力使螺柱与陶瓷保护圈同时紧贴焊件表面[图 9-13(b)]。

(3)扣压焊枪上的按钮开关,接通焊接回路,螺柱被自动提升,在螺柱与焊件之间引弧[图 9-13(c)]。

(4)电弧扩展到整个螺柱端面,并使端面少量熔化,电弧同时使螺柱下方的焊件表面熔化形成熔池[图 9-13(d)]。

(5)电弧按预定时间熄灭,螺柱受弹簧压力,熔化端被快速压入熔池,同时焊接回路断开[图 9-13(e)]。

(6)将焊枪从焊好的螺柱上抽起,打碎并除去陶瓷保护圈[图 9-13(f)]。

2.电容储能螺柱焊

电容储能螺柱焊是利用储存在电容器中的电能瞬时放电产生的电弧热来连接螺柱与工件的方法,根据引燃电弧方式的不同,将电容储能螺柱焊分成预接触式、预留间隙式和拉弧式三种焊接方法。

(1)预接触式。预接触式电容储能螺柱焊的特征是先接触后通电,这种方法必须在螺柱法兰端部预加工出一个凸台。预接触式电容储能螺柱焊的焊接过程如图 9-14 所示。首先将螺柱插入焊枪的螺柱夹头,螺柱的起弧尖端直接抵在工件的焊接位置上[图 9-14(a)]。按压焊枪开关,电容放电,激发出电弧,形成熔化层[图 9-14(b)、(c)]。同时,螺柱在弹簧的作用下向工件运动,插入熔池,电弧熄灭,形成焊接接头[图 9-14(d)]。螺柱的运动速度为 $0.4\sim1.0$ m/s,速度的大小取决于焊枪的弹簧力和放电尖端的长度,此过程在 $2\sim3$ ms 内完成。

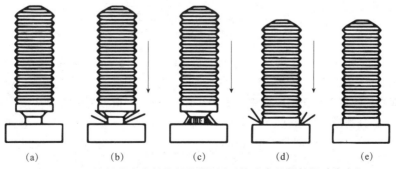

图 9-14　预接触式电容储能螺柱焊过程(箭头表示螺柱运动方向)

（2）预留间隙式。预留间隙式电容储能螺柱焊的特征是留间隙，先通电后接触放电加压，完成焊接。预留间隙式电容储能螺柱焊的焊接过程如图9-15所示。和预接触式电容储能螺柱焊不同之处在于焊接开始后，焊枪中提升机构将螺柱从焊件表面提升一段距离，在螺柱与工件表面之间形成一定的间隙[图9-15(a)]。螺柱在焊枪弹簧的作用下向焊件移动。同时，电容器放电开关接通，在螺柱与焊件之间加上一个放电电压，当螺柱与焊件接触时，其存储的电能放电，大电流使小凸起熔化而引燃电弧。在电弧作用下螺柱和焊件表面熔化，螺柱插入焊件完成焊接[图9-15(b)～(f)]，但电弧燃烧时间只有1～2 ms，故预留间隙式螺柱焊接可以在没有保护气体的条件下，焊接非铁金属。

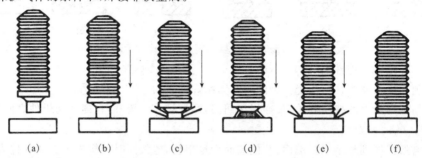

图9-15　预接触式电容储能螺柱焊过程（箭头表示螺柱运动方向）

（3）拉弧式。拉弧式电容储能螺柱焊的特征是接触后拉起引弧，再电容放电完成焊接。该方法的螺柱待焊端不需小凸台，但需加工成锥形或略呈球面。拉弧式电容储能螺柱焊原理与电弧螺柱焊相似，但焊接时的电弧由先导电弧与焊接电弧两部分组成。先导电弧由整流电源供电，焊接电弧由电容器组供电。焊接过程如图9-16所示。焊接时，先将螺柱在焊件上定位并使之接触[图9-16(a)]，按动焊枪开关，接通焊接回路和焊枪体内的电磁线圈；线圈的作用是把螺柱拉离焊件，使它们之间引燃小电流电弧[图9-16(b)]。当提升线圈断电时，螺柱在弹簧或汽缸力作用下返回向焊件移动，电容器通过电弧放电，大电流将螺柱和焊件待焊面熔化[图9-16(c)]，当插入焊件时电弧熄灭，完成焊接[图9-16(d)]。

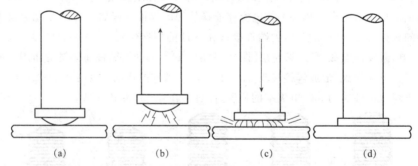

图9-16　拉弧式电容储能螺柱焊过程（箭头表示螺柱运动方向）

3. 短周期螺柱焊

短周期螺柱焊可看作普通电弧螺柱焊的一种特殊形式，但因为两者焊接接头形成的本质不同，所以单独分类成一种方法。短周期螺柱焊也是由短路—提升—焊接—落钉—有电顶锻等几个过程组成，但焊接时间只有电弧螺柱焊的十分之一到几十分之一，所以称为短周期或短时间螺柱焊。其焊接过程如图9-17所示。

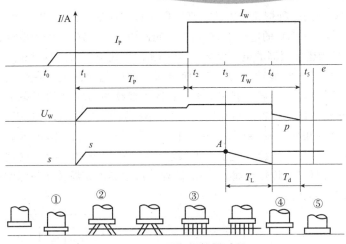

图 9-17　短周期螺柱焊过程

I_w—焊接电流；U_w—电弧电压；T_w—焊接时间；T_d—有电顶锻阶段；I_p—先导电流；

T_p—先导电弧时间；T_L—落钉时间；s—螺柱位移；P—焊枪中弹簧对螺柱压力

（1）螺柱落下，与焊件定位短路。启动焊枪开关，螺柱与焊件间通电（图 9-17 中①）。

（2）螺柱提升，引燃小电弧，清扫螺柱端部与焊件表面（图 9-17 中②）。

（3）延时数十毫秒后大电流自动接通，焊接电弧产生，使焊件形成熔池、螺柱端部形成熔化层（图 9-17 中③）。

（4）螺柱端部侵入熔池，电弧熄灭，同时焊枪的电磁铁释放弹簧压力作用在螺柱上（图 9-17 中④）。

（5）接头形成，焊接结束，整个焊接过程不超过 100 ms（图 9-17 中⑤）。

（五）螺柱焊方法的选择

电弧螺柱焊、电容储能螺柱焊和短周期螺柱焊三类焊接方法既有共同点又分别有各自最佳的应用范围。选择焊接方法时考虑的依据主要是被焊件厚度、材质和紧固件的尺寸。

（1）螺柱直径大于 8 mm 的一般是受力接头，适合用电弧螺柱焊方法。虽然电弧螺柱焊可以焊直径为 3～25 mm 的螺柱，但 8 mm 以下采用其他方法（如电容储能螺柱焊或短周期螺柱焊）更为合适。

（2）螺柱直径和焊件厚度有一定的比例关系。对电弧螺柱焊，这一比例为 3～4，对电容储能螺柱焊和短周期螺柱焊这个比例可以达到 8～10，所以，板厚 3 mm 以下最好采用电容储能螺柱焊或短周期螺柱焊，而不宜采用电弧螺柱焊，虽然电弧螺柱焊也勉强可以焊 2～3 mm 的钢板。

（3）对于碳钢、不锈钢及铝合金，电弧螺柱焊、电容储能螺柱焊及短周期螺柱焊都可以选用，但对铝合金、铜及涂层钢薄板或异种金属材料最好选用电容储能螺柱焊。

四、电子束焊

（一）电子束焊的原理

电子束焊是把高速运动的电子流会聚成束，轰击焊件接缝处，把机械能转变为热能，使被

227

焊金属熔化形成焊缝的一种熔化焊方法。真空电子束焊原理如图 9-18 所示。从电子枪中产生的电子在 25 kV～300 kV 的电压下,被加速到光速的 30%～70%,经静电透镜和电磁透镜会聚为密度很高的电子束流(其功率密度可达 $10^6 \sim 10^9$ W/cm^2),撞击到焊件表面,电子的动能转变为热能,使金属迅速熔化和蒸发。在高压金属蒸气的作用下熔化的金属被排开,电子束就能继续撞击深处的固态金属,在被焊件上很快形成一个锁形小孔(图 9-19),小孔周围被液态金属包围。随着电子束与焊件的相对移动,液态金属沿小孔周围流向熔池后部,因远离

电子束焊

热源而逐渐冷却、凝固形成焊缝。电子束焊接过程中焊接熔池始终存在的这个小孔,从根本上改变了焊接熔池的传质、传热规律,由一般熔焊方法的热传导焊转变为深熔焊(穿孔焊),这是高能束流焊接的共同特点。

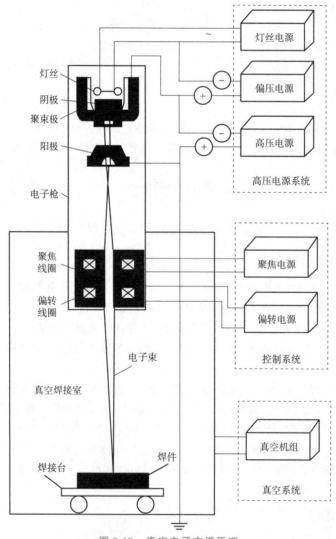

图 9-18　真空电子束焊原理

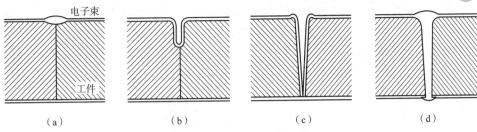

图 9-19　电子束焊的焊缝形成原理

(a)接头局部熔化、蒸发;(b)金属蒸气排开液体金属,电子束"钻入"母材;

(c)电子束穿透焊件,小孔由液态金属包围;(d)电子束后方形成焊缝

(二)电子束焊的特点

电子束焊与其他焊接方法相比,有以下优点:

(1)功率密度高。由于电子束焊加热集中,能量密度高,所以适宜焊接难熔金属及热敏感性强的金属。又因焊接速度(125～200 m/h)快,焊接变形小,热影响区很小,故可对精加工后的零件进行焊接。

(2)焊缝深宽比大。通常电弧焊的深宽比不超过2,而电子束焊的深宽比可达10～30,所以,电子束焊接基本上不产生角变形,适宜厚度较大钢板不开坡口的单道焊。

(3)焊接金属纯度高。电子束的焊接工作室一般处于高真空状态,真空工作室为焊接创造高纯洁的环境,因而不需要保护气体就能获得无氧化、无气孔和无夹渣的优质焊接接头。

(4)工艺适应性强。工艺参数便于调节,且调节范围很宽,对焊接结构有很强的适应性。

电子束焊有以下缺点:

(1)设备比较复杂,价格较高。

(2)对接头加工、装配要求严格。

(3)真空电子束焊接时,被焊件尺寸受限。

(4)电子束易受杂散电磁场的干扰。

(5)产生 X 射线,对人体健康有危害。

(三)电子束焊的分类

按被焊工件所处环境的真空度,电子束焊可分为高真空电子束焊、低真空电子束焊和非真空电子束焊三种。

(1)高真空电子束焊是在 10^{-4}～10^{-1} Pa 的压强下进行的。良好的真空条件,可以保证对熔池的保护,防止金属元素的氧化和烧损。这种方法适用活性金属、难熔金属和质量要求高的工件的焊接。

(2)低真空电子束焊是在 10^{-1}～10 Pa 的压强下进行的。压强为 4 Pa 时束流密度及其相应的功率密度的最大值与高真空的最大值相差很小。因此,低真空电子束焊也具有束流密度和功率密度高的特点。由于只需抽到低真空,明显地缩短了抽真空时间,提高了生产率,适用批量大的零件焊接和在生产线上使用。例如,变速器组合齿轮多采用低真空电子束焊接。

(3)在非真空电子束焊机中,电子束仍是在高真空条件下产生的,然后穿过一组光栅、气阻和若干级预真空小室,射到处于大气压力下的工件上。这种焊接方法的最大优点是摆脱了工作室的限制,因而扩大了电子束焊接的应用范围,并推动这一技术向更高阶段的自动化方向发展。

按电子束加速电压的高低可分为高压电子束焊接(120 kV 以上)、中压电子束焊接(60～100 kV)和低压电子束焊接(40 kV 以下)三类。工业领域常用的高压真空电子束焊机的加速电压为 150 kV,功率一般都小于 40 kW;中压真空电子束焊机的加速电压为 60 kV,功率一般都小于 75 kW。

(1)高压电子束焊接所需的束流小,加速电压高,易获得直径小、功率密度大的束斑和深宽比大的焊缝,对大厚度板材的单道焊及难熔金属和热敏感性强的材料的焊接特别适宜。

(2)中压电子束焊机的电子枪能保证束斑的直径小于 0.4 mm。除极薄的材料外,这样的束斑尺寸完全能满足焊接要求。中压电子束焊接时产生的 X 射线完全能由适当厚度的钢制真空室壁所吸收,不需要采用铅板防护;电子枪极间不要求特殊的绝缘子,所以,电子枪可以做成固定式或移动式。

(3)低压电子束焊机不需要铅板的特别防护,也不存在电子枪间跳高压的危险,所以设备简单,电子枪可做成小型移动式的。低压电子束焊接只适宜焊缝深宽比要求不高的薄板材料的焊接。

(四)电子束焊的应用

随着电子束焊接工艺及设备的发展,特别是工业生产中对高精度、高质量连接技术需求的不断扩大,电子束焊接在航空、航天、核、能源工业、电子、兵器、汽车制造、纺织、机械等许多工业领域已经获得了广泛应用。

在能源工业中,各种压缩机转子、叶轮组件、仪表膜盒等;在核能工业中,反应堆壳体、送料控制系统部件、热交换器等;在飞机制造业中,发动机机座、转子部件、起落架等;在化工和金属结构制造业中,高压容器壳体等;在汽车制造业中,齿轮组合体、后桥、传动箱体等;在仪器制造业中,各种膜片、继电器外壳、异种金属的接头等都成功地应用了电子束焊。

另外,电子束焊还是一种适合在太空进行的焊接方法,早在 1984 年,人类已在太空环境中利用一种手工电子束焊枪进行了焊接试验。电子束焊将成为太空环境中焊接人造天体的一种重要的焊接方法。

五、激光焊

(一)激光焊的原理

激光焊是利用以聚焦的激光束作为能源轰击工件所产生的热量进行焊接的方法。激光器受激产生激光束,通过聚焦系统将其聚集成半径微小的光斑,当调焦到被焊工件的接缝时,光能转换为热能,从而使金属熔化形成焊接接头。

激光焊能得以实现,不仅是因为激光本身具有极高的能量,更重要的是因为激光能量被激光器高度集中于一点,使其能量密度很大。图 9-20 所示为 CO_2 气体激光器的结构示意,图 9-21 所示为 YAG 脉冲固体激光器的结构示意。

激光焊

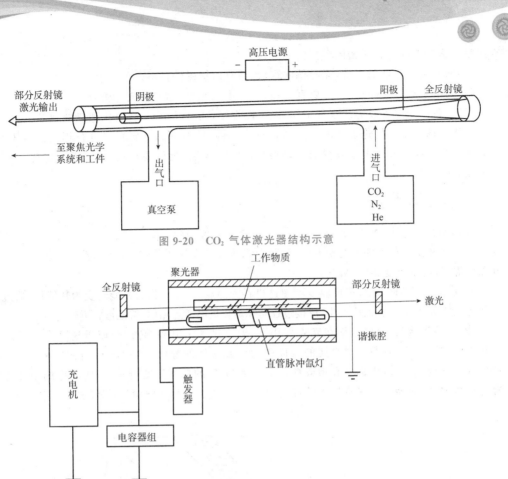

图 9-20　CO_2 气体激光器结构示意

图 9-21　YAG 脉冲固体激光器结构示意

激光器通过高压电源获得能量,相同种类的分子群受电能激发并吸收电能,当分子群在瞬间释放所储存的能量时,这些能量就以特定频率的光子形式释放出来。产生激光的关键步骤是,在激光器中安装光学谐振回路(谐振腔),并使其与受激气体或固体分子产生的光子频率相协调。该谐振回路的工作原理与发声管相似,发声管是利用气流产生共振而发声,激光发生器利用高压产生谐振而发光。CO_2 气体或固体激光器通过谐振回路吸收能量,并同时释放相同频率的光子便产生了激光。反射镜和透镜组成的光学系统将激光聚焦并传递到被焊工件上。大多数激光焊接是在计算机控制下完成的,被焊工件可以通过二维或三维计算机驱动的平台移动(如数控机床);也可以固定工件,通过改变激光束的位置来完成焊接过程。

(二)激光焊的特点

(1)聚焦后的功率密度可达 $10^5 \sim 10^7$ W/cm² 甚至更高,加热集中,热影响区窄,因而焊件产生的应力和变形极小,特别适宜精密焊接和微小零件的焊接。

(2)可获得深宽比大的焊缝,焊接厚件时可不开坡口一次成形,激光焊缝的深宽比目前已达 12:1,不开坡口单道焊接的厚度已达 50 mm。

(3)适宜难熔金属、热敏感性强的金属及热物理性能相差悬殊、尺寸和体积悬殊焊件的焊接,甚至可以焊接陶瓷、有机玻璃等非金属材料。

(4)能透射、反射,有的还可以用光纤传输,在空间远距离传播衰减很小,可焊接一般焊接方法难以施焊的部位和对密闭容器内的焊件进行焊接。

（5）激光束不受电磁干扰，无磁偏吹现象，适宜焊接磁性材料。

（6）与电子束焊接相比，不需要真空室，不产生 X 射线，观察及对中方便。

（7）一台激光器可以完成多种工作，既可以焊接，还可以切割、合金化和热处理等。

激光焊的不足之处是设备的一次性投资大，对高反射率的金属直接进行焊接比较困难，可焊接的焊件厚度尚比电子束焊的小，对焊件加工、组装、定位要求高，激光器的电光转换及整体运行效率低。

（三）激光焊的分类

根据激光的输出方式，激光焊接可分为连续激光焊和脉冲激光焊。

根据实际作用在工件上的功率密度，激光焊接可分为热传导焊接（功率密度＜10^5 W/cm²）和深熔焊接（功率密度≥10^5 W/cm²）。

（1）热传导焊接时，工件表面温度不超过材料的沸点，工件吸收的光能转变为热能后，通过热传导将工件熔化，无小孔效应发生，焊接过程与非熔化极电弧焊相似，熔池形状近似为半球形。

（2）深熔焊接时，金属表面在光束作用下，温度迅速上升到沸点，金属迅速蒸发形成的蒸气压力、反冲力等能克服熔融金属的表面张力以及液体的静压力等而形成小孔，激光束可直接深入材料内部，所以也称小孔型或穿孔型焊接，光斑的功率密度更高时，所产生的小孔能贯穿整个板厚，因而能获得深宽比大的焊缝。图 9-22 所示为激光深熔焊接示意。

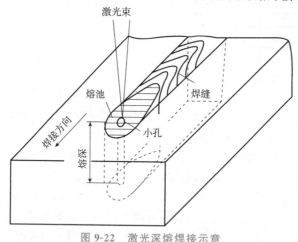

图 9-22　激光深熔焊接示意

（四）激光焊的应用

激光焊可以焊接低合金高强度钢、不锈钢及铜、镍、钛合金等；异种金属及非金属材料（如陶瓷、有机玻璃等）；目前主要用于电子仪表、航空、航天、原子核反应堆等领域。

（五）激光焊接复合技术

单纯的激光焊接由于激光束流细小，因此对接头的间隙要求比较高，熔池的搭桥能力较差；同时，由于反射、等离子云等问题，严重影响焊接过程的稳定性，光能利用率低，能量浪费大，进而影响了激光焊接应用的进一步扩展。运用激光焊接复合技术能够较好地解决这些问题。

激光焊接复合技术是指将激光焊接与其他焊接组合起来的集约式焊接技术,它是为了克服单纯激光焊的不足、扩展激光焊接的应用而发展起来的一种新的工艺技术。其优点是能充分发挥组合中每种焊接方法的优点并克服其不足。

近年来,激光焊接复合技术发展很快,已应用于实际生产。目前,激光焊接复合技术主要有激光－电弧焊、激光－高频焊、激光－压焊等形式。图 9-23 所示是等离子电弧加强激光焊。焊接的主要热源是激光,等离子电弧起辅助作用。

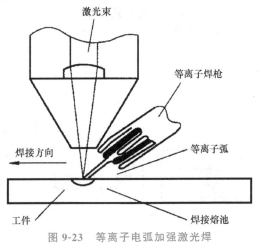

图 9-23　等离子电弧加强激光焊

六、摩擦焊

(一)摩擦焊的原理

在压力作用下,待焊界面通过相对运动进行摩擦,机械能转变为热能。对于给定的材料,在足够的摩擦压力和足够的相对运动速度条件下,被焊材料的温度不断上升。随着摩擦过程的进行,工件产生一定的塑性变形量,在适当时刻停止工件之间的相对运动,同时施加较大的顶锻力并维持一定的时间,即可实现材料之间的固相连接。

摩擦焊

两工件接合面之间在压力下高速相对摩擦产生两个很重要的效果:一是破坏了接合面上的氧化膜或其他污染层,使干净金属暴露出来;二是发热使接合面很快形成热塑性层。在随后的摩擦转矩和轴向压力作用下,这些破碎的氧化物和部分塑性层被挤出接合面而形成飞边,剩余的塑性变形金属就构成焊缝金属,最后的顶锻使焊缝金属获得进一步的锻造,形成了质量良好的焊接接头。

从焊接过程可以看出,摩擦焊接头是在被焊金属熔点以下形成的,所以摩擦焊属于固相焊接。无论采用何种摩擦焊方法,其共同的特点是工件高速相对运动,加före摩擦,加热至红热状态后工件旋转停止的瞬间,加压顶锻。整个焊接过程在几秒至几十秒之内完成。因此,具有相当高的焊接效率。摩擦焊过程中无须加任何填充金属,也不需焊剂和保护气体,因此,摩擦焊是一种低耗材的焊接方法。

(二)摩擦焊的分类

摩擦焊的具体形式有很多,分类的方法也各种各样。根据工件相对摩擦运动的轨迹,可将摩擦焊分为旋转式和轨道式。旋转式摩擦焊的基本特点是至少有一个工件在焊接过程中绕着垂直于接合面的对称轴旋转。这类摩擦焊主要用于具有圆形截面的工件的焊接,是目前应用最广、形式最多的摩擦焊类型。轨道式摩擦焊是使一工件接合面上的每一点都相对于另一工件的接合面做同样大小轨迹的运动。轨道式摩擦焊主要用于焊接非圆形截面的工件。除此之外,摩擦焊还可以从焊接时的界面温度、所采取的工艺措施等方面进行分类。图 9-24 所示是摩擦焊工艺方法及分类图。

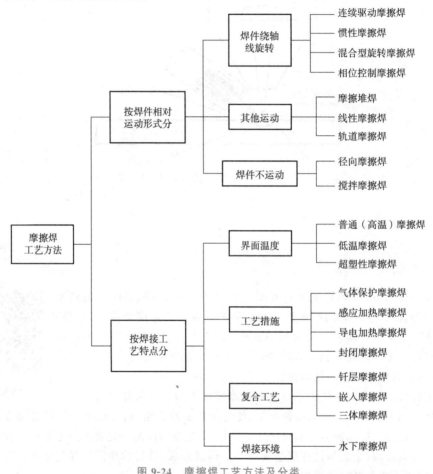

图 9-24 摩擦焊工艺方法及分类

(三)摩擦焊的特点

(1)接头质量高。摩擦焊属于固相焊接,正常情况下接合面不发生熔化,焊合区金属为锻造组织,不会产生与熔化和凝固相关的焊接缺陷;压力与转矩的力学冶金效应使得晶粒细化、组织致密、夹杂物弥散分布,不仅接头质量高,而且延展性好。

(2)适合异种材料的连接。对于通常难以焊接的金属材料组合如铝－钢、铝－铜、钛－铜等都可进行焊接。一般来说,凡是可以进行锻造的金属材料都可以进行摩擦焊接,摩擦焊还可以焊接非金属材料,甚至可以通过普通车床对木材进行焊接。

(3)生产效率高、质量稳定。如发动机排气门双头自动摩擦焊的生产率可达 800～1 200 件/h;外径 127 mm、内径 95 mm 的石油钻杆与接头焊接,连续驱动摩擦焊仅需十几秒,如采用惯性摩擦焊,所需时间更短,也曾经产生过用摩擦焊焊接 200 万件汽车后桥无一废品的记录。

另外,摩擦焊还具有节能省电;环境清洁,劳动条件好;设备操作简单,易实现机械化、自动化等优点;但也存在如下的缺点与局限性:

(1)对非圆形截面焊接较困难,设备复杂;对盘状薄零件和薄壁管件,由于不易夹持固定,施焊也很困难。

(2)焊机的一次性投资较大,大批量生产时才能降低生产成本。

(四)摩擦焊的应用

摩擦焊是一种专业性较强的焊接方法,其具体形式已由原来的几种发展到现在的十几种。起初主要用于杆、轴、管类零件的接长焊接,在这些领域中的应用具有其他焊接方法无可比拟的优越性。后来发展的线性摩擦焊、嵌入摩擦焊、搅拌摩擦焊等形式则进一步扩展了摩擦焊的应用,可以焊接板件、航空发动机叶片等形状更加复杂的零件,也扩展了摩擦焊所焊材料的范围和组合,同时极大地提高了焊接质量。摩擦焊所焊材料已由传统的金属材料(包括不同种类金属材料的组合)拓宽到粉末合金、复合材料、功能材料、难熔材料及陶瓷—金属等新型材料和异种材料领域。除通常以连接为目的的焊接外,还用于零件的堆焊。目前,摩擦焊已在各种工具、轴瓦、阀门、石油钻杆、电机与电力设备、工程机械、交通运输工具,以及航空、航天设备制造等方面获得了越来越广泛的应用。

(五)典型摩擦焊方法

1.连续驱动摩擦焊

连续驱动摩擦焊过程如图 9-25 所示。两待焊工件分别固定在旋转夹具(通常轴向固定)和移动夹具内。工件被夹紧后,移动夹具夹持工件向旋转端移动,旋转端工件开始旋转,待两边工件接触后开始摩擦加热,此后可进行摩擦时间控制或摩擦缩短量(又称摩擦变形量)控制,当控制量达到设定值时停止旋转,开始顶锻并维持一定时间以便接头牢固连接,最后夹具松开、退出,取出工件,焊接过程结束。

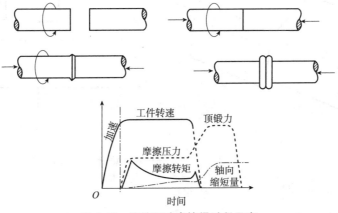

图 9-25 连续驱动摩擦焊过程示意

2. 惯性摩擦焊

惯性摩擦焊过程分三个阶段,如图 9-26 所示。第一阶段飞轮带动夹持工件的夹头高速旋转,达到预定速度后,飞轮与驱动电动机脱开。此时夹持工件另一端的移动夹具向旋转工件靠近,接触后开始摩擦产生热量,而飞轮受摩擦转矩的制动作用,转速逐渐降低到零,这是惯性摩擦焊的第二阶段。由于对工件施加了恒定的轴向压力,在第三阶段工件端部被加热至红热状态而加大了轴向位移,即接合面产生较大的塑性流变而完成焊接过程。

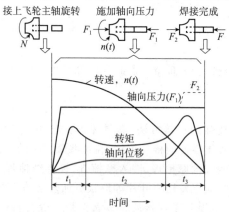

图 9-26　惯性摩擦焊过程示意

3. 轨道摩擦焊

轨道摩擦焊是使一工件接合面上的每一点都相对于另一工件的接合面做同样大小轨迹的运动,如图 9-27 所示。运动的轨迹可以是环形的也可以是直线往复的。图 9-27(a)所示为环形轨道摩擦焊的示意,其特点是两待焊工件均不做绕自身轴线的旋转,仅其中一个工件绕另外一个工件转动,主要用于焊接非圆截面工件。图 9-27(b)所示是线性轨道摩擦焊示意,在焊接过程中,摩擦副中的一侧工件被往复机构驱动,相对于另一侧被夹紧的工件表面做相对运动,其主要优点是不管工件是否对称,均可进行焊接,如可焊接方形、圆形、多边形截面的金属或塑料工件,配以合适的工夹具,它还可以焊接更加不规则的构件(如叶片与涡轮等)。

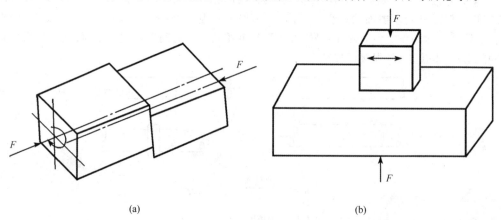

(a)　　　　　　　　　　　　　　　　　(b)

图 9-27　轨道摩擦焊示意图

(a)环形轨道摩擦焊;(b)线性轨道摩擦焊

4. 搅拌摩擦焊

搅拌摩擦焊的原理如图 9-28 所示。焊接主要由搅拌头完成,搅拌头由特型指棒(搅拌针）、夹持器和圆柱体组成。焊接开始时，搅拌头高速旋转，特型指棒迅速钻入被焊板件的接缝，与特型指棒接触的金属摩擦生热，形成很薄的热塑性层。当特型指棒钻入焊件表面以下时，有部分金属被挤出表面。由于正面轴肩和背面垫板的密封作用，一方面轴肩与被焊板表面摩擦产生辅助热；另一方面搅拌头相对焊件运动时，在搅拌头前面不断形成的热塑性金属转移到搅拌头后面，填满后面的空腔。在整个焊接过程中，空腔的产生与填满连续进行，焊缝区金属经历着被挤压、摩擦生热、塑性变形、转移、扩散及再结晶等过程。

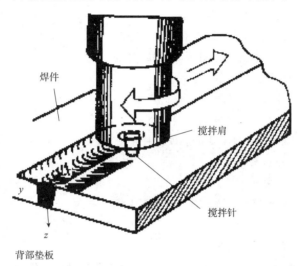

图 9-28 搅拌摩擦焊原理示意

综合训练

一、填空题

1.要使熔化的钎料能很好地流入并填满间隙，就必须具备_____和_____两个条件。

2.硬钎料的熔点在_____℃以上。

3._____电渣焊可焊接大断面的短焊缝。

4.能够焊接变断面厚工件的电渣焊方法是_____。

5.电弧螺柱焊由_____供电，燃弧时间_____s；电容储能螺柱焊由_____供电，燃弧时间非常短，_____ms。

6.根据引燃电弧方式的不同，将电容储能螺柱焊分成_____式、_____式和_____式三种焊接方法。

7.按被焊工件所处环境的真空度，电子束焊可分为_____、_____和_____三种。

8.按电子束加速电压的高低，电子束焊可分为_____、_____和_____三类。

9.连续驱动摩擦焊是两待焊工件分别固定在_____和_____内。

10.惯性摩擦焊的三个阶段：第一阶段_____；第二阶段_____；第三阶段_____。

11.轨道摩擦焊是使一工件接合面上的_____都相对于另一工件的接合面_____运动。

12.搅拌摩擦焊主要由搅拌头完成,搅拌头由_____、_____和_____组成。

二、选择题

1.与熔焊方法相比,下面不是钎焊的特点的是( )。

A.钎焊接头平整光滑,外形美观

B.焊件变形小

C.钎焊加热温度较低,对母材组织性能影响较小

D.钎焊接头强度高,耐高温能力强

2.与一般焊接方法相比,下列不是激光焊的特点的是( )。

A.在相同功率和焊接厚度条件下,焊接速度高

B.残余应力和变形大

C.可进行远距离或一些难接近部位的焊接

D.可以焊接一般焊接方法难以焊接的材料

3.与一般电弧焊相比,下列不是电渣焊的特点的是( )。

A.焊接接头的冲击韧性高　　　　　　　B.焊接生产率高

C.焊缝中气孔与夹渣少　　　　　　　　D.焊缝金属化学成分易调整

4.高压电子束焊的加速电压大于等于( )kV。

A.30　　　　　　　B.40　　　　　　　C.50　　　　　　　D.60

5.下面不是激光焊的优点的是( )。

A.能实现同种金属、异种金属、金属与非金属以及塑料之间的焊接

B.是一种熔化焊方法

C.容易焊接高热导率及高电导率的材料

D.与电阻点焊相比较,焊接变形大

三、判断题(正确的画"√",错误的画"×")

1.钎焊接头间隙的大小,对钎缝的致密性和强度有着重要的影响。　　　　　　( )

2.为了增加母材金属与钎料之间的溶解和扩散能力,接头最好没有间隙。　　　( )

3.电渣焊与埋弧焊无本质区别,只是前者使用的电流大些。　　　　　　　　　( )

4.电渣焊的主要优点是可焊接很厚的工件,但工件必须是直平面,不能是曲面。( )

5.电渣焊时,渣池温度低,熔渣的更新率也低,所以只能通过焊丝(板极)向熔池渗入必需的合金元素。　　　　　　　　　　　　　　　　　　　　　　　　　　　　　　( )

6.预留间隙式电容储能螺柱焊的特征是留间隙,先通电后接触放电加压,完成焊接。

( )

7.螺柱直径大于8 mm的一般是受力接头,适合用电弧螺柱焊方法。　　　　　( )

8.根据激光的输出方式,激光焊接可分为热传导焊接和深熔焊接。　　　　　　( )

9.电子束焊可实现焊缝深而窄的焊接,深宽比大于20∶1。　　　　　　　　　　( )

10.摩擦焊过程中由于接合面相互不能紧密接触,故周围空气可能侵入接合区,会产生焊接区的氧化和氮化。　　　　　　　　　　　　　　　　　　　　　　　　　　　　　( )

四、简答题

1.什么是钎焊? 钎焊有哪些特点?

2.简述电渣焊的工作原理。

3.简述螺柱焊的特点。

4.什么是电子束焊？它有哪些应用？

5.激光焊有什么特点？

6.简述搅拌摩擦焊的工作原理。

参 考 文 献

[1]曹朝霞,齐勇田.焊接方法与设备使用[M].北京:机械工业出版社,2020.

[2]陈祝年.焊接工程师手册[M].北京:机械工业出版社,2002.

[3]张应力.新编焊工实用手册[M].北京:金盾出版社,2004.

[4]中国机械工程学会焊接学会.焊接手册:焊接方法及设备(第1卷)[M].3版.北京:机械工业出版社,2016.

[5]孙景荣,刘宏.气焊工[M].2版.北京:化学工业出版社,2007.

[6]刘光云,赵敬党.焊接技能实训教程[M].北京:石油工业出版社,2009.

[7]建设部人事教育司.电焊工[M].北京:中国建筑工业出版社,2005.

[8]忻鼎乾.电焊工[M].北京:中国劳动社会保障出版社,2005.

[9]雷世明.焊接方法与设备[M].3版.北京:机械工业出版社,2019.

[10]王成文.焊接材料手册及工程应用案例[M].太原:山西科学技术出版社,2004.

[11]朱玉义.焊工实用技术手册[M].南京:江苏科学技术出版社,1999.

[12]张连生.金属材料焊接[M].北京:机械工业出版社,2010.

[13]宋金虎.焊接方法与设备[M].2版.大连:大连理工大学出版社,2014.

[14]张建勋.现代焊接生产与管理[M].北京:机械工业出版社,2006.

[15]尹士科.焊接材料实用基础知识[M].2版.北京:化学工业出版社,2015.

[16]顾纪清,阳代军.管道焊接技术[M].北京:化学工业出版社,2005.

[17]徐继达,徐晓航,孙尧新,等.金属焊接与切割作业[M].北京:气象出版社,2001.

[18]王云鹏.焊接结构生产[M].3版.北京:机械工业出版社,2018.

[19]中国焊接协会焊接培训与资格认证委员会,中国机械工程学会焊接学会焊接培训与资格认证委员会.国际焊工培训[M].哈尔滨:黑龙江人民出版社,2002.

[20]中国石油天然气集团公司职业技能鉴定指导中心.电焊工(上、下)[M].东营:中国石油大学出版社,2007.

[21]周文军,张能武.焊接工艺实用手册[M].北京:化学工业出版社,2020.